21世纪高职高专规划教材

网络专业系列

# 计算机网络技术

石铁峰 主编

清华大学出版社
北京

## 内容简介

本书结合目前高校计算机网络教学的实际，全面、翔实地阐述了计算机网络的基础理论与 Windows Server 2008 网络系统管理技术，主要内容包括计算机网络概述、数据通信基础、计算机网络体系结构与协议、计算机局域网技术、网络互联技术、网络操作系统、组建 Windows 工作组网络、创建 Windows Server 2008 域网络、DHCP 服务器的配置与管理、DNS 服务器的配置与管理、Internet 中的信息服务和网络安全管理。

本书突出实用性和可操作性，语言精练，通俗易懂。书中配有大量的操作插图，内容深入浅出，每单元后面附有习题。

本书可作为普通高等院校、高职高专院校计算机专业学生的计算机网络课程教材，也可作为各类计算机培训班的培训教材，对于广大在职技术人员补充新知识和新技能也不失为一本较好的参考书。



**图书在版编目(CIP)数据**

计算机网络技术/石铁峰主编. —北京：清华大学出版社，2010.6
(21 世纪高职高专规划教材. 网络专业系列)
ISBN 978-7-302-22447-1

Ⅰ. ①计…　Ⅱ. ①石…　Ⅲ. ①计算机网络－高等学校：技术学校－教材
Ⅳ. ①TP393

中国版本图书馆 CIP 数据核字(2010)第 066151 号

责任编辑：贺志洪
责任校对：李　梅
责任印制：何　芊

出版发行：清华大学出版社　　地　址：北京清华大学学研大厦 A 座
http://www.tup.com.cn　　邮　编：100084
社 总 机：010-62770175　　邮　购：010-62786544
投稿与读者服务：010-62776969，c-service@tup.tsinghua.edu.cn
质 量 反 馈：010-62772015，zhiliang@tup.tsinghua.edu.cn

印 刷 者：北京嘉实印刷有限公司
装 订 者：三河市兴旺装订有限公司
经　销：全国新华书店
开　本：185×260　印　张：15.25　字　数：350 千字
版　次：2010 年 6 月第 1 版　印　次：2010 年 6 月第1 次印刷
印　数：1～4000
定　价：27.00 元

产品编号：035989-01

# 出版说明

高职高专教育是我国高等教育的重要组成部分，担负着为国家培养并输送生产、建设、管理、服务第一线高素质技术应用型人才的重任。

进入21世纪后，高职高专教育的改革和发展呈现出前所未有的发展势头，学生规模已占我国高等教育的半壁江山，成为我国高等教育的一支重要的生力军；办学理念上，"以就业为导向"成为高等职业教育改革与发展的主旋律。近两年来，教育部召开了三次产学研交流会，并启动四个专业的"国家技能型紧缺人才培养项目"，同时成立了35所示范性软件职业技术学院，进行两年制教学改革试点。这些举措都表明国家正在推动高职高专教育进行深层次的重大改革，向培养生产、服务第一线真正需要的应用型人才的方向发展。

为了顺应当前我国高职高专教育的发展形势，配合高职高专院校的教学改革和教材建设，进一步提高我国高职高专教育教材质量，在教育部的指导下，清华大学出版社组织出版了"21世纪高职高专规划教材"。

为推动规划教材的建设，清华大学出版社组织并成立了"高职高专教育教材编审委员会"，旨在对清华版的全国性高职高专教材及教材选题进行评审，并向清华大学出版社推荐各院校办学特色鲜明、内容质量优秀的教材选题。教材选题由个人或各院校推荐，经编审委员会认真评审，最后由清华大学出版社出版。编审委员会的成员皆来自教改成效大、办学特色鲜明、师资实力强的高职高专院校、普通高校以及著名企业，教材的编写者和审定者都是从事高职高专教育第一线的骨干教师和专家。

编审委员会根据教育部最新文件和政策，规划教材体系，比如部分专业的两年制教材；"以就业为导向"，以"专业技能体系"为主，突出人才培养的实践性、应用性的原则，重新组织系列课程的教材结构，整合课程体系；按照教育部制定的"高职高专教育基础课程教学基本要求"，教材的基础理论以"必要、够用"为度，突出基础理论的应用和实践技能的培养。

本套规划教材的编写原则如下：

(1) 根据岗位群设置教材系列，并成立系列教材编审委员会；

(2) 由编审委员会规划教材、评审教材；

(3) 重点课程进行立体化建设，突出案例式教学体系，加强实训教材的出版，完善教学服务体系；

(4) 教材编写者由具有丰富的教学经验和多年实践经历的教师共同组成，建立"双师型"编者体系。

本套规划教材涵盖了公共基础课、计算机、电子信息、机械、经济管理以及服务等大类的主要课程，包括专业基础课和专业主干课。目前已经规划的教材系列名称如下：

• 公共基础课

公共基础课系列

• 计算机类

计算机基础教育系列
计算机专业基础系列
计算机应用系列
网络专业系列
软件专业系列
电子商务专业系列

• 电子信息类

电子信息基础系列
微电子技术系列
通信技术系列
电气、自动化、应用电子技术系列

• 机械类

机械基础系列
机械设计与制造专业系列
数控技术系列
模具设计与制造系列

• 经济管理类

经济管理基础系列
市场营销系列
财务会计系列
企业管理系列
物流管理系列
财政金融系列
国际商务系列

• 服务类

艺术设计系列

本套规划教材的系列名称根据学科基础和岗位群方向设置，为各高职高专院校提供“自助餐”形式的教材。各院校在选择课程需要的教材时，专业课程可以根据岗位群选择系列；专业基础课程可以根据学科方向选择各类的基础课系列。例如，数控技术方向的专业课程可以在“数控技术系列”选择；数控技术专业需要的基础课程，属于计算机类课程的可以在“计算机基础教育系列”和“计算机应用系列”选择，属于机械类课程的可以在“机械基础系列”选择，属于电子信息类课程的可以在“电子信息基础系列”选择。依此类推。

为方便教师授课和学生学习，清华大学出版社正在建设本套教材的教学服务体系。本套教材先期选择重点课程和专业主干课程，进行立体化教材建设：加强多媒体教学课件或电子教案、素材库、学习盘、学习指导书等形式的制作和出版，开发网络课程。学校在选用教材时，可通过邮件或电话与我们联系获取相关服务，并通过与各院校的密切交流，使其日臻完善。

高职高专教育正处于新一轮改革时期，从专业设置、课程体系建设到教材编写，依然是新课题。希望各高职高专院校在教学实践中积极提出意见和建议，并向我们推荐优秀选题。反馈意见请发送到 E-mail：gzgz@tup. tsinghua. edu. cn。清华大学出版社将对已出版的教材不断地修订、完善，提高教材质量，完善教材服务体系，为我国的高职高专教育出版优秀的高质量的教材。

高职高专教育教材编审委员会

# 前　言



随着 Internet 的迅猛发展，计算机网络已经深入到社会生活的各个方面，人们迫切需要掌握计算机网络的基本理论知识和计算机网络的基本应用技术。本书正是为了满足这种需求而编写的。

为了满足广大高校、高职高专等各类学生学习最新的组网技术，本书除了介绍计算机网络基础知识以外，重点介绍了 Windows Server 2008 新一代网络操作系统。Windows Server 2008 是 Microsoft 发展史上性能最全面、网络功能最丰富的一款网络操作系统。它在安全技术、网络应用、虚拟化技术及用户操作体验等方面都比以前版本的 Windows 操作系统有着显著的提高。

本书是作者多年从事计算机网络教学与科研的结晶。在编写的过程中，力求从读者使用和学习的角度出发，以翔实的步骤和精练的说明帮助读者迅速掌握实用组网技术。

全书共分为 12 章，内容包括计算机网络概述、数据通信基础、计算机网络体系结构与协议、计算机局域网技术、网络互联技术、网络操作系统、组建 Windows 工作组网络、创建 Windows Server 2008 域网络、DHCP 服务器的配置与管理、DNS 服务器的配置与管理、Internet 信息服务和网络安全管理。

本书按照教材体例进行编写，内容丰富新颖、图文并茂、难易适度，并做到教材的系统性、完整性和严谨性，每章的内容都配有习题，既可作为本科高校、高职高专院校计算机网络专业及其他相关专业的计算机网络课程教材，也可作为社会各界计算机网络的培训教材。

在编写本书的过程中，笔者参考了大量的资料，吸取了许多同仁的经验，在此谨表谢意。

由于作者水平有限，书中不妥之处在所难免，恳请读者批评指正。

作者的 E-mail：shitief@gxcme.edu.cn。

编　者

2009 年 12 月

# 目　录

# 第1章

# 计算机网络概述

**内容提要：**

- 计算机网络的定义；
- 计算机网络的形成与发展；
- 计算机网络的基本功能；
- 计算机网络的分类；
- 计算机网络的组成；
- 计算机网络的拓扑结构。

## 1.1 计算机网络的定义

对计算机网络的定义没有统一的标准，根据计算机网络发展的阶段或侧重点的不同，对计算机网络有不同的定义。根据目前计算机网络的特点，侧重资源共享的计算机网络定义则更准确地描述了计算机网络的特点。

计算机网络定义：为了实现计算机之间的通信交往与资源共享，利用通信设备和线路将地理位置分散的、各自具备自主功能的一组计算机有机地联系起来，并由功能完善的网络操作系统和通信协议进行管理的计算机复合系统，如图 1-1 所示。

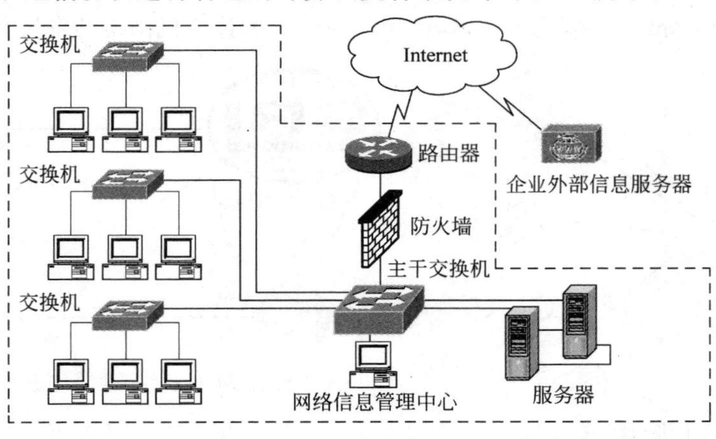


图 1-1　计算机网络结构图

## 1.2 计算机网络的形成与发展

计算机网络(Computer Network)是计算机技术与通信技术结合的产物。自从20世纪60年代计算机网络发展至今,已形成从小型的局域网到全球性的大型广域网的规模,计算机网络对现代人类的生产、经济、生活等各个方面都产生了巨大的影响。在过去的20多年里,计算机和计算机网络技术都取得了惊人的发展。处理和传输信息的计算机网络形成了信息社会的命脉和发展知识经济的重要基础,不论是企事业单位、各个社会团体或是个人,他们的生产效率和工作效率都由于使用计算机和计算机网络技术而有了实质性的提高。在当今的信息社会中,人们不断地依靠计算机网络来处理个人和工作上的事务,而这种趋势正在加剧并显示出计算机和计算机网络的强大功能。计算机网络的形成大致分为以下几个阶段。

### 1. 早期计算机网络

早期计算机网络产生于20世纪50年代初,它是将一台计算机经通信线路与若干台终端直接相连,即所谓的"面向终端的计算机通信网络",如图1-2所示。其典型代表是美国的半自动地面防空系统(SAGE),它把远距离的雷达和其他测控设备的信号通过通信线路传送到一台旋风计算机进行处理和控制,首次实现了计算机技术与通信技术的结合。

面向终端的计算机通信网络是一种主从式结构,计算机处于主控地位,承担着数据处理和通信控制工作,而各终端一般只具备输入/输出功能,处于从属地位,这些技术对以后的计算机网络的发展有着深刻的影响。这种网络就是现代计算机网络的雏形。

### 2. 初级计算机网络

在20世纪60年代末期至70年代中后期,计算机网络在单处理联机网络互联的基础上,完成了计算机网络体系结构与协议的研究,形成了初级计算机网络。这时的计算机网络以分组交换技术为基础理论。其标志是由美国国防部高级研究计划局研制的ARPANET网,如图1-3所示。该网络被公认为世界上第一个最成功的远程计算机网络,它首次使用了分组交换(Packet Switching)技术,为计算机网络的发展奠定了基础。

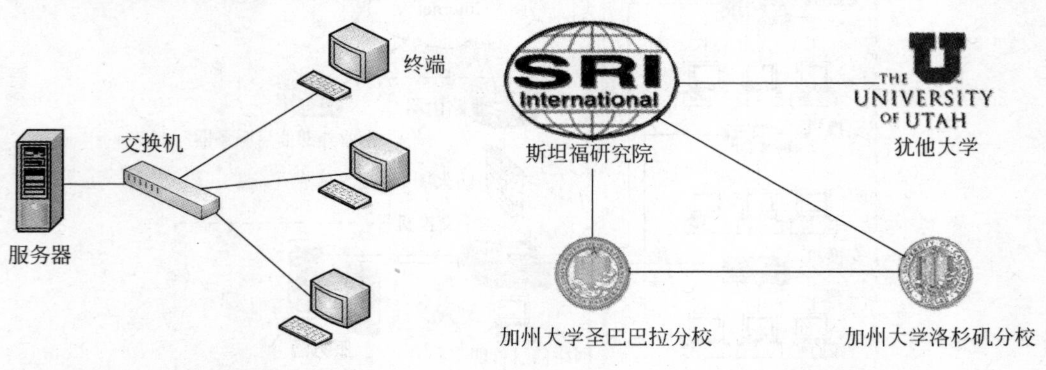


图1-2 "主机—终端"系统

图1-3 ARPANET网

**3. 计算机网络标准化阶段**

随着计算机网络技术的进步，计算机厂商纷纷制定自己的网络技术标准。1977 年，国际标准化组织(ISO)的 TC97 信息处理系统技术委员会 SC16 分技术委员会开始着手制定开放系统互联参考模型(OSI/RM)。目前存在着两种占主导地位的网络体系结构，一种是 ISO(国际标准化组织)的 OSI(开放式系统互联)体系结构；另一种是 TCP/IP(传输控制协议/网际协议)体系结构。

**4. Internet 的发展阶段**

1969 年，ARPANET 开始投入运行，到 1990 年，在历史上起过重要作用的 ARPANET 就正式宣布关闭。

1992 年，Internet 学会成立，该学会把 Internet 定义为“组织松散的、独立的国际合作互联网络”。1993 年，美国伊利诺伊大学国家级计算中心成功开发网上浏览工具 Mosaic (后来发展成 Netscape)，使得各种信息都可以方便地在网上交流。浏览工具的实现掀起了 Internet 发展和普及的高潮。随着 Internet 的快速发展，世界上的许多公司纷纷接入到 Internet，使网络上的通信量急剧增大。到 1999 年年底，Internet 上注册的主机已超过 1000 万台。Internet 拓扑结构图如图 1-4 所示。

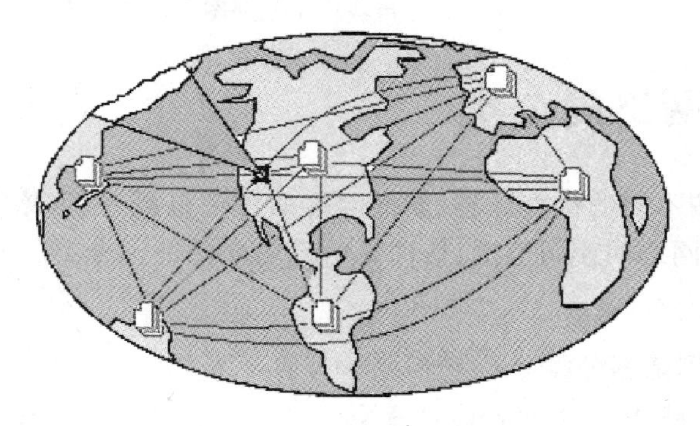

图 1-4　Internet 拓扑结构图

# 1.3　计算机网络的基本功能

**1. 数据交换和通信**

数据交换和通信是指计算机之间、计算机与终端之间或者计算机用户之间能够实现快速、可靠和安全的通信交往。例如，电子邮件(E-mail)可以使相隔万里的异地用户快速准确地相互通信；文件传输服务(FTP)可以实现文件的实时传递等。

**2. 资源共享**

建立计算机网络的主要目的是实现资源共享。通常将计算机资源共享作为网络的最基本特征。资源共享的主要目的在于充分利用网络中的各种资源，减少用户的投资，提高资源的利用率。这些资源主要是指计算机中的硬件资源、软件资源和数据与信息资源。

**3. 分布式网络处理和负载均衡**

面对大型任务或网络中某些计算机的任务负荷过重时，可以将任务化整为零，即将任务分散到网络中的其他计算机上进行，由多台计算机共同完成这些复杂和大型的计算任务，以达均衡负荷的目的。这样既可以处理大型的任务，使得一台计算机不会负担过重，又提高了计算机的可用性。负载均衡原理如图 1-5 所示。

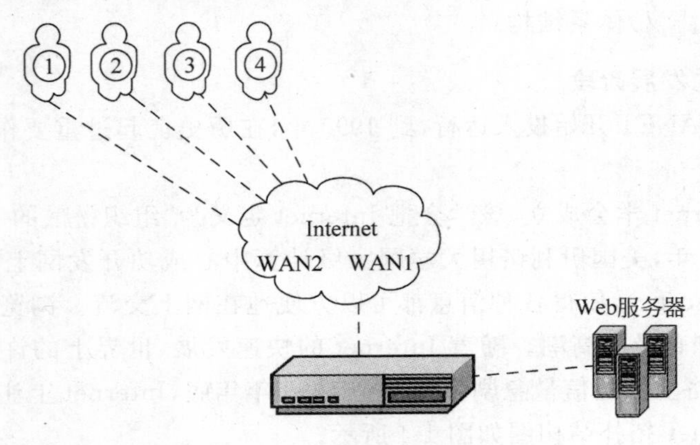


图 1-5 负载均衡原理图

## 1.4 计算机网络的分类

计算机网络可按不同的标准分类，如按网络的作用范围、按网络的应用管理范围、按网络的传输技术、按网络的使用范围、按网络的传输介质进行分类。下面就常见的几种分类作介绍。

**1. 按网络的作用范围分类**

(1) 局域网(Local Area Network,LAN)

局域网是将小区域内的各种通信设备互连在一起的通信网络。通常在地域上位于园区或者建筑物内部的有限范围内，但经过各种有线传输介质或无线传输介质，也能和相距很远或无法直接连接的另一个 LAN 相连。局域网被广泛应用于连接企业或者机构内部办公室之间的计算机和打印机等办公设备，实现数据交换和设备共享。LAN 数据传输速率一般小于或等于 100Mbps，进入 20 世纪 90 年代以来，数据传输速率超过 100Mbps 的 LAN 相继推出，通常称为高速局域网，而把以前推出的数据传输速率小于 100Mbps 的 LAN 称为传统局域网，如图 1-6 所示。

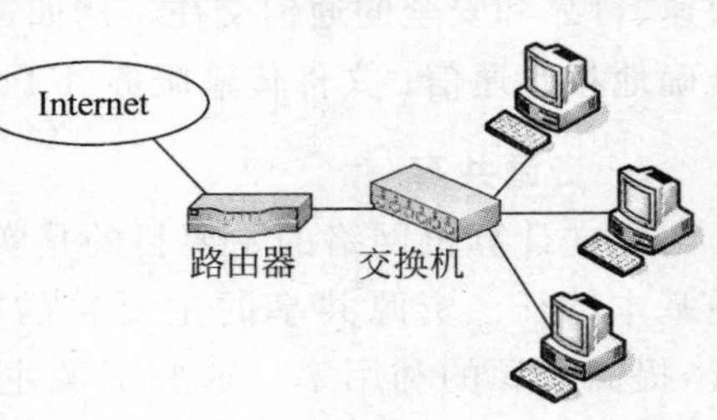


图 1-6 局域网

(2) 城域网(Metropolitan Area Network, MAN)

城域网是在 5～100km 的地理覆盖范围内，以高的传输速率支持数据、声音和图像综合业务传输的一种通信网络。它以光纤为主要传输介质，其传输速率为 100Mbps 或更高。城域网是城市通信的主干网，它充当不同局域网之间通信的桥梁，并向外连入广域网。城域网提供高速综合业务服务。它一般采用简单、规则的网络拓扑结构和高效的介质访问控制方法，避免复杂的路由选择和流量控制，以达到高传输率和低差错率。

城域网不仅具备数据交换功能，还能够进行话音传输，甚至可以与当地的有线电视网络相连接，进行电视信号的广播，如图 1-7 所示。

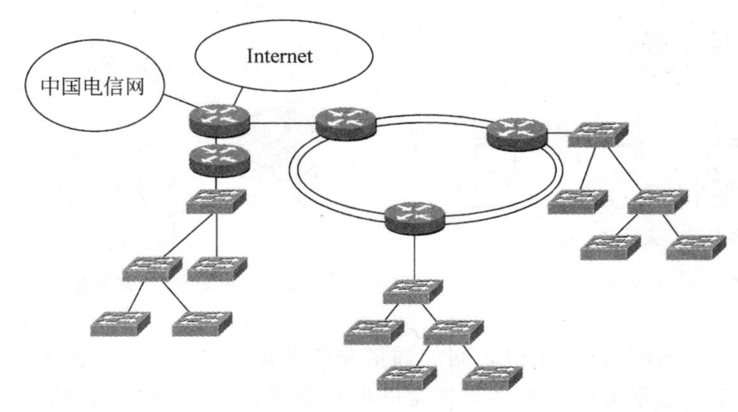


图 1-7　城域网

(3) 广域网(Wide Area Network，WAN)

广域网是在数十公里到数千公里的地理覆盖范围内，可以连接若干个城市、地区，甚至跨越国家，遍及全球的一种通信网络，也称远程网。广域网在采用的技术、应用范围和协议标准方面与局域网和城域网有所不同。在广域网中，通常利用电信部门提供的各种公用交换网，将分布在不同地区的计算机系统互连起来，以达到资源共享的目的，如图 1-8 所示。广域网可以被视为一个纯粹的通信网络，发送端和接收端主机间的通信与公共电话网中通话方和受话方间的通信非常类似，WAN 的网络结构与公共电话网的结构也非常相似，而且两种网络很大程度上是运行在同样传输介质上的。广域网经常通过电话线传输数据，因此容易发生传输差错，传输速率相对较慢。

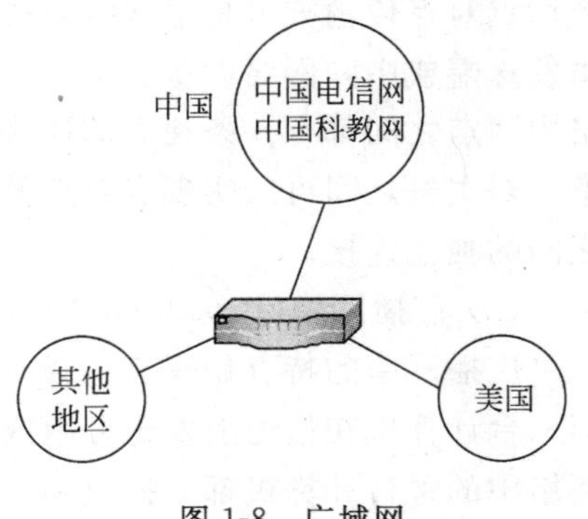


图 1-8　广域网

**2. 按网络操作类型分类**

(1) 对等网络

在对等网中，没有专用的服务器，网络中的所有计算机都是平等的，即网络中没有客户机(Client)和服务器(Server)的区别，如图 1-9 所示。网络中的每一台计算机既可充当工作站的角色，又可充当服务器角色，它们分别管理着自己的用户信息，在不同的主机间相互访问时都要做身份认证。在 Windows 系列操作系统中，对等网又被称为工作组模式。这种网络的优点是连接和管理都比较简单，通常情况下对等网所包括的主机不超过 10 台；其缺点是安全性差、效率低，只适用于安全性要求不高的小型网络。

(2) 基于服务器的网络

在基于服务器的网络中，为网络用户提供共享资源和服务功能的计算机或设备称为服务器，服务器运行服务器端操作系统；接受服务或访问服务器上共享资源的计算机称为客户机，客户机运行客户端软件。这种既有服务器又有客户机的网络称为基于服务器的网络，如图 1-10 所示。

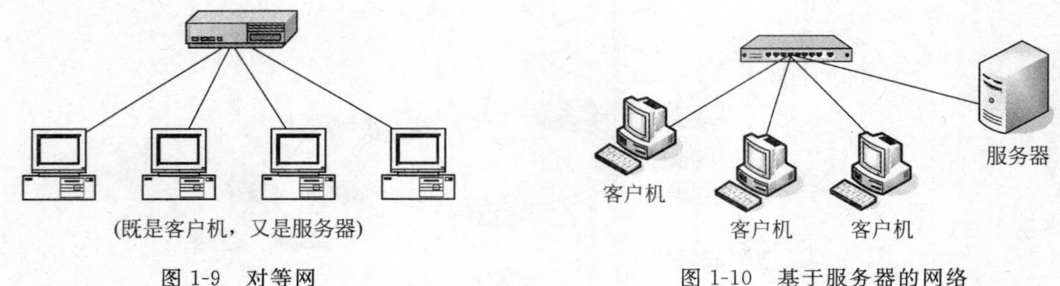


图 1-9　对等网　　　　图 1-10　基于服务器的网络

在基于服务器的网络中，主机之间的通信是依照请求/响应模式进行的。当客户机需要访问集中管理的数据资源或者请求特定的网络服务时，首先向一台管理资源或者提供服务的网络服务器发出请求，该服务器收到请求后，对客户端用户的身份和权限认证并做出适当响应。在基于服务器的网络中，由一台服务器集中进行身份的认证和管理，该模式适用于安全性较高的大型网络。

**3. 按网络的传输技术分类**

(1) 点对点网络(Point-to-Point Network)

点对点传输技术是指网络连接中的数据接收端被动接收数据的传输模式，目标地址由发送端或中间网络设备确定。应用点对点传输技术的网络称为点对点网络。点对点网络中两点之间都有一条独立的连接，信息是一点一点逐点传输的。由于要保证网络中任意一对主机之间可以实现点对点的通信，所以一个完备的点对点网络包含了所有主机对之间的独立连接。

(2) 广播网络(Broadcast Network)

广播网络的特点是仅有一条通信信道，网络上的所有计算机都共享这个通信信道。当一台计算机在信道上发送分组或数据包时(分组和数据包实质上就是一种短的消息)，网络中的每台计算机都会接收到这个分组，并且将自己的地址与分组中的目的地址进行比较，如果相同，则处理该分组，否则将它丢弃。

在广播网络中，若某个分组发出以后，网络上的每一台机器都接收并处理它，则称这种方式为广播(Broadcasting)；若分组是发送给某个网络计算机的，则被称为多点播；若分组发送给网络中的某一台计算机，则称为单播。数据通过广播的方式从发送端发出，网络中所有主机发现共享信道上的数据后，都要主动对数据的目标地址进行检查以判断是否符合，如果地址一致就接收数据，否则就拒绝接收。

**4. 按网络的逻辑功能分类**

按网络的逻辑功能分类，计算机网络可分为资源子网和通信子网。资源子网和通信子网是一种逻辑上的划分，它们可能使用相同设备或不同的设备。如在广域网环境下，由电信部门组建的网络常被理解为通信子网，仅用于支持用户之间的数据传输；而用户部门之间的入网设备则被认为属于资源子网的范畴。在局域网环境下，网络设备同时提供数据传输和数据处理的能力，因此只能从功能上对其中的软硬件部分进行这种划分。

**5. 按网络的拓扑结构分类**

按网络的拓扑结构分类，计算机网络可分为星型网络、总线型网络、环型网络和网状型网络等。

(1) 星型网络

以一台中心处理机为主而构成的网络，其他入网机器仅与该中心处理机之间有直接的物理链路，中心处理机采用分时的方法为入网机器服务。

(2) 总线型网络

所有入网机器共用一条传输线路，机器通过专用的分接头接入线路，由于线路对信号的衰减作用，总线型网络仅用于有限的区域，常用于组建局域网络。

(3) 环型网络

入网机器通过转发器接入网络，每个转发器仅与两个相邻的转发器有直接的物理线路，所有的转发器及其物理线路构成了一个环状的网络系统。

(4) 网状型网络

利用专门负责数据通信和传输的节点机器构成网状型网络，入网机器直接接入节点机器进行通信。网状型网络主要用于地理范围大、入网主机多的环境，如广域网就是典型的一种网状型网络。

**6. 按网络具体传输介质分类**

按网络具体传输介质分类，计算机网络可分为双绞线网络、同轴电缆网络、光纤网络、微波网络和卫星网络等。有关网络传输介质的内容，将在以后的章节中介绍。

**7. 按网络的所有权分类**

按网络的所有权分类，计算机网络可分为公用网和专用网。

(1) 公用网

由电信部门或其他提供通信服务的经营部门组建、管理和控制，网络内的传输和转接装置可供任何部门和个人使用。公用网常用于广域网络的构造，支持用户的远程通信。

(2) 专用网

由用户部门组建经营的网络，不容许其他用户和部门使用。由于投资的因素，专用网常为局域网或者是通过租借电信部门的线路而组建的广域网络，如由学校组建的校园网、由企业组建的企业网等。

**8. 按网络的交换方式分类**

按网络的交换方式分类，计算机网络可分为电路交换网、报文交换网、分组交换网、帧中继交换网、ATM 交换网和混合交换网。有关数据交换的内容在以后的章节中介绍。

# 1.5 计算机网络的组成

从计算机网络系统组成的角度来看，典型的计算机网络从逻辑功能上分为资源子网和通信子网，如图 1-11 所示。

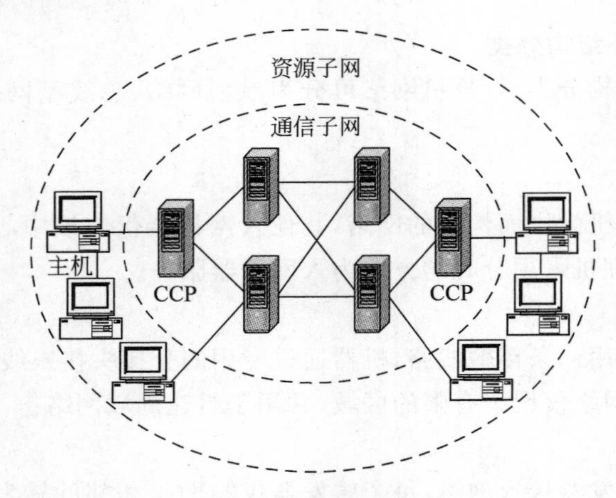


图 1-11　计算机网络的组成

**1. 资源子网**

资源子网由拥有资源的主计算机、请求资源的用户终端、终端控制器、软件资源和数据资源组成。资源子网负责全网的数据处理业务，并向网络用户提供各种网络资源与网络服务。

(1) 主计算机(Host)

网络中的主计算机可以是大型机、中型机、小型机、工作站或微机，如图 1-12 所示。主计算机是资源子网的主要组成单元，它通过高速通信线路与通信子网的通信控制处理机相连接。普通的用户终端机通过主计算机连接入网络。主计算机还为本地用户访问网络的其他计算机设备和共享资源提供服务。

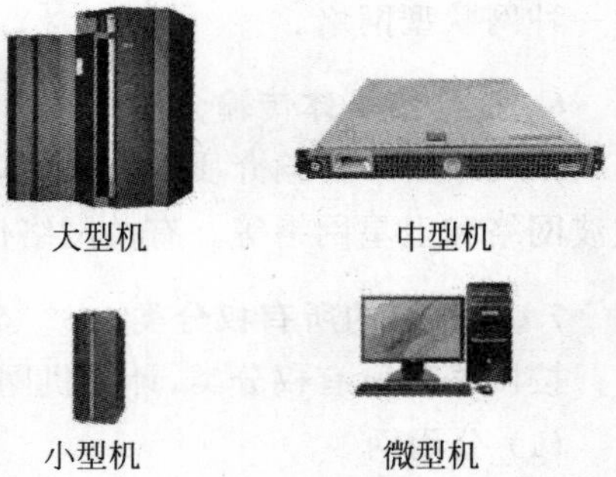

大型机　中型机
小型机　微型机

图 1-12　网络中的主计算机

(2) 终端(Terminal)

终端是直接面向用户的交互设备。终端的种类很多，通常把没有存储与处理信息能力的简单输入/输出设备称为终端，如图 1-13 所示。但有时也指带有微处理机的智能型终端。这些终端既可以通过主机联入网中，也可以通过通信控制设备联入网内。智能终端也可以和节点处理机直接相连。

(3) 计算机外设

计算机外设是指计算机的外部设备，如大型的硬盘机、高速网络打印机、大型绘图仪等，如图 1-14 所示。

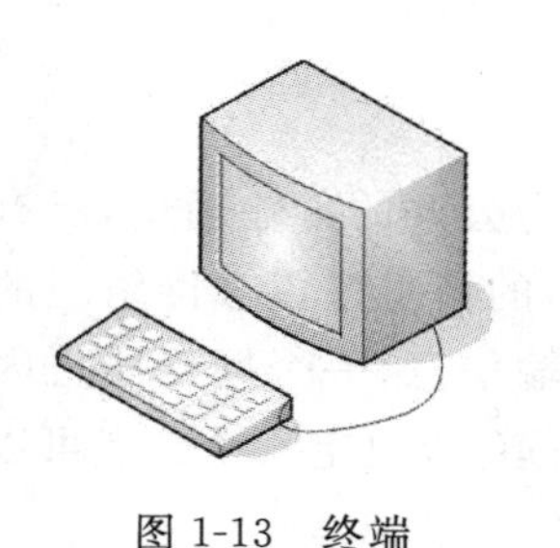

图 1-13 终端

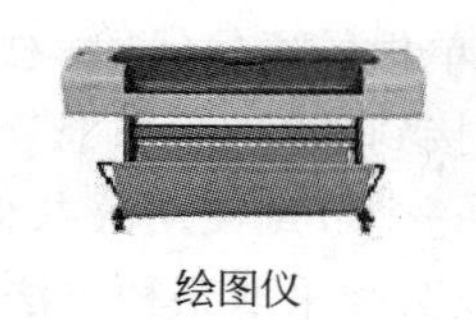

绘图仪

打印机

图 1-14 绘图仪和打印机

**2. 通信子网**

通信子网按功能分类可以分为数据交换和数据传输两个部分。通信子网通常由通信控制处理机、通信线路与其他通信设备组成,完成网络数据传输、转发等通信处理任务。

(1) 通信控制处理机

通信控制处理机在通信子网中又被称为网络节点。它一方面作为资源子网的主机、终端的接口节点,将主机和终端连入网内;另一方面它又作为通信子网中的分组存储转发节点,完成分组的接收、校验、存储和转发等功能,从而将源主机报文准确发送到目的主机。

(2) 通信线路

通信线路通常是指通信介质,它为通信控制处理机与通信控制处理机之间、通信控制处理机与主机之间提供数据通信的通道。通信线路和网络上的各种通信设备一起组成了通信信道。计算机网络采用了多种通信线路,如电话线、双绞线、同轴电缆、光纤、微波与卫星通信信道等。

(3) 信号变换设备

信号变换设备的功能是根据不同传输系统的要求对信号进行变换。这些设备主要有实现数字信号与模拟信号之间变换的调制解调器,无线电通信接收和发送器以及光纤中使用的光-电信号之间的变换和收发设备等。

## 1.6 计算机网络的拓扑结构

计算机网络的拓扑结构是指网上计算机或设备与传输媒介形成的节点与线的物理构成模式。网络的节点有两类:一类是转换和交换信息的转接节点;另一类是访问节点。线则代表各种传输媒介,包括有形的和无形的。计算机网络有很多种拓扑结构,最常用的网络拓扑结构有总线型结构、星型结构、树型结构、环型结构和网状型结构。

**1. 计算机网络拓扑的定义**

通常将计算机网络中节点与通信链路之间的几何关系表示成网络结构,这些节点和链路所组成的几何图形就是计算机网络的拓扑结构。网络拓扑结构对于计算机网络的稳定性、可靠性和通信费用都有重大的影响。

**2. 基本网络拓扑结构的类型**

计算机网络有很多种拓扑结构,最常用的网络拓扑结构有总线型结构、星型结构、树型结构、环型结构和网状型结构。

(1) 总线型结构

总线型拓扑结构采用一条单根的通信线路(总线)作为公共的传输通道,所有的节点都通过适当的硬件接口直接连接到总线上,一个节点发出的信息可以被网络上的多个节点接收。但是任何时刻只能由一个节点使用公共信道传输信息,一个网络段之内的所有节点共享总线带宽和信道,所以必须采取某种方法分配信道,以决定哪个节点可以发送数据,如图 1-15 所示。

(2) 星型结构

在星型结构中,每个节点都由一个单独的通信线路连接到中心节点(公用中心交换设备,如交换机、集线器)上,中心节点控制整个网络的通信,任何两个节点的相互通信都必须经过中心节点。因此,中心节点的负荷较重,这也是网络的瓶颈,一旦中心节点发生故障,会导致整个网络瘫痪。目前星型网络结构是局域网中最常用的拓扑结构,如图 1-16 所示。

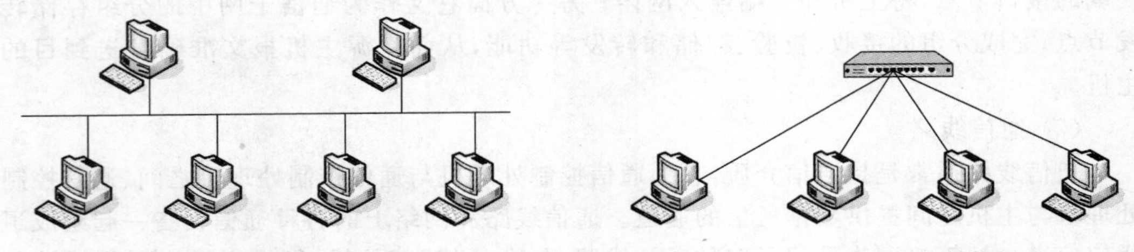

图 1-15　总线型拓扑结构图　　　　图 1-16　星型拓扑结构图

(3) 树型结构

树型结构实际上是星型结构的扩展,它采用了层次化的结构,具有一个根节点和多层分支节点,网络中的节点设备都连接到一个中央设备上,但并不是所有的节点都直接连接到中央集线器,大多数的节点首先连接到一个次级集线器,次级集线器再与中央集线器连接,如图 1-17 所示。

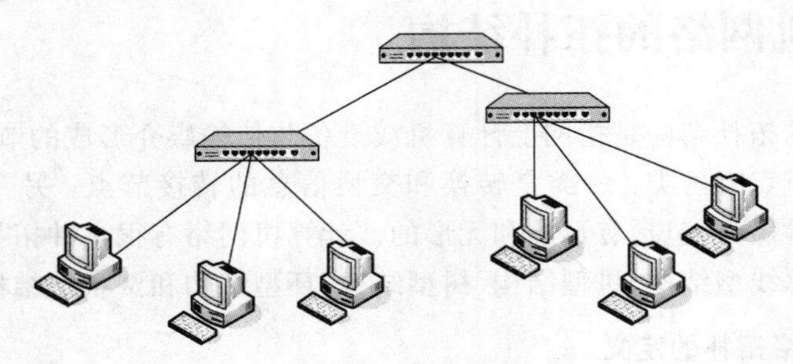

图 1-17　树型拓扑结构图

(4) 环型结构

环型结构是各个网络节点通过点到点的通信线路首尾相接,形成闭合的环型。环中数据将沿一个方向逐站传送。环型拓扑网络结构简单,传输延时固定,环中的任何一个节点发生故障都有可能导致网络瘫痪，如图 1-18 所示。

(5) 网状型结构

在网状型拓扑结构中，每台计算机都可通过单独电缆与其他任意一台计算机连接，这种连接是没有规律的。每两个节点之间的通信链路可能有多条，因此，必须采用路由选择算法和流量控制方法。网状型结构的优点是系统可靠性高，缺点是结构复杂。目前大型广域网和远程计算机网络大都采用网状型拓扑结构，如图 1-19 所示。

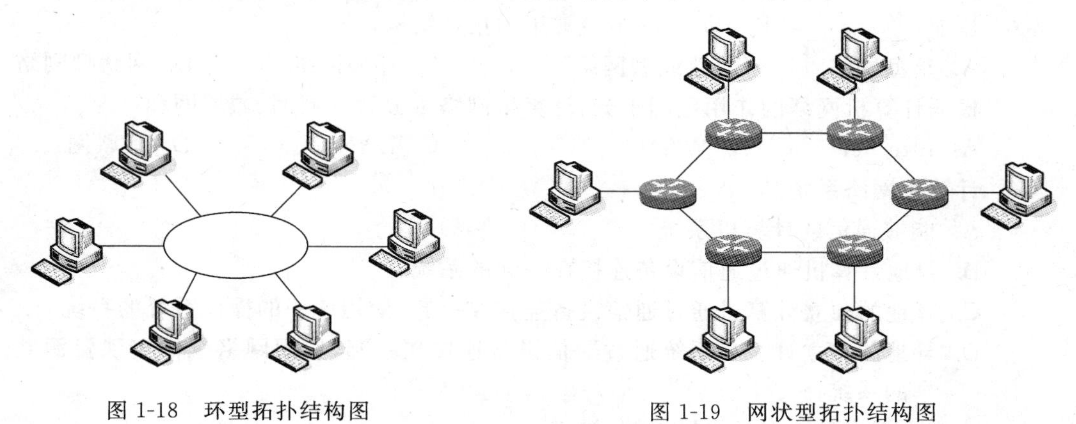

图 1-18 环型拓扑结构图

图 1-19 网状型拓扑结构图

# 习题

**一、填空题**

1. 计算机网络的发展经历了________个阶段，分别是________、________、________和________。

2. 世界上公认的第一个最成功的远程计算机网络是________。

3. 20 世纪 90 年代，________代替了 ARPANET 成为美国国家骨干网。

4. 计算机网络是________和________相结合的产物。

5. ________年，Internet 学会成立。

6. 按网络的拓扑结构分类，计算机网络可分为星型网络、________、________和________。

7. 目前存在着两种占主导地位的网络体系结构，一种是________，另一种是________。

**二、选择题**

1. Internet 是在________基础上发展起来的。

A. DNS　B. ARPANET　C. SAGE　D. WWW

2. 最早的计算机分组交换网是________。

A. INTERNET　B. ARPANET　C. ETHERNET　D. BITNET

3. 计算机网络的基本功能分为数据交换和通信、________和分布式网络处理和负载均衡三大部分。

A. 资源共享　　B. 数据挖掘　　C. 数据存储　　D. 数据处理

4. 计算机系统以通信子网为中心。通信子网处于网络的________。

A. 前端　　B. 内层　　C. 外层　　D. 中层

5. 典型的计算机网络从逻辑功能上分类,可分为________和________。

A. 通信子网,资源子网　　B. 局域网,广域网

C. 对等网,基于服务器网络　　D. 点对点网络,广播网

6. 目前,________结构是局域网中最常用的拓扑结构。

A. 星型网络　　B. 总线型网络　　C. 环型网络　　D. 网状型网络

7. 根据计算机网络的作用范围来分,计算机网络可分为局域网、城域网和________。

A. Internet　　B. WAN　　C. LAN　　D. 互联网

8. 计算机网络系统是________。

A. 能够通信的计算机系统

B. 异地计算机通过通信设备连接在一起的系统

C. 异地的独立计算机通过通信设备连接在一起,使用统一的操作系统的系统

D. 异地的独立计算机系统通过通信设备连接在一起,使用网络软件实现资源共享的系统

9. 一座大楼内的一个计算机系统,属于________。

A. PAN　　B. WAN　　C. LAN　　D. MAN

三、问答题

1. 什么是计算机网络?它的主要功能是什么?
2. 计算机网络的发展经过哪几个阶段?每个阶段各有什么特点?
3. 计算机网络分为哪些子网?各个子网都包含哪些设备?各有什么特点?
4. 常见的计算机网络分类有哪几种?
5. 计算机网络系统的拓扑结构有哪些?它们各有什么优缺点?
6. 试观察并举出一个日常生活中你所接触到的计算机网络应用的例子。

# 第2章

# 数据通信基础

**内容提要：**

- 数据通信的基本概念；
- 数据的传输方式；
- 传输介质；
- 数据交换技术。

## 2.1 数据通信的基本概念

数据通信(Data Communication)是指在两点或多点之间以二进制形式进行信息传输与交换的过程。由于大多数信息传输与交换是在计算机之间或计算机与打印机等外围设备之间进行的，故数据通信有时也称为计算机通信。下面介绍数据通信的基本概念。

**1. 数据与信号**

数据(Data)是指在网络中存储、处理和传输的二进制代码，一般可以理解为"信息的数字化形式"。数据与信息不同的是，数据仅涉及事物的表示形式，而信息则涉及这些数据的内容和解释。语音信息、图像信息、文字信息以及从自然界直接采集的各种自然属性信息均可转换为二进制代码在计算机网络系统中存储、处理和传输。对于计算机系统来说，它关注的问题是信息可以用什么样的编码体制表示出来。而对于数据通信系统来说，它关注的问题是数据的表示方式和传输方法。

信号(Signal)是数据在传输过程中的电磁波表示形式。信号是一种变化的电流，它借助有线传输媒体或无线传输媒体，在通信设备之间通过线缆或直接在空中传输。根据信号的表示方式不同，信号又分为数字信号和模拟信号两种。数字信号是一种离散式的电脉冲信号，它在时间上是不连续的，是离散性的，一般是由脉冲电压0和1两种状态组成。数字脉冲在一个短时间内保持一个固定的值，然后快速转变为另一个值。数字信号的每个脉冲被称做一个二进制数或位，一个位有两种可能的值，即0或1，连续8位便组成一个字节。图2-1(a)是数字信号的一个例子。而模拟信号是一种连续变化的电磁波信号。普通电话线上传送的电信号就是模拟信号。模拟信号无论在时间上和幅值上均是连续变化的，它在一定的范围内可能取任意值。图 2-1(b)是模拟信号的一个例子。

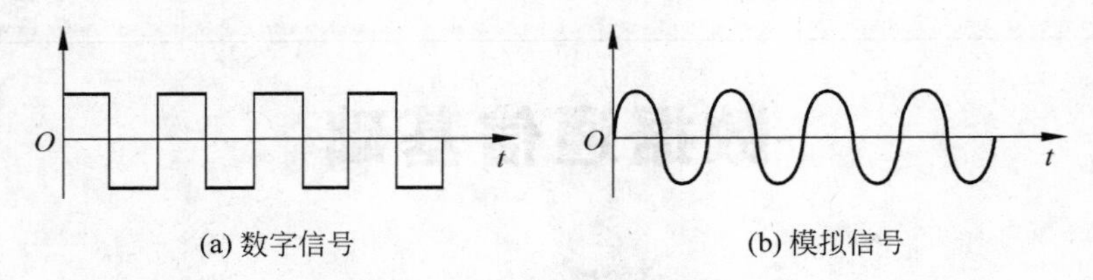


图 2-1　数字信号与模拟信号

数字信号与模拟信号可以同时通信，如图 2-2 所示。

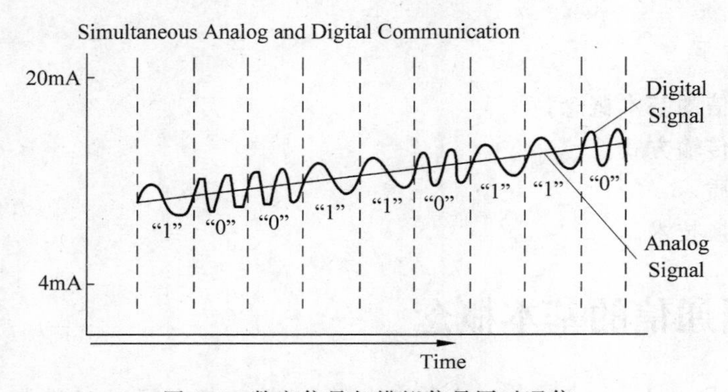


图 2-2　数字信号与模拟信号同时通信

**2. 码元和码字**

码元是指在计算机网络中传送的每一位二进制数字，也称为码位。由 7 个码元组成的二进制序列称为码字，如图 2-3 所示，二进制数字"1000010"就是一个码字，它由 7 个码元组成，这个码字代表 ASCII 码"B"。

**3. 报文**

报文(Message)是指欲发送的整块数据。如果一个站想要发送一个报文，只需要把一个目的地址附加在报文上，然后把报文通过网络从一个节点到另一个节点进行传送。当一个节点收到整个报文后，首先暂存这个报文，然后把这个报文发送到下一个节点。报文的传送如图 2-4 所示。

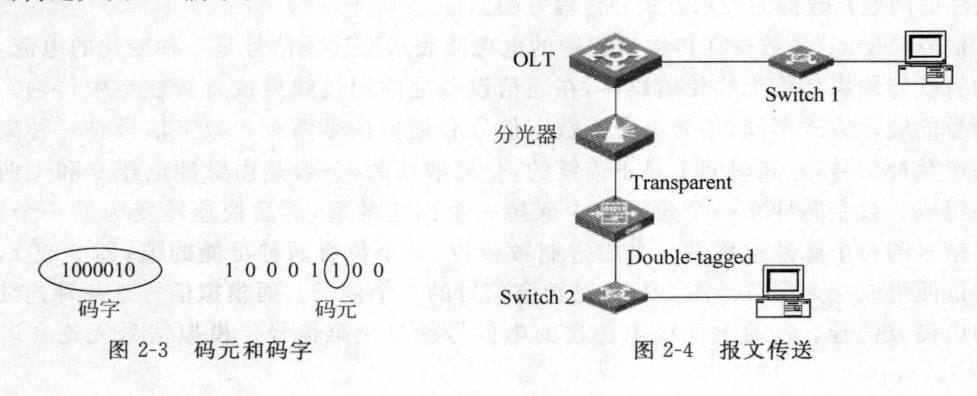


图 2-3　码元和码字

图 2-4　报文传送

**4. 数据包**

在数据通信中，通常把超过最大长度的数据块(报文)按限定的大小分割成一个个小的数据单元，并在每一个数据段上附加一些信息，这些信息通常包括单元的序号、地址及校验码等。通常把小的数据分组及其附加信息一起称为数据包。

**5. 数据帧**

在数据传输时，有时要将数据包进一步分割成更小的逻辑数据单位，这就是数据帧。

## 2.2 数据的传输方式

数据传输存在并行传输和串行传输两种方式。采用串行传输方式只需要在收发双方之间建立一条通信信道；采用并行传输方式时，收发双方之间必须建立多条并行的通信信道。

**1. 并行传输**

并行传输可以一次同时传输若干比特的数据，从发送端到接收端必须建立多条并行的通信信道，常用的并行方式是将构成一个字符的代码的若干位分别通过同样多的并行信道同时传输。例如，在数据通信中，可以按图 2-5 所示的方式，将表示一个字符的 8 位二进制代码通过 8 条并行的通信信道同时发送出去，每次发送一个字符代码，这种工作方式称为并行传输。并行传输的速率高，但传输线路和设备都需要增加若干倍，一般适用于短距离、传输速度要求较高的场合。

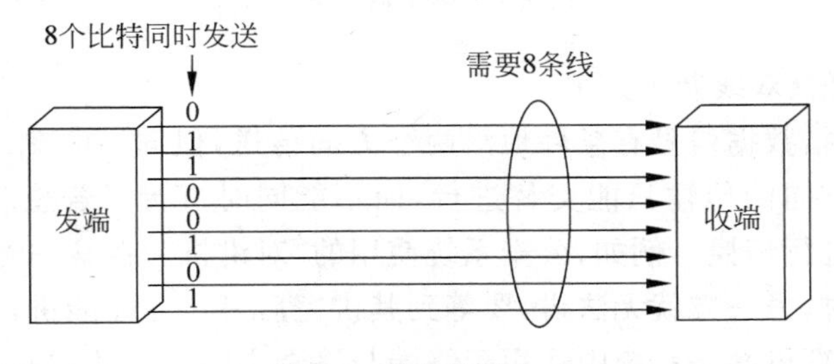


图 2-5　并行传输方式

**2. 串行传输**

串行通信是指通信时的数据流以串行方式在信道上传输。串行传输是一位一位地传送，即同时只传输一个比特位，从发送端到接收端只需一根传输线即可。例如，在数据通信中，可以按图 2-6 所示的方式，将待传送的每个字符的二进制代码按由低位到高位的顺序依次发送，这种工作方式称为串行传输。

由于串行传输方式只需要在收发双方之间建立一条通信信道，而并行传输方式收发双方之间必须建立并行的多条通信信道，因此，对于远程通信来说，在同样传输速率的情况下，虽然并行传输在单位时间内所传送的码元数是串行传输的数倍，但是由于它造价高，因此，长距离的传输一般都采用串行传输方式。

计算机内部操作多采用并行传输方式，而长距离的通信采用串行传输方式，发送端需

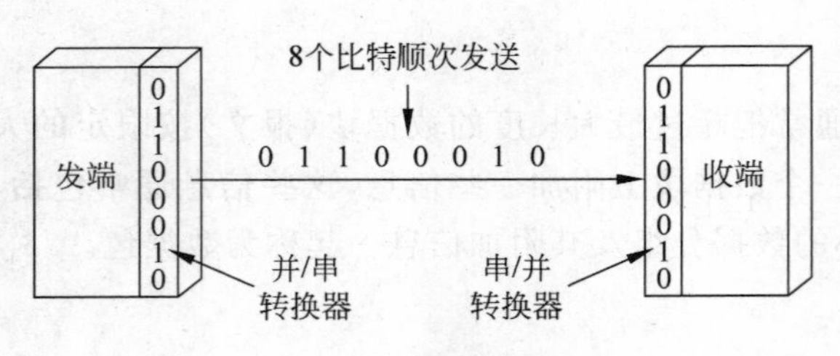


图 2-6 串行传输方式

要使用并/串转换器,将计算机内部输出的并行数据位流转换为串行数据位流,然后送到信道上传输。在接收端,则利用串/并转换装置将串行数据位流还原成并行数据位流。串行数据通信有以下 3 种不同方式:单工通信、半双工通信和全双工通信。

(1) 单工通信(双线制)

单工通信指通信信道是单向信道,信号在信道中只能从发送端传送到接收端,即数据信号仅沿一个方向传输,发送端只能发送不能接收,而接收端只能接收而不能发送。从理论上讲,单工通信的线路只需要一根线。而在实际的通信中,一般采用两个通信信道,一个用来传送数据,一个传送控制信号,简称为"二线制",如图 2-7 所示。

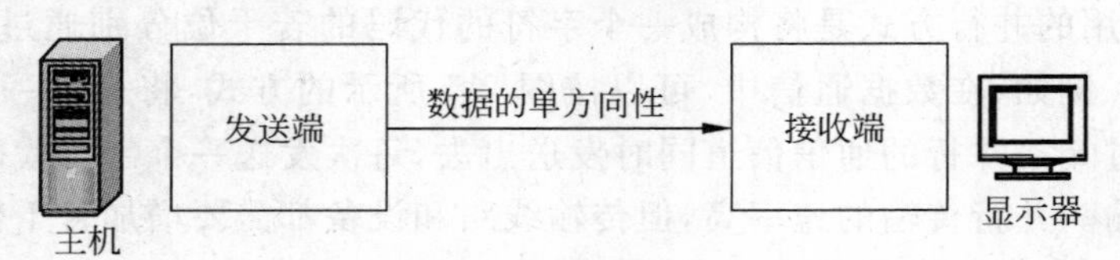


图 2-7 单工通信方式

(2) 半双工通信(双线制+开关)

半双工通信是指数据信号有条件地沿两个方向传送,但同一时刻一个信道只允许单方向传送,即两个方向的传输只能交替进行,而不能同时进行。若想改变信息的传输方向,则需利用开关进行切换。例如,公安系统使用的"对讲机",在某一时刻,只能单向传输信息,当一方讲话时,另一方就无法讲,要等到其讲完后另一方才能讲,如图 2-8 所示。半双工通信方式在计算机网络系统中适用于终端与终端之间的会话式通信。

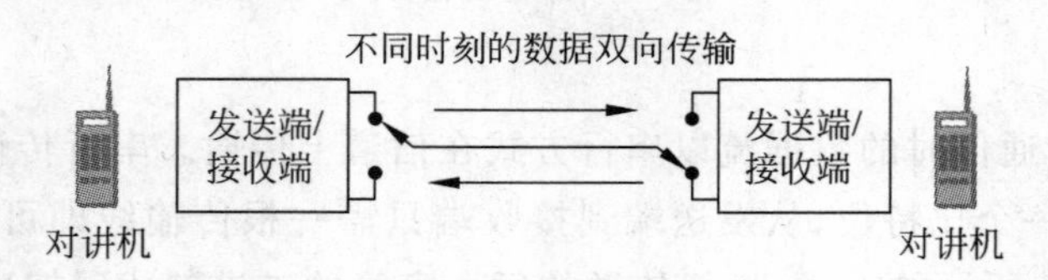


图 2-8 半双工通信方式

(3) 全双工通信(四线制)

全双工通信是指允许双方同时在两个方向上进行数据传输,它相当于将两个方向相反的单工通信方式组合起来,一般采用 4 个通信信道,即四线制,如图 2-9 所示。例如,我们使用的固定电话或移动电话,双方在讲话的同时,还可以收听电话。全双工通信比较复杂,它造价高,但通信效率也高,特别是在网络中,计算机的通信经常是工作在全双工模式，这就要求协议必须能保证正确而有序地发送和接收数据。

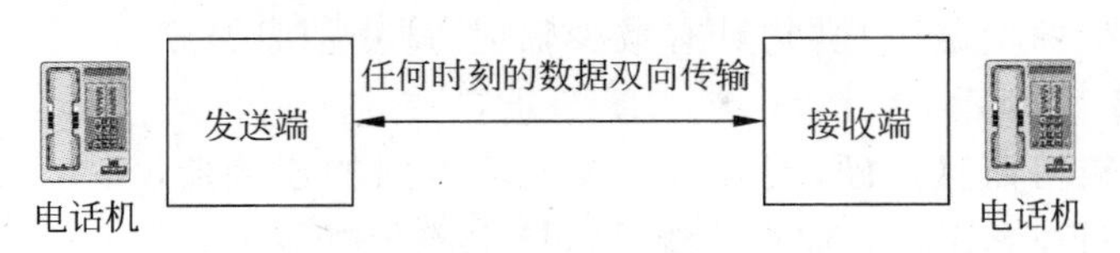


图 2-9　全双工通信方式

## 2.3　传输介质

传输介质是指通信网络中发送器与接收器之间的物理路径。最常见的连接方式是在发送设备和接收设备之间有一条点到点的链路，这些设备是通过接口在介质上传输模拟信号和数字信号的。

### 2.3.1　有线传输介质

**1. 双绞线(Twisted Pair，TP)**

双绞线是当前最常用的一种传输介质，它由两根具有绝缘保护层的铜导线扭在一起而成，这些绝缘铜导线按一定的密度绞合在一起，可增强双绞线的抗干扰能力。双绞线既可以传输模拟信号，又可以传输数字信号。在局域网中可以使用双绞线作为传输介质，在电话系统中也可以用双绞线作为模拟话音的传输介质，双绞线的价格在传输媒体中是最便宜的，且安装简单，所以得到广泛的使用。双绞线可分为非屏蔽双绞线(Unshielded Twisted Pair，UTP)和屏蔽双绞线(Shielded Twisted Pair，STP)。

(1) 非屏蔽双绞线(UTP)

非屏蔽双绞线是由不同颜色(橙、绿、蓝、棕)的 4 对双绞线组合在一起，并用塑料套装，组成双绞电缆。这种采用塑料套装的双绞线称为非屏蔽双绞线，如图 2-10 所示。常用的非屏蔽双绞线根据通信质量通常分成 5 类，市面上见到的有 3 类、4 类、5 类和超 5 类 4 种双绞线。

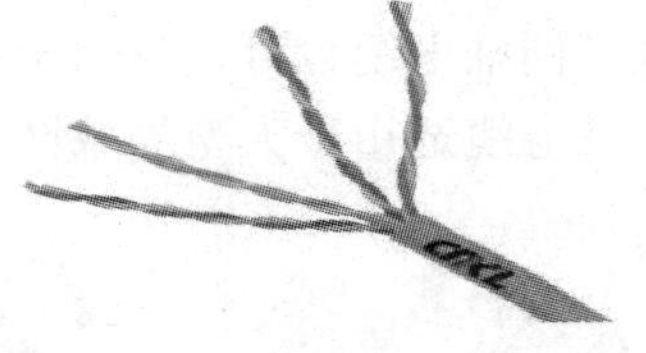

图 2-10　非屏蔽双绞线

UTP 的外壳是用塑料做成的保护层，包层上通常标有类别号码，如 3 类双绞线标有“CAT 3”或“CATEGERY 3”字样，用于 10Mbps 以下的数据传输，保护层较薄，价格便宜；5 类双绞线标有“CAT 5”或“CATEGERY 5”字样，保护层较厚，价格较贵，适用于语音和多媒体等 100Mbps 的高速和大容量数据的传输。

UTP 没有金属保护膜，对来自外面的电磁干扰的敏感性较大，与其他传输介质相比，在传输带宽、传输距离和传输速度方面都有一定的限制。它的优点是价格便宜，易于安装，所以被广泛地应用在传输模拟信号的电话系统和局域网的数据传输系统中。UTP 的最大缺点是绝缘性能不好，有信息辐射且容易被窃听，所以，在少数信息保密级别要求高的场合，还需采取一些辅助屏蔽措施。

(2) 屏蔽双绞线(STP)

屏蔽双绞线由不同颜色(橙、绿、蓝、棕)的 4 对双绞线组合在一起，并用塑料套装，在双绞线和外层保护套中间增加了一层金属屏蔽保护膜,用以减少信号传送时所产生的电磁干扰,它具有减少辐射、防止信息被窃听的功能,如图 2-11 所示。

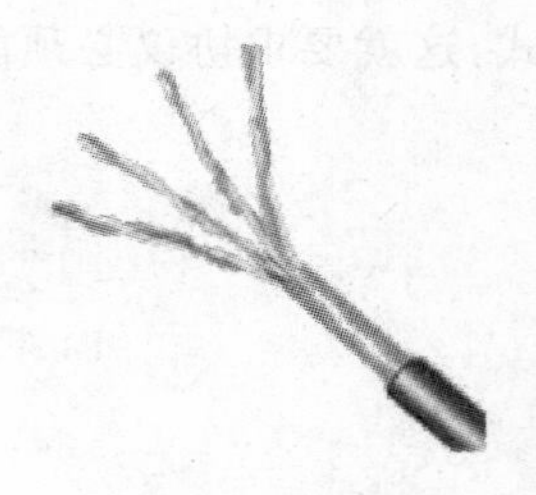

图 2-11 屏蔽双绞线

屏蔽双绞线较粗而且很硬,安装时需要使用专门的连接器,它有 3 类和 5 类两种形式。屏蔽双绞线具有抗电磁干扰能力强、传输质量高等优点,但它也存在接地要求高、安装比较复杂、成本高的缺点,尤其安装不规范,通信效果会更差。因此,屏蔽双绞线的实际应用并不普遍。

**2. 同轴电缆(Coaxial Cable)**

同轴电缆由 4 层组成。最里层是一根铜质芯线,这是同轴电缆的导体部分;外加绝缘层,以防止导体与第三层短路;第三层是紧紧缠绕在绝缘体上的金属屏蔽层;最外一层是用做保护的绝缘蒙皮,其结构如图 2-12 所示。

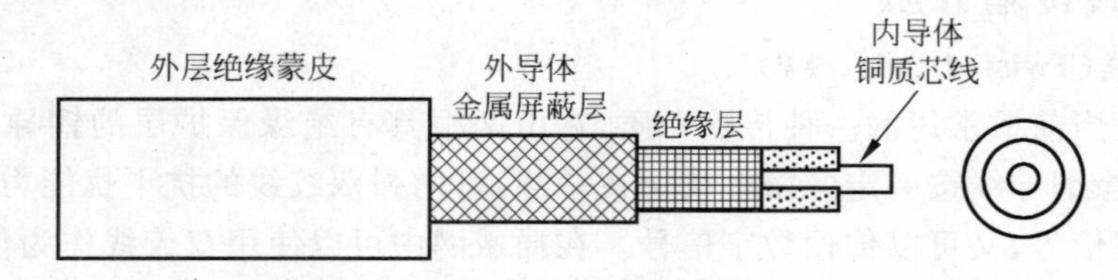


图 2-12 同轴电缆的结构示意图

同轴电缆的这种结构,使它具有高带宽和极好的噪声抑制特性。同轴电缆有粗缆和细缆之分。根据同轴电缆的带宽不同,它可以分为两类:基带同轴电缆、宽带同轴电缆。基带同轴电缆一般仅用于数字信号的传输。宽带同轴电缆可以使用频分多路复用方法,将一条宽带同轴电缆的频带划分成多条通信信道,使用各种调制方式,并支持多路传输。宽带同轴电缆也可以只用于一条通信信道的高速数字通信,此时称之为单信道宽带。粗同轴电缆适用于大型局域网,它的传输距离长,可靠性高,安装时不需要切断电缆,用夹板装置夹在计算机需要连接的位置。但粗缆必须安装外收发器,安装难度大,总体造价高。细缆则容易安装,造价低,但安装时要切断电缆,装上 BNC 接头,然后连接在 T 形连接器两端,如图 2-13 所示,所以容易产生接触不良或接头短路的隐患,这是以太网运行中常见的故障。

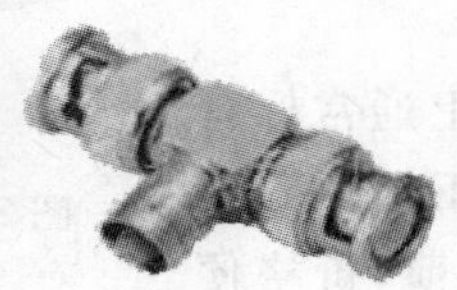

图 2-13 BNC 接头和 T 形连接器

**3. 光纤(Optical Fiber)**

光导纤维电缆,简称光纤、光纤电缆或光缆,它是一种传输光束的细而柔软的传输介质。光导纤维电缆通常由一捆纤维组成,因此得名“光缆”。随着对数据传输速度要求的不断提高,光缆的应用将越来越广泛。对于计算机网络来说,光缆具有无可比拟的优势,是目前和未来发展的方向。

光纤是由石英玻璃拉成细丝,由光纤芯和包层构成的双层通信圆柱体,其结构一般是由双层的同心圆柱体组成,中心部分为光纤芯,如图 2-14 所示。

光纤通信系统是以光波为信号的载体、光导纤维为传输介质的通信系统。光纤通信系统由光纤、光发送机和光接收机等部分组成，如图 2-15 所示。各部分的主要作用如下：

(1) 光发送机主要由光源和驱动两部分组成。它能够产生光束并将“0”和“1”组成的电信号转换为光信号，进行光信号的编码，最后把光信号导入光纤。

(2) 光接收机主要由光检测和放大两部分组成。它负责接收从光纤上传输的光信号、将光信号转换为电信号、解码后转换成计算机可以处理的“0”和“1”组成的信号。

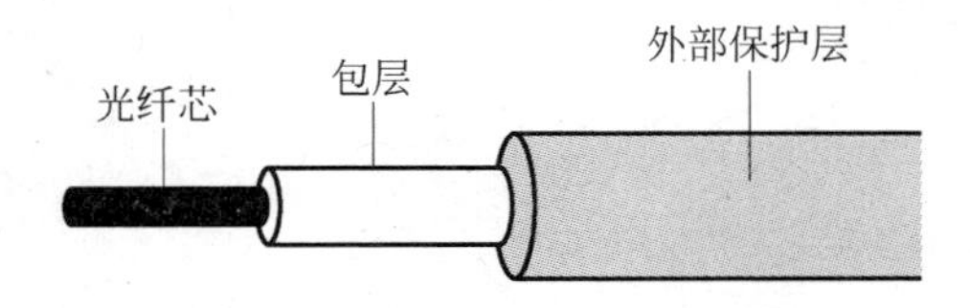


图 2-14　光导纤维电缆的结构示意图

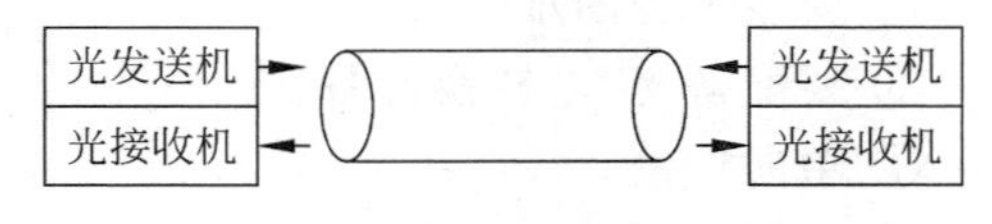


图 2-15　光纤通信系统工作示意图

光纤的纤芯用来传导光波，包层有较低的折射率，当光线从高折射率的介质射入低折射率的介质时，其折射角大于入射角。如果折射角足够大，就会出现全反射，光线碰到包层时就会折射回纤芯，这个过程不断重复，光线就会沿着光纤传下去，如图 2-16 所示。

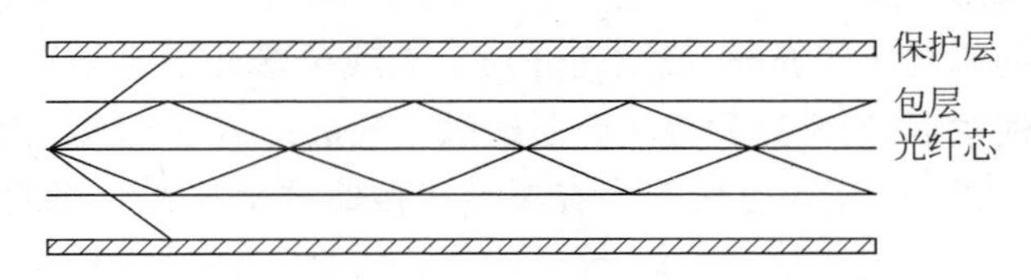


图 2-16　光纤的传输方式

根据使用的光源和传输模式，光纤可分为多模光纤和单模光纤两种。多模光纤采用发光二极管产生可见光作为光源，其定向性较差。当光纤芯线的直径比光波波长大很多时，由于光束进入芯线中的角度不同，而传播路径也不同，这时，光束是以多种模式在芯线内不断反射而向前传播，如图 2-17(a)所示。这种光纤称为多模光纤。

单模光纤采用注入式激光二极管作为光源，激光的定向性较强。单模光纤的芯线直径一般为几个光波的波长，当激光束进入玻璃芯中的角度差别很小时，能以单一的模式无反射地沿轴向传播，如图 2-17(b)所示。

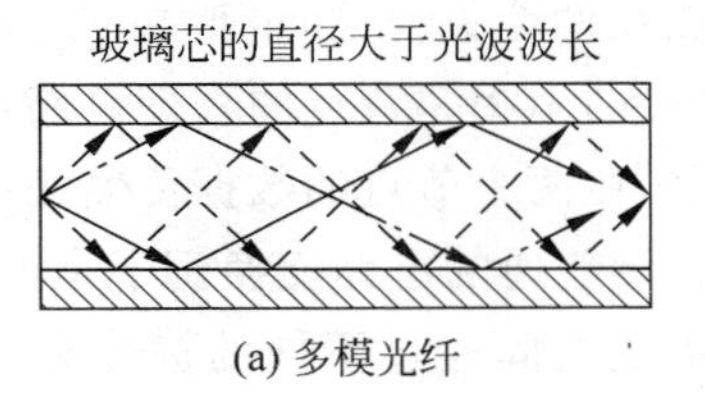


(a) 多模光纤

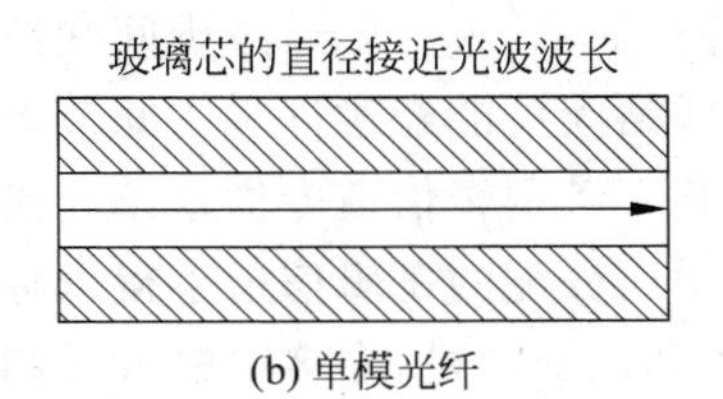


(b) 单模光纤

图 2-17　光在多模光纤和单模光纤中的传输示意图

光纤具有如下的优缺点：

(1) 优点

① 传输带宽高，通信容量大。

② 传输损耗小,中继距离长。

③ 误码率低,传输可靠性高。

④ 抗干扰能力强。

⑤ 保密性好。

⑥ 抗化学腐蚀能力强。

(2) 缺点

① 价格昂贵。

② 安装十分困难。

③ 要配备光/电转换设备。

④ 单向传输。

⑤ 脆弱,易断裂。

目前,虽然光纤的价格不断下降,但它仍然是最贵的传输介质;另外,光纤网络必须使用特殊的连接器,其安装也是最复杂和困难的,因此,光纤主要用在大型局域网的主干网上,小型局域网上很少使用。

### 2.3.2 无线传输介质

无线传输介质简称为无线介质,或空间介质。无线传输介质是指在两个通信设备之间不使用任何物理的连接器,通常这种传输介质通过空气进行信号传输。无线传输包括微波、卫星信道、红外线、无线电、移动通信等。有关无线传输技术将在后面的章节中介绍。

## 2.4 数据交换技术

数据的传送从源节点开始,经过若干中间节点的转发(交换),最终到达目的节点。通常将数据在通信子网中节点间的数据传输过程统称为数据交换。其对应的技术称为数据交换技术。在传统的广域网的通信子网中,使用的数据交换技术可分为两大类:线路交换技术和存储转发交换技术。

### 2.4.1 线路交换

线路交换(Circuit Switching)也叫电路交换,是通信领域中最早使用的交换方式。通过电路交换进行通信,就是要通过中间交换节点在两个站点之间建立一条专用的通信线路,在该通信线路间可能经过许多中间节点,连接两个相邻节点的物理链路可能有多条逻辑信道,其中某一条逻辑信道专供这条连接使用,在两个节点的数据传输完成之后释放该连接,该连接中所分配的逻辑信道也得以释放。最普通的电路交换例子是电话通信系统。电话通信系统利用交换机,在多个输入线和输出线之间通过不同的拨号和呼叫建立直接通话的物理链路。物理链路一旦接通,相连的两站点即可直接通信。利用线路交换进行通信包括建立电路、传输数据和拆除电路三个阶段。

(1) 建立电路

在传输任何数据之前,必须建立端到端(站到站)的物理连接,如图 2-18 所示。通过源节点主机 A 请求完成交换网中相应节点的连接过程,这个过程建立起一条由源节点主机 A 到目的节点主机 B 的传输通道。首先，源节点主机 A 发出呼叫请求信号，与源节点主机 A 连接的交换节点 A 收到这个呼叫，就根据呼叫信号中的相关信息寻找通向目的节点主机 B 的下一个交换节点 B，然后按照同样的方式，交换节点 B 再寻找下一个节点，最终达到节点 D，节点 D 将呼叫请求信息发给目的节点主机 B。若目的节点主机 B 接受呼叫，则通过已建立的物理线路，并向源节点主机 B 发回呼叫应答信号。这样，从源节点主机 A 到目的节点主机 B 之间就建立了一条电路。

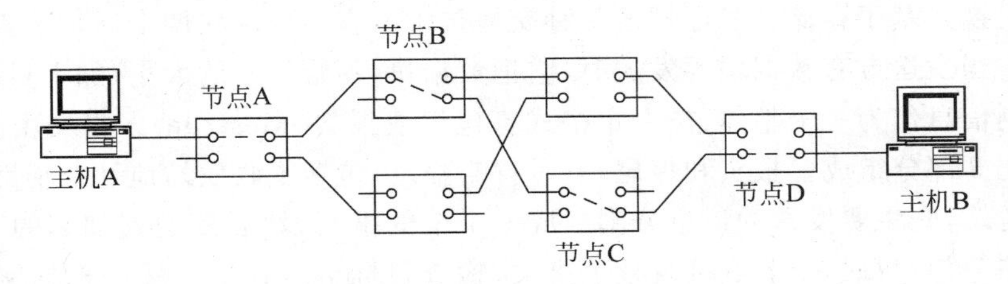


图 2-18　线路交换的工作原理

（2）传输数据

电路建立完成后，就可以在这条临时的专用电路上传输数据，通常为全双工传输。被传输的数据可以是数字数据，也可以是模拟数据。数据可以从主叫用户传输到被叫用户，也可以由被叫用户传输送到主叫用户。

（3）拆除电路

数据传输结束后，源节点发出释放请求信息，请求终止通信，要释放（拆除）该物理链路。若目的节点接受释放请求，则发回释放应答信息，释放信号必须传送到电路所经过的各个节点，以便重新分配资源。在电路拆除阶段，各节点相应地拆除该电路的对应连接，释放由该电路占用的节点和信道资源。

## 2.4.2　存储转发交换

由于线路交换技术线路利用率低，不适宜计算机网络之间的通信，因此，必须研究其他合适的交换技术，才能符合计算机网络的发展。1964 年 8 月，巴兰（Baran）首先提出了使用存储转发技术的分组交换的概念。1969 年 12 月美国的分组交换网络 ARPANET 投入运行，从此计算机网络技术的发展进入了一个新的时代，并标志着现代电信时代的开始。

存储交换（Store and Forward Switching）也叫存储转发，其原理如图 2-19 所示。

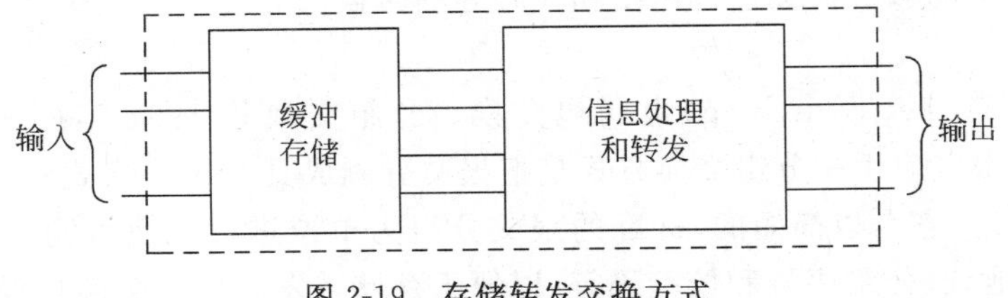


图 2-19　存储转发交换方式

在交换设备控制下，输入的信息先在存储区暂时存储，并对存储的信息进行适当处理。待指定输出线路空闲时，再分别将信息转发出去。此处交换设备起开关作用。交换设备可控制输入信息存入缓冲区等待出口的空闲，接通输出并传送信息。与电路交换相比，存储交换具有均衡负荷、建立电路延迟小、可进行差错控制等优点；但其实时性不好，网络传输延迟大。在数据交换中，对一些实时性要求不高的场合，可使数据在中间节点先作存储再转发出去。在存储等待时间内可对数据进行必要的处理，这就可以采用存储交换方式。存储交换又可分为报文交换(Message Switching)和分组交换(Packet Switching)两种方式。

(1) 报文交换

报文交换是基于存储转发原理的一种交换技术。它不要求在两个通信节点之间建立专用通路。当发送方有数据块要发送时，它把数据块(不管尺寸的大小)加上目的地址、源地址与控制信息作为一个整体，按一定格式打包组成报文(Message)。报文由报头、报文正文和报尾 3 部分组成。报头和报尾(有时省略报尾)包含了收发站地址及辅助控制等信息。在发送站，先将要发送的信息分割组成一个个的报文，然后发送到相邻的节点，报文在节点存储等待。每一个节点接收整个报文，检查目标节点地址。然后根据网络中的交通情况在适当的时候转发到下一个节点。经过多次的存储—转发，最后到达目标节点(见图 2-20)。

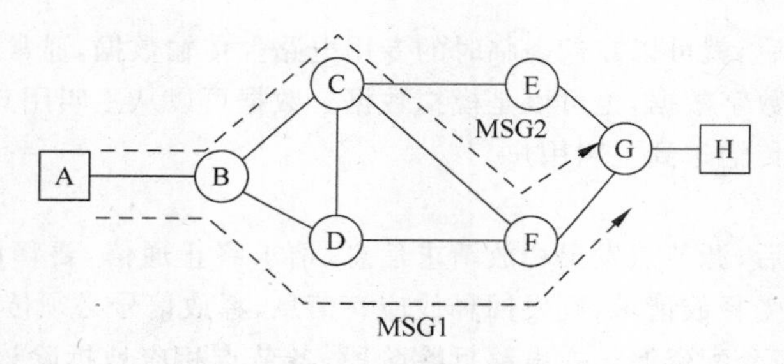

图 2-20 报文交换

报文交换不建立专用链路，与线路交换相比，具有如下特点：

- 线路利用率高。因为有许多报文可以分时共享一条节点到节点的通道。
- 不需要同时启动发送器和接收器来传输数据，网络可以在接收器启动之前暂存报文。
- 在线路交换网上，当通信容量很大时，不能接收某些呼叫。而在报文交换网上，仍可接收报文，只是传输延迟有所增加。
- 报文交换系统可把一份报文发往多个目的地。
- 交换网络能够对报文进行速度和代码等的转换。

(2) 分组交换

分组交换(Packet Switching)也叫包交换。分组交换是 1964 年提出来的，最早在 ARPANET 上得以应用。分组交换方式是把报文分割成具有统一格式、一定长度的若干个分组(Packet)。它是以简短的、标准的报文分组为单位进行交换传输。每个报文分组都附加上收发地址、分组序号和校验码等，以便于存储转发。分组交换与报文交换的工作方式基本相同，所不同之处在于，分组交换网中要限制所传输的数据单位的长度。通常的最大长度是一千位至几千位，称为包(Packet)。而报文交换系统却适应更长的报文。在数据实际传输的过程中，通常把最大长度的报文的数据块按限定的大小分割成一个个小段，为每个小段加上有关的地址信息以及段的分割信息并组成一个数据包，然后逐个节点发送。

# 习题

**一、填空题**

1. 通常把在网络中存储、处理和传输的二进制代码称为________。
2. 由 7 个码元组成的二进制序列称为________。
3. 串行数据通信有以下 3 种不同方式：单工通信、半双工通信和________。
4. 双绞线可分为非屏蔽双绞线和________。
5. 报文由报头、报文正文和________三部分组成。

**二、选择题**

1. 计算机网络通信中传输的是________。
   A. 数字信号　　B. 模拟信号
   C. 数字信号或模拟信号　　D. 数字脉冲信号
2. 计算机网络通信系统是________。
   A. 数据通信系统　　B. 信息通信系统
   C. 信号传输系统　　D. 电信号传输系统
3. 通常把小的数据分组及其附加信息一起称为________。
   A. 帧　　B. 数据包　　C. 报文　　D. 码元
4. 在数据传输时，有时要将数据包进一步分割成更小的逻辑数据单位，这就是________。
   A. 数据包　　B. 报文　　C. 数据帧　　D. 分组
5. 长距离的传输一般采用________方式。
   A. 串行通信　　B. 并行通信　　C. 同步传输　　D. 异步传输
6. 计算机内部通信通常采用________方式。
   A. 串行通信　　B. 并行通信　　C. 同步传输　　D. 异步传输
7. 计算机通信经常是工作在________模式。
   A. 单工　　B. 半双工　　C. 全双工　　D. 并行传输
8. 数据交换技术有________种。
   A. 5　　B. 4　　C. 2　　D. 3

**三、问答题**

1. 什么是报文？什么是数据包？它们之间的区别是什么？
2. 什么是串行传输？什么是并行传输？它们各有什么特点？
3. 什么是单工、半双工和全双工通信？举例说明它们的应用场合。
4. 简述数据通信的基本过程。
5. 什么叫无线传输介质？举例说明。
6. 比较并说明电路交换与存储转发交换的差异。

# 第 3 章

# 计算机网络体系结构与协议

**内容提要：**

- 网络体系结构和网络协议的概念；
- 网络协议；
- 开放系统互联参考模型(OSI/RM)；
- TCP/IP 体系结构；
- 子网和子网掩码。

## 3.1 网络体系结构和网络协议的概念

**1. 网络体系结构**

为了完成计算机间的通信合作，把每个计算机互连的功能划分成定义明确的层次，规定了同层次进程通信的协议及相邻层之间的接口及服务。将这些同层进程间通信的协议以及相邻层接口统称为网络体系结构。

网络体系结构如图 3-1 所示。

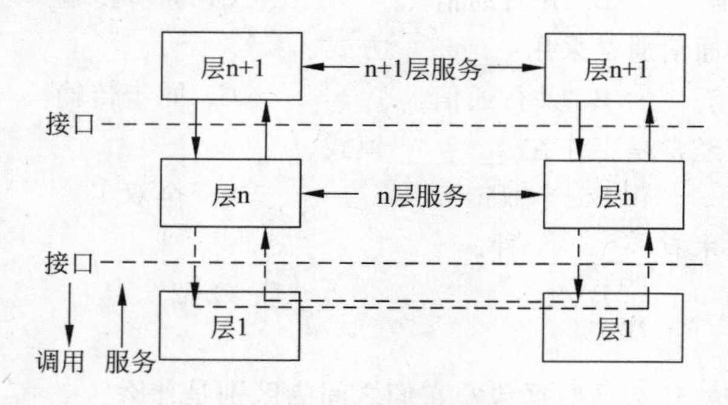


图 3-1 网络体系结构

计算机网络是计算机和通信设备的集合，这些设备能够通过传输介质使用通用网络协议相互通信，共享资源。

**2. 网络协议(Protocol)**

为在网络中进行的数据交换而建立的一种双方都能识别和理解的规则、标准或约定。联网的计算机以及网络设备之间要进行数据与控制信息的成功传递就必须共同遵守网络协议,常见的协议有:TCP/IP 协议、IPX/SPX 协议、NetBEUI 协议等。

一个网络协议至少包括以下三要素:

- 语法(Semantics),用来规定信息格式。
- 语义(Syntax),用来说明通信双方应当怎么做。
- 同步(Timing),详细说明事件的先后顺序。

**3. 层次概念**

(1) 计算机网络中采用分层体系结构

计算机网络往往由分散在不同的地点不同的厂家制造的设备组成。各个厂家很可能各自定义了各不相同的通信规则,因而计算机网络上的通信相当复杂。如果用一个协议规定通信的全过程,将是一个非常困难的事情。与其他复杂的体系一样,计算机网络系统的实现也采用分层结构化方法,把计算机网络系统分解为多个子模块,相应的协议也分为若干层,每层实现一个子功能。

(2) 计算机网络中采用分层体系结构各层次间的关系

① 每一层都由一些实体组成,这些实体抽象地表示了通信时的硬件元素或软件元素。不同机器上同一层的实体叫做对等实体。计算机网络中,正是对等实体利用该层的协议在互相通信。

② 系统中各相邻层之间要有一个接口,它定义了较低层向较高层提供的原始操作和服务,相邻层通过相互之间的接口进行信息交换。

③ 对于网络结构化层次模型,其特点是每一层都建立在它的较低一层之上,每一层都是向它的上一层提供服务,根本不需要知道下一层是如何实现服务的。

## 3.2　开放系统互联参考模型(OSI/RM)

**1. OSI 参考模型的基本概念**

自 IBM 在 20 世纪 70 年代推出"SNA 系统网络体系结构"以来,世界上许多计算机大公司先后推出了各自的计算机网络体系结构。为了使不同体系结构的计算机网络都能互连,ISO(国际标准化组织)于 1977 年成立了专门机构研究该问题。不久,他们就提出一个试图使各种计算机在世界范围内互联成网的标准框架,这就是著名的开放系统互联参考模型 OSI/RM (Open Systems Interconnection/Reference Model),也称为 ISO/OSI。

OSI 中的"开放"是指只要遵循 OSI 标准,一个系统就可以与位于世界上任何地方同样遵循同一标准的其他任何系统进行通信。在 OSI 标准的制定过程中,采用的方法是将整个庞大而复杂的问题划分为若干个容易处理的小问题,这就是分层的体系结构方法。

**2. OSI 参考模型的结构**

ISO/OSI 只给出了一些原则性的说明,并不是一个具体的网络。它将整个网络的功能划分成 7 个层次,规定了网络通信每一层的功能,为网络通信的设计规划出一张蓝图。OSI 参考模型的最高层为应用层,面向用户提供各种应用服务;最低层为物理层,与通信介质相连实现真正的数据通信。两个用户计算机进行网络通信时,只有物理层存在直接的数据交流,其余各对等层之间均不存在直接的数据交流,而是通过各对等层的协议来进行通信的。

在 OSI 的七层模型中,每一层向其更高一层提供服务,每一层直接使用其更低一层的服务,每一层都是整个系统的有机组成部分,每一层完成不同的功能。如图 3-2 所示为 ISO/OSI 的七层结构。

按照 OSI 协议,网络中各节点都有相同的层次,不同节点的同等层次具有相同的功能,同一节点内相邻层之间通过接口通信。每一层使用其更低一层提供的服务,并向其更高一层提供服务,同节点的同等层按照协议实现对等层之间的通信(虚拟通信),如图 3-3 所示。

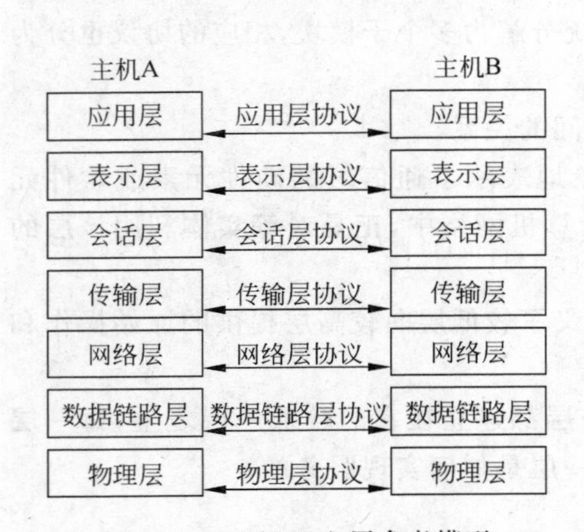


图 3-2 ISO/OSI 七层参考模型

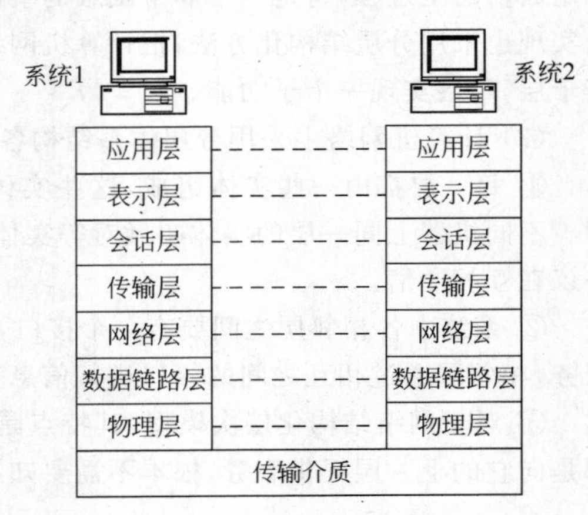


图 3-3 ISO/OSI 两节点的层次模型

**3. OSI/OSI 7 层功能简介**

(1) 物理层(Physical Layer)

提供机械、电气、功能和过程特性。如规定使用电缆和接头的类型,传送信号的电压等。在这一层,数据还没有被组织,仅作为原始的位流或电气电压处理。

(2) 数据链路层(Data Link Layer)

实现数据的无差错传送。它接收物理层的原始数据位流以组成帧,并在网络设备之间传输。帧含有源站点和目的站点的物理地址。

(3) 网络层(Network Layer)

处理网络间路由,确保数据及时传送。将数据链路层提供的帧组成数据包,包中封装有网络层包头,其中含有逻辑地址信息源站点和目的站点地址的网络地址。

(4) 传输层(Transport Layer)

提供建立、维护和取消传输连接功能,负责可靠地传输数据。

(5) 会话层(Session Layer)

提供包括访问验证和会话管理在内的建立和维护应用之间通信的机制。如服务器验证用户登录便是由会话层完成的。

(6) 表示层(Presentation Layer)

提供格式化的表示和转换数据服务。如数据的压缩和解压缩,加密和解密等工作都由表示层负责。

(7) 应用层(Application Layer)

提供网络与用户应用软件之间的接口服务。

**4. OSI 环境中的数据传输过程**

计算机利用协议通信时,在 OSI 中,不同的设备同等层之间经常要进行信息交换。对等层协议之间需要交换的信息单元叫协议数据单元(PDU)。节点对等层之间的通信只有物理层之间才能直接进行信息交换,其余各对等层之间的通信并不能直接进行,如节点 A 的传输层和节点 B 的传输层之间通信时,它们之间并不是直接通信,而要借助它们下层的网络层来进行通信,网络层再借助数据链路层进行通信,依次直到物理层,在物理层两节点直接通信。OSI 模型中的数据传输过程如图 3-4 所示。

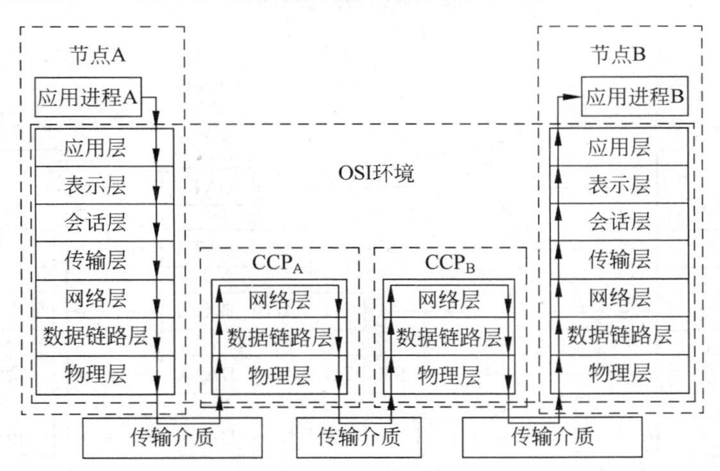


图 3-4 OSI 模型中的数据传输过程

在发送方节点 A 内,上层和下层之间进行数据传输,每经过一层,都会对数据附加上这一层的信息,一个使接收方节点 B 的同一层能识别的头部控制信息。这个附加信息的过程称为数据打包或数据封装,去除这个附加信息称为数据拆包或数据拆封。数据的封装与拆封过程如图 3-5 所示。

节点 A 的信息由上层往下发送过程不断附加头部控制信息,因所要发送的数据越来越大,最后在物理层以二进制数传输到节点 B 的物理层。节点 B 的物理层收到一个附加了很多头部控制信息的数据,在物理层向上传输时,每一层将各自对应的头部控制信息去掉,即不断地拆封。当数据传输到应用层时,应用层所得到的数据和节点 A 在应用层时所传送的数据是一样的。图 3-6 给出了一个完整的 OSI 数据传递与流动过程。

像感觉到数据直接就节点 A 传到节点 B。

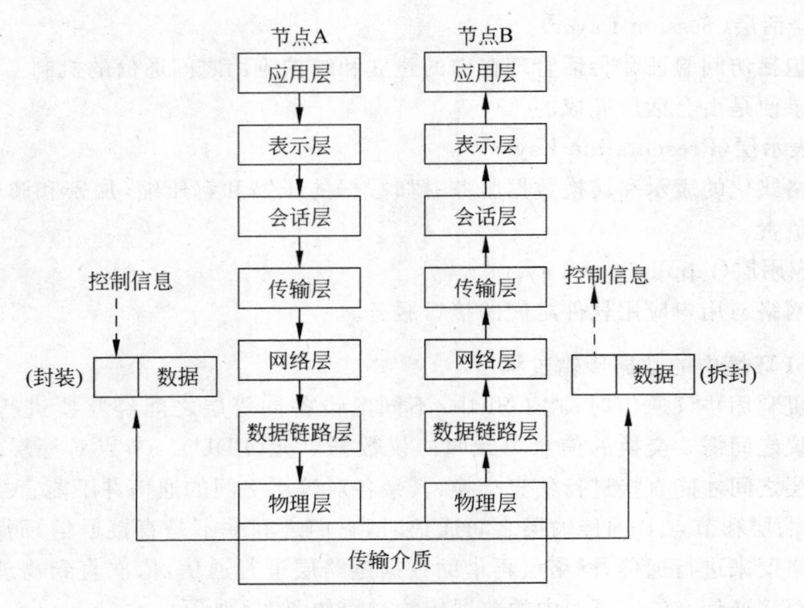


图 3-5 数据的封装与拆封

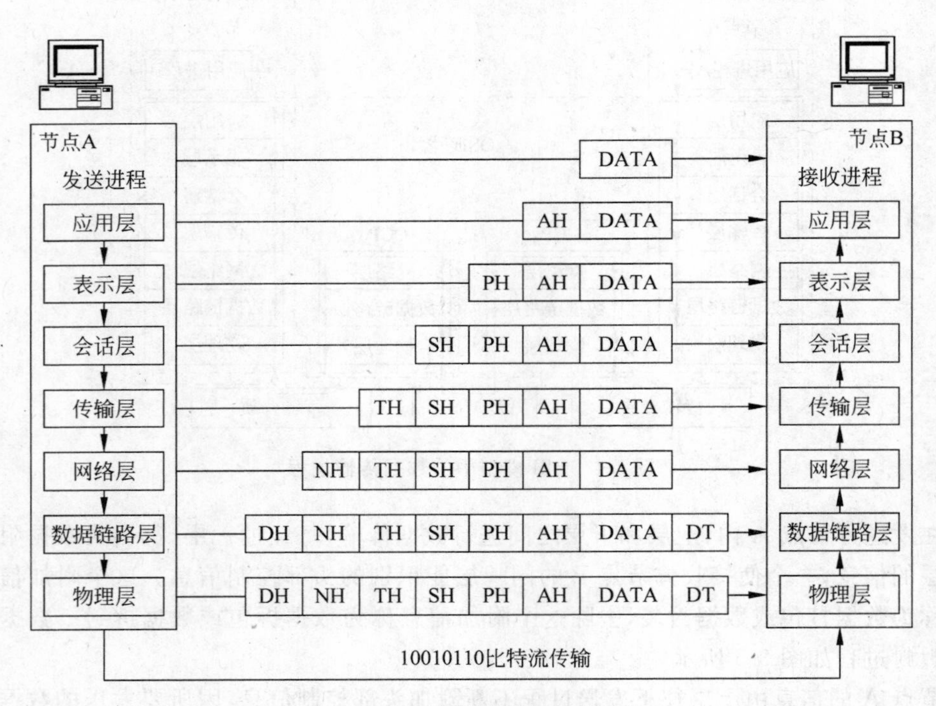


图 3-6 OSI 数据传递与流动过程

在 OSI 中，数据的传输经过很多处理步骤，但是对用户来说这些处理都是透明的，好像感觉到数据直接就节点 A 传到节点 B。

## 3.3 TCP/IP 体系结构

**1. TCP/IP 参考模型的概述**

TCP/IP(Transmission Control Protocol/Internet Protocol,传输控制协议/网间网协议)是目前世界上应用最为广泛的协议,它的流行与 Internet 的迅猛发展密切相关——TCP/IP 最初是为互联网的原型 ARPANET 所设计的,目的是提供一整套方便实用、能应用于多种网络上的协议。事实证明 TCP/IP 做到了这一点,它使网络互联变得容易起来,并且使越来越多的网络加入其中,成为 Internet 的事实标准。

TCP/IP 体系结构共划分为 4 个层次,应用层、传输层、互联层和网络接口层,如图 3-7 所示。

TCP/IP 体系结构与 OSI/参考模型的对应关系,如图 3-8 所示。

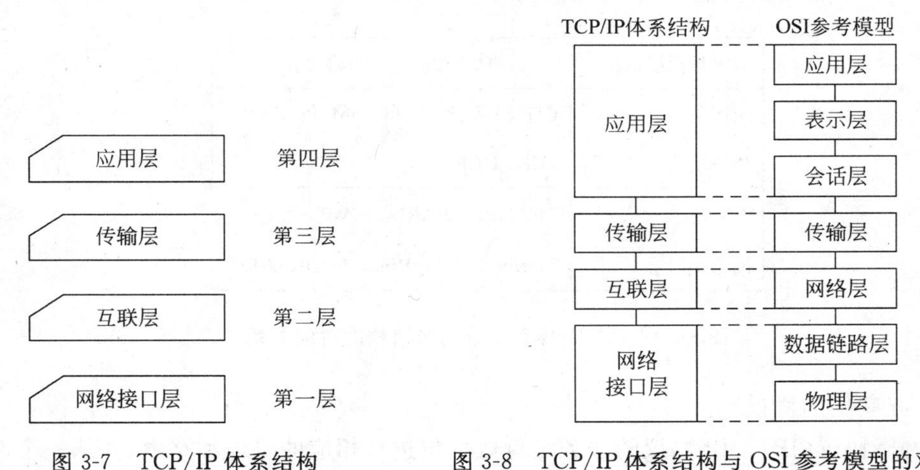


图 3-7 TCP/IP 体系结构　　　图 3-8 TCP/IP 体系结构与 OSI 参考模型的对应关系

TCP/IP 的分层体系结构各层的功能和特点分别介绍如下。

(1) 网络接口层

网络接口层用于控制对本地局域网或广域网的访问,是在 TCP/IP 体系结构的最低层,与 OSI 参考模型的物理层和数据链路层相对应,TCP/IP 对网络接口层并没有给出具体的规定,使得它可以灵活地与多种类型的网络进行连接,在网络接口层支持多种网络层协议,如以太网协议(Ethernet)、令牌环网协议(Token Ring)、分组交换网协议(X.25)等。

(2) 互联层

互联层也称为网际层,主要负责解决一台计算机与另一台计算机之间的通信问题,在 TCP/IP 体系结构的第二层,它的主要功能是负责通过网络接口层发送 IP 数据包,或接收来自网络接口层的帧并将其转换为 IP 数据包,然后为该数据包进行路径选择,最终将数据包从源主机发送到目的主机。

互联层还包含多个其他协同工作的协议,如网际协议 IP、网际控制报文协议 ICMP、网际组管理协议 IGMP、地址解析协议 ARP 和反向地址解析协议 RARP 等。

(3) 传输层

传输层是 TCP/IP 参考模型中的第三层。它负责端到端的通信,其主要功能是使发送方主机和接收方主机上的对等实体可以进行会话。TCP/IP 参考模型的传输层和 OSI 参考模型的传输层功能类似。

(4) 应用层

TCP/IP 协议的应用层处于第四层,对应于 OSI 模型的上三层,该层提供各种网络服务,如文件传输、域名服务、远程登录和简单网络管理等,向用户提供调用和访问网络中各种应用程序的接口,并向用户提供各种标准的应用程序及相应的协议。

**2. TCP/IP 的协议组合**

在 TCP/IP 的层次结构中包括了 4 个层次,但实际上只有 3 个层次包含了实际的协议。TCP/IP 中各层的协议如图 3-9 所示。

| TCP/IP模型结构 | TCP/IP模型中的协议群 |
| --- | --- |
| 应用型 | FTP、HTTP、DNS、SMTP、SNMP |
| 传输层 | TCP、UDP |
| 互联层 | TP、ARP、RARP、ICMP |
| 网络接口层 | Ethernet、TokenRing、FDDI、ATM |

图 3-9　TCP/IP 体系结构与协议栈的对应关系

(1) 互联层的协议

① 网际协议(IP)。IP 协议的任务是对数据包进行相应的寻址和路由,并从一个网络转发到另一个网络。IP 协议在每个发送的数据包前加入一个控制信息,其中包含了源主机的 IP 地址(IP 地址相当于 OSI 模型中网络层的逻辑地址)、目的主机的 IP 地址和其他一些信息。协议的另一项工作是分割和重编在传输层被分割的数据包。由于数据包要从一个网络转发到另一个网络,当两个网络所支持传输的数据包的大小不相同时,IP 协议就要在发送端将数据包分割,然后在分割的每一段前再加入控制信息进行传输。当接收端接收到数据包后,IP 协议将所有的片段重组合成原始的数据。

IP 是一个无连接的协议。无连接是指主机之间不建立用于可靠通信的端到端的连接,源主机只是简单地将 IP 数据包发送出去,而 IP 数据包可能会丢失、重复,延迟时间大或者次序混乱。因此,要实现数据包的可靠传输,就必须依靠高层的协议或应用程序,如传输层的 TCP 协议。

② 网际控制报文协议(ICMP)。网际控制报文协议 ICMP 为 IP 协议提供差错报告。由于 IP 是无连接的,且不进行差错检验,当网络上发生错误时它不能检测错误,向发送 IP 数据包的主机汇报错误就是 ICMP 的责任。

③ 网际组管理协议(IGMP)。IP 协议只是负责网络中点到点的数据包传输,而点到

多点的数据包传输则要依靠网际组管理协议 IGMP 来完成。它主要负责报告主机组之间的关系，以便相关的设备(路由器)可支持广播发送。

④ 地址解析协议(ARP)和反向地址解析协议(RARP)。计算机网络中各主机之间要进行通信时，必须知道彼此的物理地址(OSI 模型中数据链路层的地址)。因此，在 TCP/IP 的网际层有 ARP 和 RARP 协议，它们的作用是将源主机和目的主机的 IP 地址与它们的物理地址相匹配。

(2) 传输层协议

① 传输控制协议(TCP)。TCP 协议是传输层的一种面向连接的通信协议，它提供可靠的数据传送。对于大量数据的传输，通常要求有可靠的传送。

TCP 协议将源主机应用层的数据分成多个分段，然后将每个分段传送到网络接口层，网络接口层将数据封装为 IP 数据包，并发送到目的主机。目的主机的网络接口层将 IP 数据包中的分段传送给传输层，再由传输层对这些分段进行重组，还原成原始数据，并传送给应用层。另外，TCP 协议还要完成流量控制和差错检验的任务，以保证数据传输的可靠性。

② 用户数据报协议(UDP)。UDP 协议是一种面向无连接的协议，因此，它不能提供可靠的数据传输。而且 UDP 不进行差错检验，必须由应用层的应用程序来实现可靠性机制和差错控制，以保证端到端数据传输的正确性。虽然 UDP 与 TCP 相比显得非常不可靠，但在一些特定的环境下还是非常有优势的。例如，要发送的信息较短，不值得在主机之间建立一次连接。另外，面向连接的通信通常只能在两个主机之间进行，若要实现多个主机之间的一对多或多对多的数据传输，即广播或多播，就需要使用 UDP 协议。

(3) 应用层协议

在 TCP/IP 模型中，应用层包括了所有的高层协议，而且总是不断有新的协议加入，应用层的协议主要有以下几种：

① 远程终端协议 Telnet。本地主机作为仿真终端登录到远程主机上运行应用程序。

② 文件传输协议 FTP。实现主机之间的文件传送。

③ 简单邮件传输协议 SMTP。实现主机之间电子邮件的传送。

④ 域名服务 DNS。用于实现完整域名与 IP 地址之间的映射。

⑤ 动态主机配置协议 DHCP。实现对主机的地址分配和配置工作。

⑥ 路由信息协议 RIP。用于网络设备之间交换路由信息。

⑦ 超文本传输协议 HTTP。用于 Internet 中的客户机与 WWW 服务器之间的数据传输。

访问网站时使用协议如图 3-10 所示。

HTTP 就是告诉网络：我要访问 Web 服务器上的网站。

TCP 封装 HTTP 就是告诉网络：要不出差错地将我的请求送到。

IP 封装 TCP 和 HTTP 后告诉网络：数据要传送到 Web 服务器所在的网络。

ARP 封装 IP、TCP 和 HTTP 后告诉网络：打包成二进制数据传送。

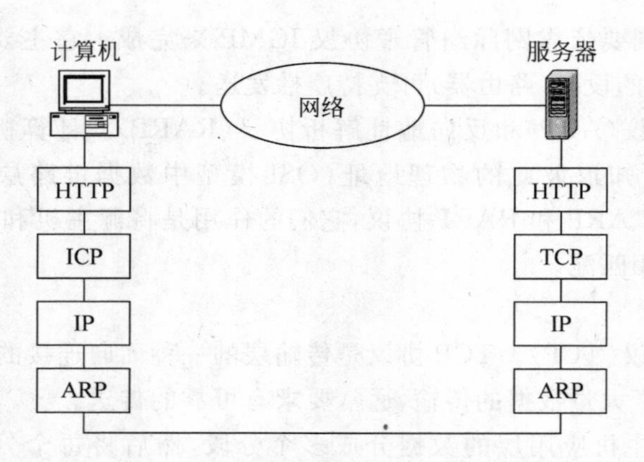


图 3-10 访问网站时使用的 TCP/IP 协议

## 3.4 OSI 与 TCP/IP 两种模型有何差别

OSI 是国际标准化组织 ISO 制定的一个标准,但它并没有成为事实上的国际标准,取而代之的是 TCP/IP。OSI 和 TCP/IP 有着共同之处,都采用了层次结构模型,在某些层次上有着相似的功能,也有着各自的特点。

**1. OSI 与 TCP/IP 的相似之处**

(1) 都采用了协议分层方法,将庞大且复杂的问题划分为若干个较容易处理的小问题。

(2) 各协议层次的功能大体上相同,都存在网络层、传输层和应用层。两者都可以解决异构网的互联,实现世界上不同厂家生产的计算机之间的通信。

(3) 都是计算机通信的国际性标准。OSI 是国际通用的,而 TCP/IP 则是当前工业界使用最多的。

(4) 都基于一种协议集的概念,协议集是一簇完成特定功能的相互独立的协议。

**2. OSI 与 TCP/IP 的差别**

(1) OSI 模型定义了服务、接口和协议三个主要的概念,并将它们严格区分,而 TCP/IP 参考模型最初没有明确区分服务、接口和协议。后来,人们试图改变它以便接近于 OSI。因此,OSI 模型中的协议比 TCP/IP 的协议具有更好的隐藏性。

(2) OSI 参考模型是在具体协议制定之前设计的,这意味着该模型没有偏向于任何特定的协议,因此非常通用,但却造成了在模型设计时考虑不很全面,有时不能完全指导协议某些功能的实现,从而反过来导致对模型的修修补补。TCP/IP 正好相反,协议在先,模型在后。模型实际上只不过是对已有协议的抽象描述,因此不会出现协议不能匹配模型的情况。

(3) OSI 模型共分为 7 层,而 TCP/IP 只有 4 层,除网络层、传输层和应用层外,其他各层都不相同。另外,TCP/IP 虽然也分层次,但层次之间的调用关系也不像 OSI 那么严格。

(4) OSI 最初只考虑到用一种标准的公用数据网将各种不同的系统互联在一起。而

TCP/IP 在设计之初就着重考虑不同网络之间的互联问题，并将网际协议 IP 作为一个单独的重要的层次。

(5) OSI 认为数据传输的可靠性应该由点到点的数据链路层和端到端的传输层来共同保证。而 TCP/IP 分层思想认为，可靠性是端到端的问题，应该由传输层解决。它允许单个的链路或机器丢失或损坏数据，网络本身不进行数据恢复，可靠性的工作由主机完成。

(6) OSI 作为国际标准是由多个国家共同努力而制定的，为了照顾到各个国家的利益，有时不得不走一些折中路线，造成标准大而全，效率却低，难以实现。而 TCP/IP 参考模型并不是作为国际标准开发的，它只是对一种已有标准的概念性描述。所以，它的设计目的单一，影响因素少，协议简单高效，可操作性强，易于实现。

## 3.5　Internet IP 协议及其 IP 地址

**1. Internet IP 地址简介**

IP 是英文 Internet Protocol 的缩写，意思是"网络之间互连的协议"，也就是为计算机网络相互连接进行通信而设计的协议。在互联网中，它是能使连接到网上的所有计算机网络实现相互通信的一套规则，规定了计算机在互联网上进行通信时应当遵守的规则。任何厂家生产的计算机系统，只要遵守 IP 协议就可以与互联网互联互通。正是因为有了 IP 协议，互联网才得以迅速发展成为世界上最大的、开放的计算机通信网络。因此，IP 协议也可以叫做"互联网协议"。通俗地讲，IP 地址也可以称为互联网地址或 Internet 地址，是用来唯一标识互联网上计算机的逻辑地址。每台联网计算机都依靠 IP 地址来标识自己。

**2. IP 地址的组成及分类**

IP 地址就是给每一个连接在 Internet 上的节点分配一个在全世界范围内唯一的地址，在以 TCP/IP 为通信协议的网络上，每台主机都必须拥有唯一的 IP 地址，目前互联网地址使用的是 IPv4(IP 第 4 版本)的 IP 地址，它用 32 位二进制数(4 个字节)表示，为了使用方便、直观，我们把二进制转换成十进制使用。如 IP 地址：11000000 10101000 00000011 00100000，其对应的十进制格式为：192.168.3.32。

(1) IP 地址的组成

在 Internet 中，IP 地址由网络号(Network ID)和主机号(Host ID)两个部分组成，网络号用来表示互联网中的一个特定网络，而主机号则用来表示该网络中主机的一个特定节点，如图 3-11 所示。

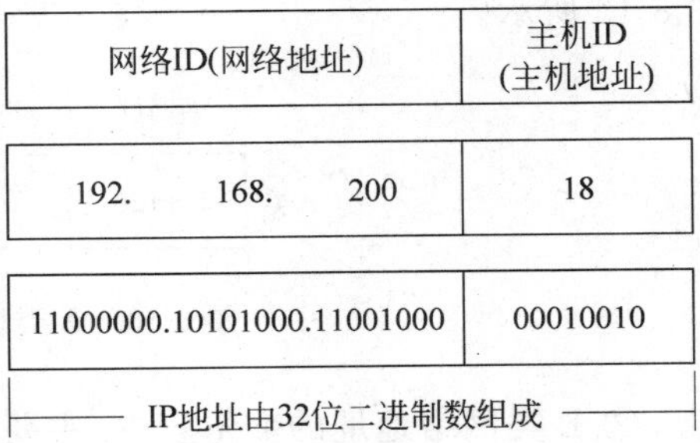

| 网络ID(网络地址) | 主机ID (主机地址) |
| --- | --- |
| 192.　168.　200 | 18 |
| 11000000.10101000.11001000 | 00010010 |

IP地址由32位二进制数组成

图 3-11　IP 地址的组成

所有在相同物理网络上的系统必须有同样的网络号，网络号在互联网上应该是独一无二的。主机号在某一特定的网络中必须是唯一的。这样就保证了所有主机 IP 地址在整个网络上的唯一性。如果把地球比喻成 Internet,城市比喻成主机,那么网络地址就像是地球里的某国家,主机地址就是国家里的某城市一样。某国家的某城市在地球上是唯一的。

(2) IP 地址的分类

IPv4 地址由网络地址和主机地址组成 32 位二进制数,网络地址和主机地址的长度决定了 Internet 中能有多少个网络,网络中能有多少个主机。为了适合各种不同大小规模的网络,把 IP 地址分为 A、B、C、D、E 五大类,其中 A、B、C 类是可供 Internet 网络上的主机使用的 IP 地址,而 D、E 类是特殊用途的 IP 地址,各类适用范围如下。

- A 类:A 类的 IP 地址适合于超大型的网络。
- B 类:B 类的 IP 地址适合于大、中型网络。
- C 类:C 类的 IP 地址适合于小型网络。
- D 类:D 类的用于多投点地址。
- E 类:保留将来使用。

其中,A 类、B 类、C 类的构成如图 3-12 所示。

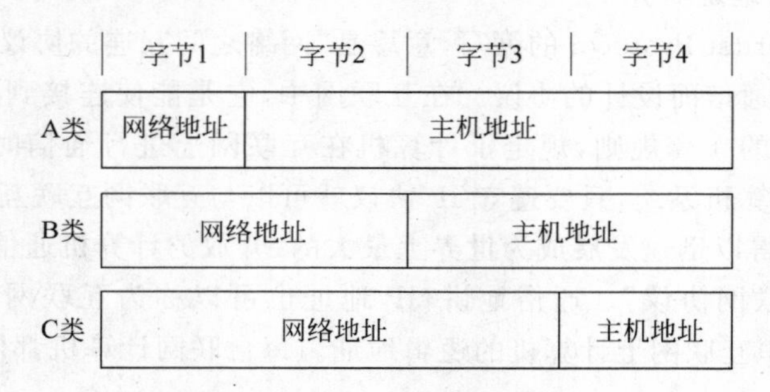


图 3-12 IP 地址的三种类型

A、B、C 三类地址通常用来标识主机的一个特定连接,因此我们称之为单目传送地址,D 类地址用于多址投递系统,被称为组播地址,而 E 类地址尚未使用,以保留在将来使用。

① A 类 IP 地址。A 类地址最高端的二进制位为"0",第一个字节段表示网络标识,标识长度为 7 位,后三个字节段表示主机标识,主机标识的长度为 24 位。它允许有 126 个网络,每个网络大约有 1700 万个主机。编址范围为 1.0.0.1～126.255.255.254,如图 3-13 所示。

| | 字节1 | 字节2 | 字节3 | 字节4 |
|---|---|---|---|---|
| A类 | 1～126 | | | |

图 3-13 A 类地址的第一个字节数值范围

② B 类网络地址的数量较少,主要用于主机数较多的大、中型网络。此类地址最高端的前两个二进制位为"10",前两个字节段表示网络标识,网络的标识长度为 14 位,后两个

字节段表示主机标识，主机标识的长度为 16 位。编址范围为 128.0.0.1～191.255.255.254。它允许有 16384 个网络，每个网络大约有 65000 个主机，适用于中等规模的网络。B 类地址的第一个字节数值范围如图 3-14 所示。

| | 字节1 | 字节2 | 字节3 | 字节4 |
|---|---|---|---|---|
| B类 | 128～191 | | | |

图 3-14　B 类地址的第一个字节数值范围

③ C 类 IP 地址。C 类地址最高端的前三个二进制位为“110”，前三个字节段表示网络标识，网络的标识长度为 21 位，后一个字节段表示主机标识，主机标识的长度为 8 位。它允许有 200 万个网络，每个网络有 254 个主机。编址范围为 192.0.0.1～223.255.255.254。C 类网络地址的数量较多，适用于小规模的局域网络。C 类地址的第一个字节数值范围如图 3-15 所示。

| | 字节1 | 字节2 | 字节3 | 字节4 |
|---|---|---|---|---|
| C类 | 192～223 | | | |

图 3-15　C 类地址的第一个字节数值范围

(3) 一些特殊的 IP 地址

① 广播地址。TCP/IP 规定，主机号各位全为“1”的 IP 地址用于广播之用，称为直接广播地址。用以标识网络上所有的主机，例如，192.168.100 是一个 C 类网络地址，广播地址是 192.168.100.255。当某台主机需要发送广播时，就可以直接广播地址向该网络上的所有主机发送报文。

② 有限广播地址。IP 地址中 32 位全为“1”的 IP 地址(255.255.255.255)叫做有限广播地址。当主机不知道所处的网络时，就可以采用有限广播方式，向本地网络进行广播。

③ 回送地址。以 127 开始的地址作为一个保留地址，如 127.0.0.1，常常用于实验测试及本地主机进程间通信，这种地址称为回送地址。

④ “0”地址。TCP/IP 规定，主机号全为“0”时，表示为“本地网络”。例如，“186.23.0.0”表示“186.23”这个 B 类网络，“192.168.120.0”表示“192.168.120”这个 C 类网络。

⑤ 全“0”地址。32 位全为“0”的 IP 地址，如 0.0.0.0，是指当前主机。

⑥ 私有地址。私有地址属于非注册地址，专门为组织机构内部使用。以下列出留用的内部私有地址。

- A 类：10.0.0.0～10.255.255.255。
- B 类：172.16.0.0～172.31.255.255。
- C 类：192.168.0.0～192.168.255.255。

### 3.5.1　子网和子网掩码

**1. 子网**

IP 地址的 32 个二进制位所表示的网络数目是有限的，因为每一个网络都需要一个唯一的网络地址来标识。在制定实际方案时,人们常常会遇到一个很少节点数的网络却占据了一个节点数很大的网络地址,容易出现网络地址数目不够用的情况,解决这一问题的有效手段是采用子网寻址技术。所谓“子网”,就是把一个有 A、B 和 C 类的网络地址,划分成若干个小的网段,这些被划分得更小的网段称为子网。一个大型网络可以分为若干个子网相联如图 3-16 所示。

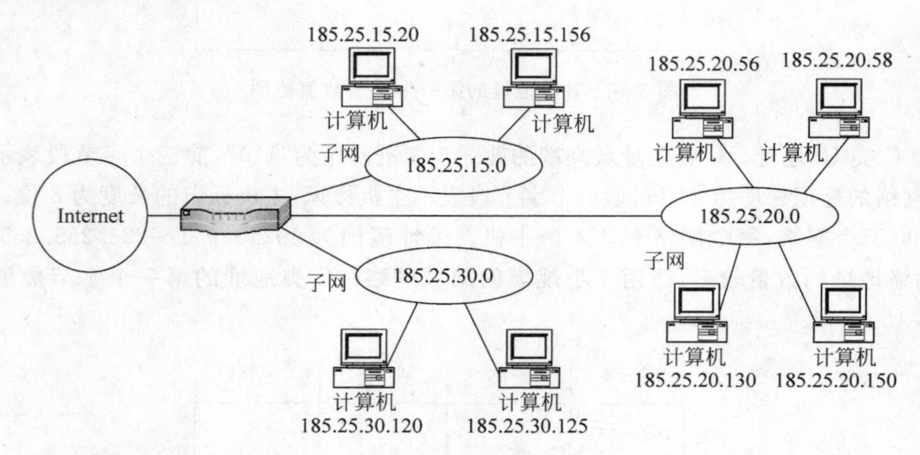


图 3-16　一个大型网络可以分为若干个子网互联

划分子网的方法是:在表示主机地址的二进制数中划分出一定的位数用做本网的各个子网,剩余的部分作为相应子网的主机地址。划分多少位二进制数给子网,主要根据实际所需的子网数目而定。这样在划分了子网以后,IP 地址实际上就由三部分组成——网络地址、子网地址和主机地址,如图 3-17 所示。

划分子网是解决 IP 地址空间不足的一个有效措施。把较大的网络划分成小的网段,并由路由器、网关等网络互联设备连接,这样既可以方便网络的管理,又能够有效地减轻网络拥挤,隔离广播,提高网络的性能。

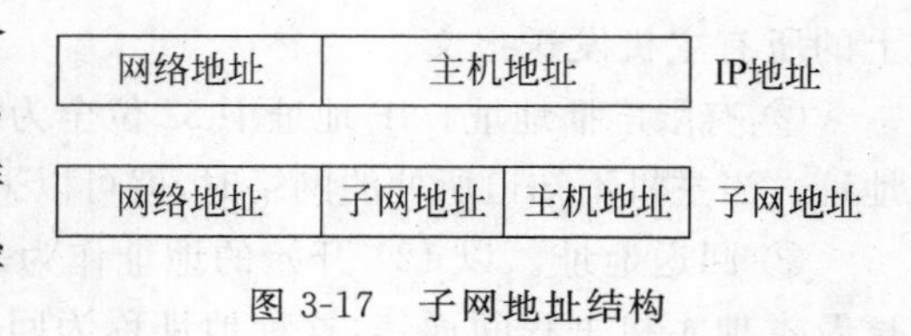


图 3-17　子网地址结构

**2. 子网掩码**

子网技术由子网掩码实现,子网掩码是指定子网的工具。为了进行子网划分,就必须引入子网掩码的概念。子网掩码是由一串 32 位二进制数组成,用于屏蔽 IP 地址的一部分以区别网络地址和主机地址,并说明该 IP 地址是在局域网上还是在远程网上。子网掩码的表示形式和 IP 地址的表示类似,也是用圆点“.”分隔开的 4 段共 32 位二进制数。为了方便人们记忆,平时通常用十进制数来表示。

**3. 子网掩码的确定**

由于表示子网地址和主机地址的二进制位数分别决定了子网的数目和每个子网中的主机个数,因此我们在确定子网掩码前,首先必须弄清楚实际要使用的子网数和主机数目。下面我们来看一个例子。

某一公司申请了一个 C 类网络,假设其 IP 地址为 192. 168. M. N,该公司由 5 个部门组成，每个部门都需要自己独立的子网络。确定该公司的子网掩码一般分为以下几个步骤。

① 确定是使用哪一类IP地址。该网络的IP地址为“192.168.X.Y”，说明是C类IP地址，网络地址为“192.168.X”，主机地址为“Y”。

② 根据我们现在所需的子网数以及将来可能扩充到的子网数，用二进制位来定义子网地址。现在有5个部门，需要5个子网，将来可能扩建到10个。则我们将最后一个字节的前4位确定为子网地址（$2^4-2=14$）。前4位都置为“1”，即第四个字节为“11110000”。

③ 把对应初始网络的各个二进制位都置为“1”，即前3个字节都置为“1”，则子网掩码的二进制表示形式为“11111111.11111111.11111111.11110000”。

④ 最后将该子网掩码的二进制表示形式转化为十进制形式为“255.255.255.240”，这个数即为该网络的子网掩码。

**4. IP地址的默认子网掩码**

由子网掩码的定义我们可以看出，A类地址、B类地址和C类地址的标准子网掩码如表3-1所示。

**表3-1　IP地址的默认子网掩码**

| 地址类型 | 二进制子网掩码表示 | 十进制子网掩码表示 |
| --- | --- | --- |
| A类 | 11111111 00000000 00000000 00000000 | 255.0.0.0 |
| B类 | 11111111 11111111 00000000 00000000 | 255.255.0.0 |
| C类 | 11111111 11111111 11111111 00000000 | 255.255.255.0 |

## 3.5.2 IPv6简介

随着信息技术的不断进步，互联网在我国得到了迅速的发展。据调查，我国上网人数突破3亿，达到世界第一。互联网上的计算机之间的通信采用IP技术，现在的IP版本是IPv4。但是，随着互联网络规模的迅速扩大，IPv4逐渐暴露出了一些缺陷。为了更好地适应互联网的发展，国际网络标准组织提出了新的IP版本IPv6，它弥补了IPv4的缺陷，是将取而代之的新技术。

IPv6协议具有很多优点。首先，它提供了巨大的地址空间，这实际上是推广IPv6的最大动力。其次，IPv6的地址结构和地址分配采用严格的层次结构，以便于进行地址聚合，从而大大减小了路由器中路由表的规模。再次，IPv6协议支持网络节点的地址自动配置，可以实现即插即用功能。而且，IPv6协议对主机移动性有较好的支持，适合于越来越多的互联网移动应用。另外，IPv6协议在安全性、对多媒体流的支持性等方面都具有超过IPv4的优势。

IPv6的特点如下：

① IPv6地址长度为128比特，地址空间增大了2的96次方倍。

② 灵活的IP报文头部格式。使用一系列固定格式的扩展头部取代了IPV4中可变长度的选项字段。IPv6中选项部分的出现方式也有所变化，使路由器可以简单路过选项而不做任何处理，加快了报文处理速度。

③ IPv6 简化了报文头部格式，字段只有 7 个，加快了报文转发，提高了吞吐量。

④ 提高安全性。身份认证和隐私权是 IPv6 的关键特性。

⑤ 支持更多的服务类型。

⑥ 允许协议继续演变，增加新的功能，使之适应未来技术的发展。

# 习题

**一、填空题**

1. 联网的计算机及网络设备之间要进行数据与控制信息的成功传递就必须共同遵守________。

2. 在 TCP/IP 参考模型中，为数据分组提供在网络中路由功能的层是________。

3. 网络协议的三要素是________、________和________。

4. 当 IP 地址的主机地址全为 1 时，则表示________地址，127.0.0.1 被称为________地址。

5. TCP/IP 分________层，包括________________________。

**二、选择题**

1. 在 OSI 参考模型中，在网络层之上的是________。

A. 物理层　　B. 应用层　　C. 数据链路层　　D. 传输层

2. 在下面给出的协议中，________属于 TCP/IP 参考模型的应用层协议。

A. DNS 和 TCP　　B. IP 和 UDP

C. RARP 和 DHCP　　D. FTP 和 SMTP

3. 在 OSI 中，同一节点内各层之间通过________相互通信。

A. 协议　　B. 应用程序　　C. 接口　　D. 硬件

4. 下面关于 TCP/IP 协议的叙述中，________是错误的。

A. TCP/IP 协议分为表示层、传输层、网际层、网络接口层 4 层

B. 在 TCP/IP 中 UDP 协议是一种面向连接的通信协议

C. TCP/IP 已经成为事实上的工业标准

D. TCP/IP 容易实现，是因为它有 4 层，而 OSI 有 7 层

5. IP 地址 192.168.180.230 属于哪一类地址(　　)。

A. A 类　　B. B 类　　C. C 类　　D. D 类

6. 在 OSI 中，数据链路层的数据服务传输的是(　　)。

A. 报文　　B. 分组　　C. 帧　　D. 比特流

7. 下面 IP 地址分类中适用在中型网络的是(　　)。

A. A 类　　B. B 类　　C. C 类　　D. D 类

8. 在 OSI 中，下面不属于物理层的物理特性的有(　　)。

A. 机械特性　　B. 传输方式　　C. 电气特性　　D. 线路的连接

9. 在 OSI 中，下面由网络层完成的有(　　)。

A. 逻辑地址寻址　B. 路由功能　　C. 接入控制　　D. 拥塞控制

10. 在 TCP/IP 中，UDP 协议是一种________。

A. 传输层协议 B. 表示层协议

C. 网络接口层协议 D. 互联层协议

**三、问答题**

1. 什么是网络体系结构？
2. 网络中通信的“语言”是什么？它至少包括哪些要素？
3. OSI/RM 参考模型共分为哪几层？简要说明各层的功能。
4. 开放系统互联参考模型为什么要采用层次结构模型？
5. 请详细说明物理层、数据链路层和网络层的功能。
6. TCP/IP 体系结构与 OSI 参考模型有什么相同点和不同点？
7. 什么是 IP 地址？共分为哪几类？
8. 子网是怎么划分的？如何确定一个网络的子网掩码？
9. 简要说明 IPv6 的特点。

# 第4章

# 计算机局域网技术

**内容提要：**

- 局域网组网技术概述；
- 传统以太网；
- 高速局域网；
- 虚拟局域网(VLAN)；
- 无线局域网(WLAN)。

## 4.1 局域网组网技术概述

**1. 局域网的特点**

局域网(Local Area Network,LAN)是将较小地理范围内的计算机及各种通信设备，通过通信线路连接起来的通信网络，是局部区域的计算机网络。一般所说的局域网是指以微型计算机为主组成的局域网，它具有以下主要特点。

(1) 较小的地域范围

局域网主要用于某一部门、单位或企业的内部联网，如办公室、机关、工厂和学校等，其范围没有严格的定义，一般认为距离在0.1～5km。

(2) 高传输速率

目前局域网传输速率为10～1000Mbps，最高可以达到10Gbps。

(3) 通信质量较好

传输质量较好，其误码率一般为$10^{-11}$～$10^{-8}$。

(4) 支持多种传输介质

根据网络本身性能要求，局域网中可使用多种通信介质，例如，双绞线、同轴电缆或光纤及无线传输等。

(5) 局域网络成本低，安装、扩充及维护方便

局域网一般使用价格低而功能强的微型计算机组网，安装较简单，可扩充性好。

**2. 设计局域网的基本原则**

因需求背景、应用背景、投资背景等的不同，局域网络设计也不同，因此，设计局域网

络时，要考虑以下四个基本原则。

(1) 先进性与开放性

网络的主干技术和主要设备应具备相应的国际标准，只有符合国际标准的网络系统才能实现不同厂家技术与产品的互操作，才具备开放性。

(2) 可靠安全性

可靠安全性是指计算机局域网络系统要具备良好的容错能力，保障在意外情况下不会中断用户的正常工作。为此，要求网络上提供必要的冗余结构，包括网络设备资源与通信线路的备份，并能够在系统的某个部分出现故障时迅速进行主备份资源的切换，使网络的运行稳定、可靠、安全。

(3) 可扩展性

可扩展性是指所设计的网络能灵活地适应扩充的需求。网络的扩充包括网络规模的扩展、对技术发展和机构管理模式变化等的适应。网络的扩展不应以网络效率的下降为代价。

(4) 经济性

经济性包含两个方面：一是使所设计的网络具有较高的性价比，在不牺牲基本性能的前提下，要尽可能减少投资；二是保护已有的投资，尽可能使原有网络设备可以与新添置的网络设备互连共存，以减少投资浪费。

**3. 介质访问控制方式**

在局域网中，所有的设备(工作站、终端控制器、网桥等)共享传输介质，所以需要一种方法能有效地分配传输介质的使用权，这种功能就叫做介质访问控制协议(MAC)，它规定了各种介质访问控制方法。LAN 常用的介质访问控制方法有带冲突监测和载波侦听多路访问协议(CSMA/CD)、令牌总线(Token Bus)和令牌环(Token Ring)。

(1) CSMA/CD

CSMA/CD 介质访问控制协议就是 IEEE 802.3。它适合于总线型拓扑结构的局域网，能有效地解决总线型局域网中介质共享、信道分配和信道冲突等问题。

CSMA 的基本原理是在发送数据之前，先监听信道上是否有别的站发送的载波信号。若有，说明信道正忙；否则，信道是空闲的。然后根据预定的策略决定：

① 若信道空闲，是否立即发送。

② 若信道忙，是否继续监听。

即使信道空闲，若立即发送仍然会发生冲突。一种情况是远端的站刚开始发送，载波信号尚未传到监听站，这时若监听站立即发送，就会和远端的站发生冲突；另一种情况是虽然暂时没有站发送，但碰巧两个站同时开始监听，如果它们都立即发送，也会发生冲突。所以，上面的控制决策的第①点就是想要避免这种虽然稀少但仍可能发生的冲突。若信道忙时，如果坚持监听，发送的站一旦停止就可立即抢占信道。但是有可能几个站同时都在监听，同时都抢占信道，从而发生冲突。以上控制决策的第②点就是进一步优化监听算法，使得有些监听站或所有监听站都后退一段随机时间再监听，以避免这种冲突。

(2) Token Ring

Token Ring 介质访问控制协议就是 IEEE 802.5。令牌网的 MAC 子层使用令牌帧访问技术,令牌网的物理拓扑是环型的,使用逻辑环逐站传递令牌,每个节点都必须连接到一个集线器,称为多路访问单元 MAU。令牌网的每一站通过电缆与干线耦合器相连,干线耦合器又称为转发器,有发送和收听两种方式,每个站点不处于发送数据的状态,就处于收听状态。令牌实际上是一种特殊的帧,平时不停地在环路上流动,当一个站有数据要发送时,必须先截获令牌,干线耦合器一旦发现环路输入的比特流中出现令牌时,首先将令牌的独特标志转变为帧的标志(即称为截获),接着就将本站的干线耦合器置为发送方式,并将发送缓冲区的数据从干线耦合器的环路输出端发送出去。令牌环的操作过程如图 4-1 所示。

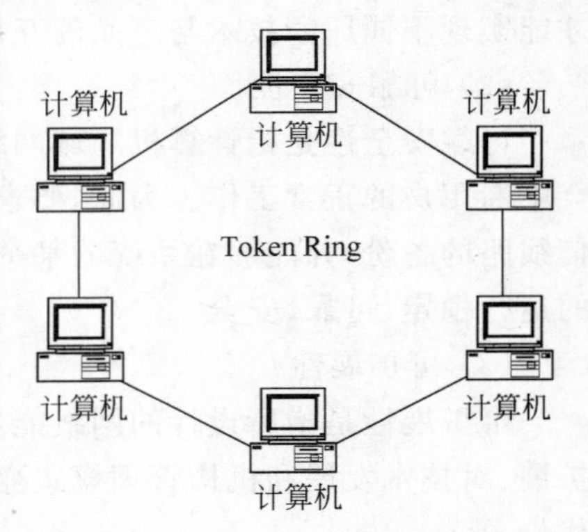


图 4-1　Token Ring 工作原理图

① 首先进行环的初始化,然后产生一个空令牌,在环上流动。

② 希望发送帧的站必须等待,直到检测到下一个空令牌的到来(空令牌为 01111111)。

③ 想发送的站拿到空令牌后将其置为忙状态(01111110),然后紧跟令牌后发送一个数据帧。

④ 当令牌忙时,则网上无空令牌,所有想发送数据帧的站必须等待。

⑤ 数据沿环送经每一站环接口都将该帧目的地址与本站地址相比较,若相符,则接收帧入缓冲区,再送入本站,该帧继续在环上移动;若地址不符,则环接口只需转发到下一站。

⑥ 发送的帧必须沿环一周回到始发站,由发送站将该帧从环上移去,同时释放令牌(即忙改为空)发往下一站。

(3) Token Bus

Token Bus 介质访问控制协议就是 IEEE 802.4。它类似于令牌环,但其采用总线型拓扑结构,因此,它既具有 CSMA/CD 结构简单、轻负载下延时小的优点,也具有 Token Ring 的重负载时效率高、公平访问和传输距离较远的优点,同时还具有传送时间固定、可设置优先级等优点。图 4-2 说明了在物理总线上建立一个逻辑环的令牌总线结构。

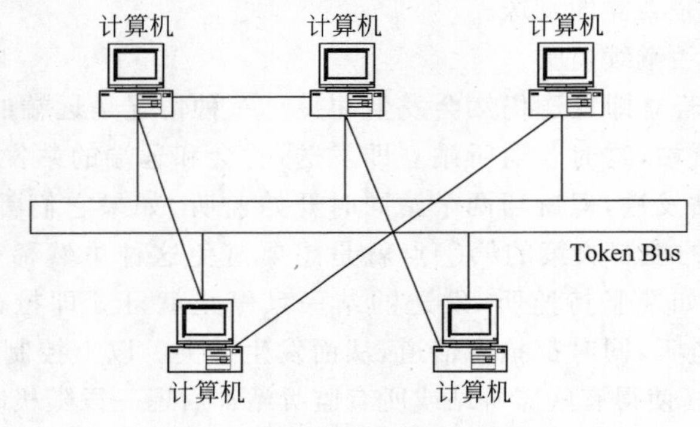


图 4-2　Token Bus 工作原理图

① Token Bus 的实现原理。Token Bus 是将物理总线上的站构成一个逻辑环，每一站在一个有序的序列中被指定一个逻辑位置，每个站点均知它之前和它之后的站的标识，它物理上是总线结构 LAN，而逻辑上是一种环结构 LAN，因此与 Token Ring 一样。从逻辑上令牌地址的递减顺序送至下一站，但从物理上带有目的地址的令牌帧广播到总线上所有的站点，目的站识别出符合它的地址，即把该令牌帧接收。注意：总线上站的实际顺序与逻辑顺序并无关系。

② Token Bus 的特点。不可能产生冲突；每个站总有公平访问权；每个站传输之前必须等待的时间总量总是"确定"的。

**4. IEEE 802 标准**

为了促进局域网产品的标准化，便于组网，美国电气和电子工程师学会 IEEE 802 委员会为局域网制定了一系列标准，且提交国际标准化组织作为国际标准的参考并得到认可。

IEEE 802 是一个系列标准，各个协议的具体含义如下。

- IEEE 802.1：定义了局域网的概念和体系结构。
- IEEE 802.2：逻辑链路控制子层的功能。
- IEEE 802.3：CSMA/CD 总线介质访问控制方法及物理技术规范。
- IEEE 802.4：令牌总线访问控制方法及物理层技术规范。
- IEEE 802.5：令牌网访问控制方法及物理层技术规范。
- IEEE 802.6：城域网访问控制方法及物理层规范。
- IEEE 802.7：宽带技术。
- IEEE 802.8：光纤技术。
- IEEE 802.9：综合业务数字网(ISDN)技术。
- IEEE 802.10：局域网安全技术。
- IEEE 802.11：无线局域网。

## 4.2 传统以太网

**1. 以太网简介**

以太网是基于总线型的广播式网络，采用 CSMA/CD 媒体访问控制方法，在已有的局域网标准中，它是最成功的局域网技术，也是当前应用最广泛的一种局域网。以太网最早是由 Xerox(施乐)公司创建的，在 1980 年由 DEC、Intel 和 Xerox 三家公司联合开发为一个标准。以太网是应用最为广泛的局域网，包括标准以太网(10Mbps)、快速以太网(100Mbps)、千兆以太网(1000Mbps)和 10G 以太网，它们都符合 IEEE 802.3 系列标准规范。

以太网是最早的局域网，也是目前最流行的、技术最成熟的局域网结构。它的核心是使用共享的公共传输信道。

**2. 粗缆以太网(10Base-5)**

粗缆以太网又可表示为 10Base-5，是最早出现的以太网。10Base-5 的具体含义如下。

- 10 表示信号在电缆上的传输速率为 10Mbps。
- Base 表示电缆上的信号是基带信号。
- 5 表示网络中每一段电缆的最大长度为 500m。

粗缆以太网的网络结构如图 4-3 所示，包括以下五个部分。

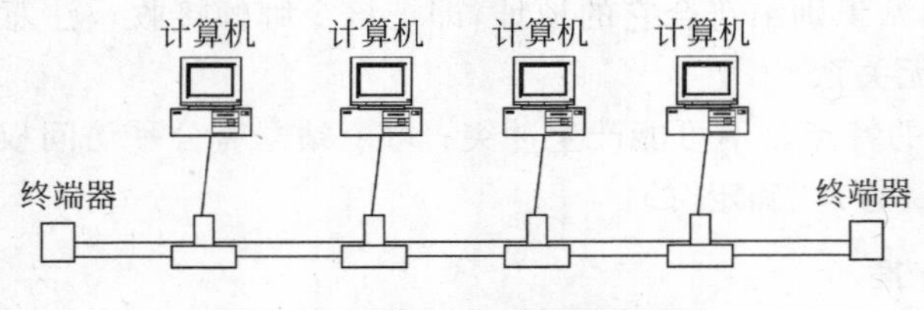


图 4-3 粗缆以太网的网络结构

(1) 粗同轴电缆(Coaxial Thick Cable)

粗缆以太网使用的是阻抗为 50Ω、直径为 10mm 的基带同轴电缆。

(2) 外部收发器(Transceiver)和收发器分接器(Transceiver Tap)

收发器是粗缆以太网上的一个连接器件，它一端连接计算机上的网卡，另一端连接收发器分接器。收发器的作用一方面是通过收发器分接器从传输介质上接收数据，并将数据传送到网卡上，反之亦然。另一方面，收发器要执行 CSMA/CD 的冲突检测和强化冲突的功能。收发器分接器的作用就是要建立收发器与同轴电缆的物理连接和电气连接。

(3) 收发器电缆(Transceiver Cable)

收发器电缆也称为 AUI 电缆。AUI 是指连接单元接口(Attachment Unit Interface)，它是一个 DB-15 针的接口。粗缆以太网的网卡和收发器都带有 AUI 接口，AUI 接口之间使用 AUI 电缆相连。

(4) 网卡(Network Interface Card)

粗缆以太网的网卡带有一个 AUI 接口，以供收发器电缆连接。

(5) 终端器(Terminal Connector)

在粗缆以太网的电缆尾端必须各使用一个 50Ω 的终端器(也称终端电阻)，它的主要作用是：当信号到达电缆尾端时，可以把信号全部吸收进去，以避免信号的反射造成干扰。

在使用粗缆组成以太网时，必须遵循下列规则。

规则 1：粗缆上的收发器(Transceiver)或 MAU(媒体连接单元)必须处于电缆每 2.5m 的标记处，其容差应在 0.05m 范围内，终接器也应置于这些标记处。

规则 2：电缆段的最大长度最大限制为 500m。

规则 3：电缆最小弯曲半径为 254mm。

规则 4：一个 500m 长的电缆段上可允许安装的收发器数最多为 100 个。

规则 5：每个电缆段仅一次接地，而且仅仅一次。

规则 6：10Base-5 段可经过中继器与 10Base-2 段相连，但 10Base-2 段绝不能用来连接两段粗缆。

规则 7：收发器电缆(或 AUI 电缆)的最大长度为 50m。

规则 8：电缆段两端必须用阻抗为 50Ω 的终端器，以免产生反射现象。

规则 9：使用中继器时，任何两个站之间允许的最大传输通路为 5 个段，4 个中继器。在 5 个段中最多有 3 个同轴电缆段，其余为链路段。中继器不能并行连接，否则网络会形成环路。

**3．细缆以太网（10Base-2）**

10Base-2 的网络结构如图 4-4 所示，它包括以下六个组成部分。

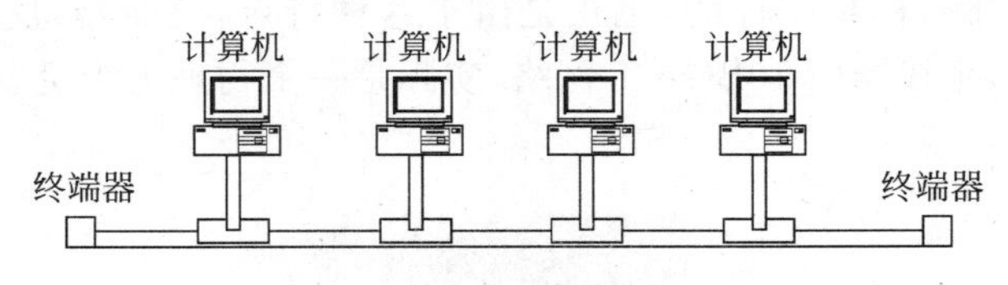


图 4-4　细缆以太网的网络结构

（1）细缆（Coaxial Thin Cable）

10Base-2 使用的是阻抗为 50Ω、直径为 5mm 的同轴电缆。

（2）网卡（Network Interface Card）

细缆以太网的网卡已经把收发器集成在一起，因此，细缆以太网无须使用外部收发器。另外，在网卡上有一个 BNC 连接器，用来连接 BNC-T 形连接器。

（3）BNC 电缆连接器（BNC Connector）

一条很长的同轴电缆通常要被截取成若干段后才能使用，而每条电缆的两端必须使用 BNC 连接器来固定。

（4）BNC-T 形连接器（BNC-T Connector）

T 形连接器有 3 个端口，其中，两个端口用于连接两条电缆，还有一个与网卡上的 BNC 接口相连，因此，每台计算机上必然要使用一个 T 形连接器。

（5）BNC 桶形连接器（BNC Column Connector）

桶形连接器可以将两个电缆段直接连接在一起。

（6）BNC 终端器（BNC Terminal Connector）

与 10Base-5 相同，10Base-2 中每个电缆段的两端也必须接有 50Ω 的终端器，而且它们所起的作用也相同。

在使用细缆组成以太网时，必须遵循下列规则。

规则 1：电缆类型是阻抗为 50Ω、直径为 5mm 的同轴电缆。

规则 2：缆段最大长度为 185m。

规则 3：收发器之间的最小距离为 0.5m（注意收发器在网卡上）。

规则 4：一个缆段上允许连接的工作站为 30 个。

规则 5：电缆最小弯曲半径为 50mm。

规则 6：必须使用阻抗为 50Ω 的 BNC 连接器和终端器。

规则 7：在粗、细混合组网时，细缆部分只能处于网络外围，即不能连接一个以上的粗缆段。

**4．双绞线以太网（10Base-T）**

10Base-T 是由 IEEE 802 委员会经过 3 年的研究，11 次修改，在 1990 年 9 月正式建立的无屏蔽双绞线传输 10Mbps 的基带以太网标准。一个基本的 10Base-T 连接如图 4-5 所示。

图中显示出所有的计算机连接到一个中心集线器(Central Hub)上,从表面上看,这种结构似乎是星型拓扑结构。但实际上,集线器的作用相当于一个多端口的中继器(转发器),数据从集线器的一个端口进入后,集线器会将这些数据从其他所有端口广播出去,这种特性与总线型拓扑结构是一样的,也正是由于这种特点,集线器也被称为共享式集线器。因此,对于使用集线器的 10Base-T 网络,实际是一个物理上为星型连接、逻辑上为总线型拓扑的网络。

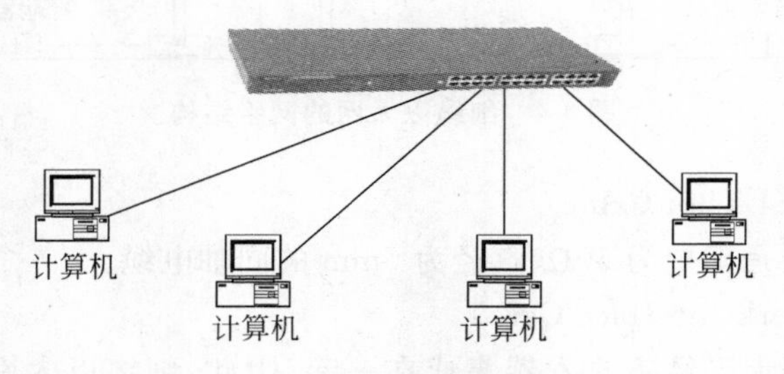


图 4-5 双绞线以太网结构图

10Base-T 由以下四个部分组成。

(1) 双绞线连接器(Twisted Pair Connector)

采用标准的 RJ-45(水晶头)连接器,共有 8 芯。

(2) 双绞线(Twisted Pair)

10Base-T 通常使用非屏蔽双绞线,在双绞线两端各使用一个 RJ-45 连接器。

(3) 网卡(Network Interface Card)

集成了收发器的 10Base-T 网卡且无须使用外部收发器。10Base-T 的网卡上带有一个 RJ-45 的接口。

(4) 集线器(Hub)

集线器相当于一个多端口的中继器,且每个端口通常为 RJ-45 接口,其端口数可以是 8、12、16 或 24 个。有些集线器还带有与同轴电缆相连的接口(AUI 和 BNC)以及与光纤相连的端口。

在使用 10Base-T 组成以太网时,应遵循下列规则。

规则 1: 双绞线应选择直径为 0.4~0.6mm 的非屏蔽导线,在网卡和 Hub 间使用两对线,其最大长度为 100m。

规则 2: 发送器的输出端要与接收器的输入端相连。

规则 3: 在构成的网络中,任何两个数据站之间的数据通路最多 4 个 Hub。

# 4.3 高速局域网

局域网的数据流量从以往的 10Mbps 速率发展到了 100Mbps 速率,乃至 1Gbps 和 10Gbps,通常把传输速率达到或超过 100Mbps 的以太网称为高速局域网。

### 4.3.1 快速以太网(Fast Ethernet)

1991年8月 Howard Charney、Larry Birenbaum 等成立了 Grand Junction 公司，并立即投入了100Mbps以太网的开发。1993年10月，Grand Junction 公司推出了世界上第一台快速以太网集线器 Fast Switch 10/100 和网络接口卡 Fast NIC 100。随后 Intel、SynOptics、3COM、Bay Networks 等公司亦相继推出自己的快速以太网装置。与此同时，IEEE 802 工程组亦对100Mbps以太网的各种标准，如100Base-TX、100Base-T4、MⅡ、中继器、全双工等标准进行了研究。1995年3月 IEEE 宣布了 IEEE 802.3u 规范，开始了快速以太网的时代。

**1. 100Mbps 快速以太网标准**

100Mbps 快速以太网标准又分为100Base-TX、100Base-FX、100Base-T4三个子类。

(1) 100Base-TX

100Base-TX 是一种使用5类非屏蔽双绞线或屏蔽双绞线的快速以太网技术。它使用两对双绞线，一对用于发送，另一对用于接收数据。在传输中使用4B/5B编码方式，信号频率为125MHz，符合EIA586的5类布线标准和IBM的SPT 1类布线标准。使用同10Base-T相同的RJ-45连接器。它的最大网段长度为100m。它支持全双工的数据传输。

(2) 100Base-FX

100Base-FX 是一种使用光缆的快速以太网技术，可使用单模和多模光纤(62.5μm和125μm)。多模光纤连接的最大距离为550m，单模光纤连接的最大距离为3000m。在传输中使用4B/5B编码方式，信号频率为125MHz。它使用MIC/FDDI连接器、ST连接器或SC连接器。它的最大网段长度为150m、412m、2000m或更长至10km，这与所使用的光纤类型和工作模式有关，它支持全双工的数据传输。100Base-FX特别适合于有电气干扰、较大距离连接或高保密环境等情况下的使用。

(3) 100Base-T4

100Base-T4 是一种可使用3、4、5类非屏蔽双绞线或屏蔽双绞线的快速以太网技术。它使用4对双绞线，3对用于传送数据，1对用于检测冲突信号。在传输中使用8B/6T编码方式，信号频率为25MHz，符合EIA586结构化布线标准。它使用与10Base-T相同的RJ-45连接器，最大网段长度为100m。

**2. 100Mbps 快速以太网主要特点**

(1) 采用与10Base-T相似的层次协议结构，其中LLC子层完全相同。

(2) 帧格式与10Base-T相同，包括最小帧长为64个字节，最大帧长为1518个字节，帧间最小间隙为12个字节。

(3) MAC子层与物理层之间采用介质无关接口MⅡ。

(4) 介质访问控制方法为CSMA/CD。

(5) 拓扑结构为100Base-T集线器/交换机为中心的星型拓扑结构。

(6) 传输速率为100Mbps。

(7) 传输介质为UTP或光缆。

(8) 网络最大直径为 205m。

## 4.3.2 千兆位以太网(Gigabit Ethernet)

尽管快速以太网 Fast Ethernet 具有高可靠性、易扩展性、低成本等优点,并且成为高速局域网方案中的首选技术,但在数据仓库、桌面电视会议、3D 图形与高清晰度图像的应用中,人们不得不寻求更高带宽的局域网。千兆位以太网就是在这种背景下产生的。

千兆位技术仍然是以太技术,它采用了与 10M 以太网相同的帧格式、帧结构、网络协议、全/半双工工作方式、流控模式以及布线系统。由于该技术不改变传统以太网的桌面应用、操作系统,因此可与 10M 或 100M 的以太网很好地配合工作。升级到千兆以太网不必改变网络应用程序、网管部件和网络操作系统,能够最大限度地投资保护。千兆以太网技术有两个标准: IEEE 802.3z(制定了光纤和短程铜线连接方案的标准)和 IEEE 802.3ab(制定了 5 类双绞线上较长距离连接方案的标准)。

千兆以太网物理层包括编码/译码、收发器和网络介质三个主要模块,其中不同的收发器对应于不同的网络介质类型,包括长波单模或多模光纤(也被称为 1000Base-LX)、短波多模光纤(也被称为 1000Base-SX)、1000Base-CX(一种高质量的平衡双绞线对的屏蔽铜缆)以及 5 类非屏蔽双绞线(也被称为 1000Base-T)。

### 1. 1000Base-LX 标准

1000Base-LX 是一种使用长波长激光作为信号源的网络介质技术,配置波长为 1270~1355nm(一般为 1300nm)的激光传输器,它既可以驱动多模光纤,也可以驱动单模光纤。1000Base-LX 所使用的光纤规格为: 62.5μm 多模光纤和 50μm 多模光纤,工作波长为 850nm,传输距离为 525m 和 550m,适用于大楼网络系统的主干; 纤芯规格为 9μm 的单模光纤,工作波长为 1300nm 和 1550nm,传输距离为 3000m,适用于校园或城域主干网。

### 2. 1000Base-SX 标准

1000Base-SX 是一种使用短波长激光作为信号源的网络介质技术,配置波长为 770~860nm(一般为 850nm)的激光传输器,它不支持单模光纤,只能驱动多模光纤。所使用的光纤规格有两种: 62.5μm 多模光纤和 50μm 多模光纤。使用 62.5μm 多模光纤在全双工方式下的最长传输距离为 260m,而使用 50μm 多模光纤在全双式方式下的最长有效距离为 525m,主要用于建筑物中同一层的短距离主干网。

### 3. 1000Base-CX 标准

1000Base-CX 是使用铜缆作为传输介质的以太网技术,它是一种殊特规格的高质量平衡屏蔽双绞线,传输速率为 1.25Gbps,传输距离最长为 25m,使用 9 芯 D 形连接器连接电缆。1000Base-CX 适用于交换机之间的短距离连接,尤其适合千兆主干交换机和主服务器之间的短距离连接,以上连接往往可以在机房配线架上以跨线方式实现,不需要再使用长距离的铜缆或光缆。

### 4. 1000Base-T 标准

1000Base-T 是一种使用 5 类 UTP 作为网络传输介质的以太网技术,最长有效距离为 100m,主要用于结构布线中同一层建筑的通信。用户可以采用这种技术在原有的快速以太网系统中实现从 100Mbps 到 1000Mbps 的平滑升级。

## 4.3.3　交换式以太网(Switching Ethernet)

交换式以太网采用点到点"专用"式的信道访问技术,从根本上改变了以往"共享"式的信道访问方式,减少了因共享信道冲突带来的信道损失,而且还支持多节点之间的数据并发传输,因而提高了有效带宽,改善了局域网的性能和服务质量。

### 1. 交换式以太局域网的基本结构

交换式以太局域网的核心设备是局域网交换机。通常,以太网交换机可以提供多个端口,并且在交换机内部拥有一个共享内存交换矩阵,数据帧直接从一个物理端口被转发到另一个物理端口。若交换机的每个端口的速率为 10Mbps,则称其为 10Mbps 交换机;若每个端口的速率为 100Mbps,则称其为 100Mbps 交换机;若每个端口的速率为 1000Mbps,则称其为千兆位交换机。交换机的每个端口可以单独与一台计算机连接,也可以与一个共享式的以太网集线器(Hub)连接。

如果一个端口只连接一个节点,那么这个节点可以独占 10Mbps 的带宽,这类端口常被称为"专用 10Mbps 端口";如果一个端口连接一个 10Mbps 的以太网集线器,那么接在集线器上的所有节点将"共享交换机的 10Mbps 端口",典型的交换式以太网连接示意图如图 4-6 所示。

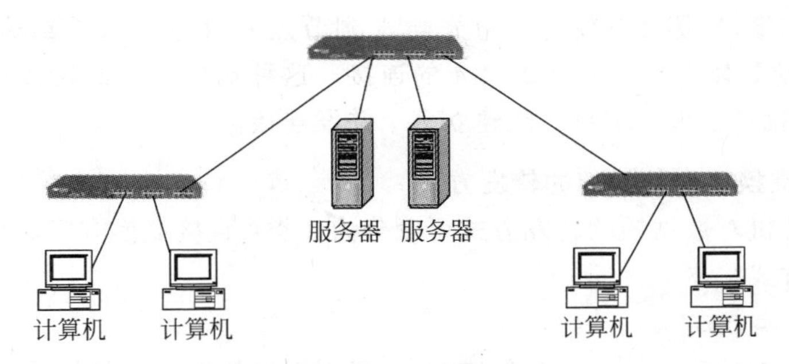


图 4-6　交换式以太网连接图

### 2. 交换式以太网的工作原理

交换机对数据的转发是以网络节点计算机的 MAC 地址为基础的。交换机会监测发送到每个端口的数据帧,通过数据帧中的有关信息(源节点的 MAC 地址、目的节点的 MAC 地址)就会得到与每个端口相连接的节点 MAC 地址,并在交换机的内部建立一个"端口号/MAC 地址映射表"。建立映射表后,当某个端口接收到数据帧后,同时会读取出该帧中的目的节点 MAC 地址,并通过"端口号/MAC 地址映射表"的对照关系,迅速地将数据帧转发到相应的端口。其工作过程如图 4-7 所示。

图中的交换机有 6 个端口,其中端口 1 连接节点 A,端口 4 连接节点 B、节点 C,端口 5 连接节点 D,端口 6 连接节点 E,这样,交换机的"端口号/MAC 地址映射表"就可以根据以上端口号与节点 MAC 地址的对应关系建立起来。如果节点 A 与节点 E 同时要发送数据,那么它们可以分别在以太网帧的目的地址字段(Destination Address,DA)中填上该帧的目的地址。

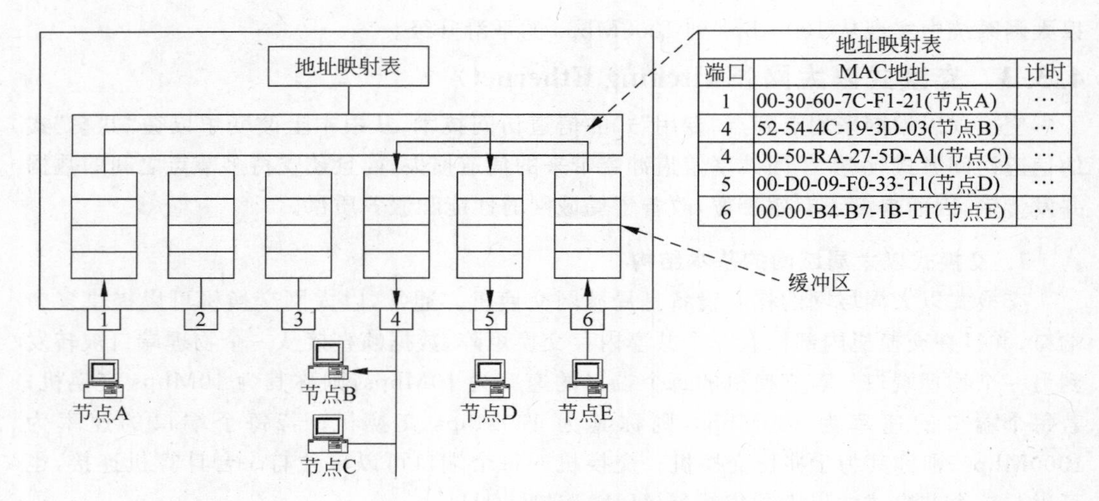


| 端口 | MAC地址 | 计时 |
|---|---|---|
| 1 | 00-30-60-7C-F1-21(节点A) | … |
| 4 | 52-54-4C-19-3D-03(节点B) | … |
| 4 | 00-50-RA-27-5D-A1(节点C) | … |
| 5 | 00-D0-09-F0-33-T1(节点D) | … |
| 6 | 00-00-B4-B7-1B-TT(节点E) | … |

图 4-7 交换式以太网工作原理图

例如,节点 A 要向节点 D 发送帧,那么该帧的目的地址 DA=节点 D;节点 E 要向节点 B 发送,那么该帧的目的地址 DA=节点 B。当节点 A、节点 E 同时通过交换机传送以太网帧时,交换机的交换控制中心根据"端口号/MAC 地址映射表"对应关系找出对应帧目的地址的输出端口,那么它就可以为节点 A 到节点 D 建立端口 1 到端口 5 的连接,同时节点 E 到节点 B 建立端口 6 到端口 4 的连接。这种端口之间的连接可以根据需要同时建立多条,也就是在多个端口之间建立多个并发连接。

**3. 以太网交换机对数据帧的转发方式**

以太网交换机对数据帧的转发方式可以分为 3 类:直接交换方式、存储转发方式、改进的直接交换方式。

(1) 直接交换方式

交换机对传输的信息帧不进行差错校验,仅识别出数据帧中的目的节点 MAC 地址,并直接通过每个端口的缓存器转发到相应的端口。数据帧的差错检测任务由各节点计算机完成。这种交换方式的优点是速度快、交换延迟时间小;缺点是不具备差错检测能力,且不支持具有不同速率的端口之间的数据帧转发。

(2) 存储转发方式

在存储转发方式中,交换机首先完整地接收数据帧,并进行差错检测。若接收的帧是正确的,则根据目的地址确定相应的输出端口,并将数据转发出去。这种交换方式的优点是具有数据帧的差错检测能力,并支持不同速率的端口之间的数据帧转发;缺点是交换延迟时间将会增加。

(3) 改进的直接交换方式

改进的直接交换方式是将直接交换方式和存储转发方式二者结合起来,它在接收到帧的前 64 字节之后,判断帧中的帧头数据(地址信息与控制信息)是否正确,如果正确则转发,不正确则不转发。这种方法对于短的 Ethernet 帧来说,其交换延迟时间与直接交换方式比较接近;而对于长的 Ethernet 帧来说,由于它只对帧头进行了差错检测,因此交换延迟时间将会减少。

### 4.3.4 光纤分布式数据接口(FDDI)

FDDI 的英文全称为 Fiber Distributed Data Interface,中文名为光纤分布式数据接口,它是于 20 世纪 80 年代中期发展起来的一项局域网技术,它提供的高速数据通信能力要高于当时的以太网(10Mbps)和令牌网(4Mbps 或 16Mbps)。FDDI 标准由 ANSI X3T9.5 标准委员会制定,是一种使用光纤作为传输介质的、高速的、通用的令牌环网。FDDI 通过国际标准 ISO 9314,它的速率为 100Mbps,传输介质为多模光纤,网络覆盖最大距离可达 200km,最多可连接 1000 个节点。

FDDI 的访问方法与令牌环网的访问方法类似,在网络通信中均采用"令牌"传递。它与标准的令牌环又有所不同,主要在于 FDDI 使用定时的令牌访问方法。FDDI 令牌沿网络环路从一个节点向另一个节点移动,如果某节点不需要传输数据,FDDI 将获取令牌并将其发送到下一个节点中。如果处理令牌的节点需要传输,那么在指定的称为"目标令牌循环时间"(Target Token Rotation Time,TTRT)的时间内,它可以按照用户的需求来发送尽可能多的帧。

FDDI 可以发送两种类型的包:同步的和异步的。同步通信用于要求连续进行且对时间敏感的传输(如音频、视频和多媒体通信);异步通信用于不要求连续脉冲串的普通的数据传输。在给定的网络中,TTRT 等于某节点同步传输需要的总时间加上最大的帧在网络上沿环路进行传输的时间。FDDI 使用两条环路,所以当其中一条环路出现故障时,数据可以从另一条环路到达目的地。连接到 FDDI 的节点主要有两类,即 A 类和 B 类。A 类节点与两个环路都有连接,由网络设备如集线器等组成,并具备重新配置环路结构以在网络崩溃时使用单个环路的能力;B 类节点通过 A 类节点的设备连接在 FDDI 网络上,B 类节点包括服务器或工作站等。

由光纤构成的 FDDI,其基本结构为逆向双环,如图 4-8 所示。一个环为主环,另一个环为备用环。当主环上的设备失效或光缆发生故障时,通过从主环向备用环的切换可继续维持 FDDI 的正常工作。这种故障容错能力是其他网络所没有的。

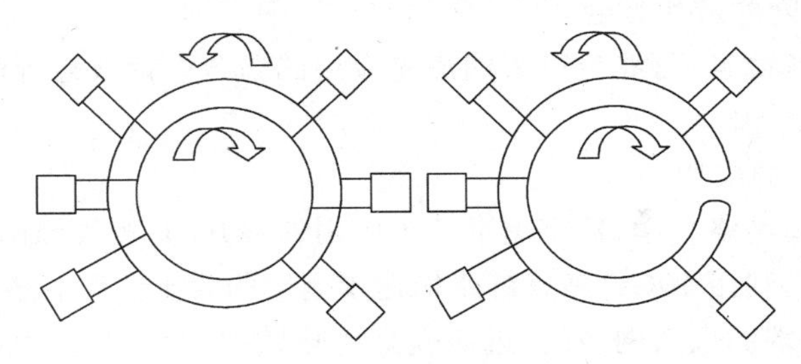

图 4-8 FDDI 双环结构示意图

FDDI 的优点有:

① 较长的传输距离,相邻站间的最大长度可达 2km,最大站间距离为 200km。

② 具有较大的带宽,FDDI 的设计带宽为 100Mbps。

③ 具有对电磁和射频干扰抑制能力,在传输过程中不受电磁和射频噪声的影响,也

不影响其设备。

④ 光纤可防止传输过程中被分接偷听，也杜绝了辐射波的窃听，因而是最安全的传输媒体。

### 4.3.5 万兆位以太网

万兆位以太网技术的研究始于1999年底，当时成立了IEEE 802.3ae工作组，并于2002年6月正式发布IEEE 802.3ae 10GE标准。

**1. 万兆位以太网的结构组成**

万兆位以太网技术标准的体系结构有以下几层。

(1) 物理层

在物理层，IEEE 802.3ae大体分为两种类型，一种为与传统以太网连接、速率为10Gbps的LAN PHY，另一种为连接SDH/SONET、速率为9.58464Gbps的WAN PHY。每种PHY分别可使用10GBase-S(850nm短波)、10GBase-L(1310nm长波)、10GBase-E(1550nm长波)三种规格，最大传输距离分别是300m、10km、40km，其中LAN PHY还包含一种可以使用DWDM波分复用技术的10GBase-LX4规格。

(2) 传输介质层

IEEE 802.3ae目前支持9μm单模、50μm多模和62.5μm多模三种光纤，而对电接口的支持规范10GBase-LX4目前正在讨论之中，尚未形成标准。

(3) 数据链路层

IEEE 802.3ae继承了IEEE 802.3以太网的帧格式和最大/最小帧长度，支持多层星型连接、点到点连接及其组合，充分兼容已有应用，不影响上层应用，进而降低了升级风险。

与传统的以太网不同，IEEE 802.3ae仅仅支持全双工方式，而不支持单工和半双工方式，不采用CSMA/CD机制；同时，IEEE 802.3ae也不支持自协商，但可简化故障定位，并提供广域网物理层接口。

**2. 万兆位以太网的应用场合**

从目前网络现状而言，万兆位以太网最先应用的场合包括教育行业、数据中心出口和城域网骨干。

(1) 在教育网中的应用

随着高校多媒体网络教学、数字图书馆等应用的展开，高校校园网将成为万兆位以太网的重要应用场合。利用10GE高速链路构建校园网的骨干链路和各分校区与本部之间的连接，可实现端到端的以太网访问，进而提高传输效率，有效保证远程多媒体教学和数字图书馆等业务的开展。

(2) 在数据中心出口中的应用

随着互联网的快速发展，大量的数据访问需要一个可升级、高性有的内容服务汇聚网络。数据中心需要汇聚数千计的快速以太网，在用户端，服务器汇聚网络要提供具有第二层交换、第三层路由的高密度1～10GE路由器和交换机。使用10GE高速链路可为数据中心出口提供充分的带宽保障。

(3) 在城域网中的应用

随着城域网建设的不断深入,各种内容业务(如流媒体视频应用、多媒体互动游戏)纷纷出现,这些对城域网的带宽提出了更高的要求,而传统的 SDH、DWDM 技术作为骨干存在着网络结构复杂、难以维护和建设成本高等问题。在城域网骨干层部署 10GE 可大大地简化网络结构、降低成本、便于维护,通过端到端以太网打造低成本、高性能和具有丰富业务支持能力的城域网。

# 4.4　虚拟局域网(VLAN)

**1. VLAN 的概念**

VLAN(Virtual Local Area Network)的中文名为虚拟局域网。VLAN 是一种将局域网设备从逻辑上划分(注意:不是从物理上划分)成一个个网段,从而实现虚拟工作组的新兴数据交换技术。这一新兴技术主要应用于交换机和路由器中,主流应用还是在交换机之中。但又不是所有交换机都具有此功能,只有 VLAN 协议的第三层以上交换机才具有此功能。

在交换式以太网中,解决了因共享介质带来的冲突问题,但整个交换网中每一个通信节点都处于同一个广播域中,这样,就造成局域网性能下降。当网络内的计算机数量多到一定程度后(通常限制在 200 台以内),就必须进行网络分段,这就是虚拟局域网产生的原因。虚拟局域网结构如图 4-9 所示。

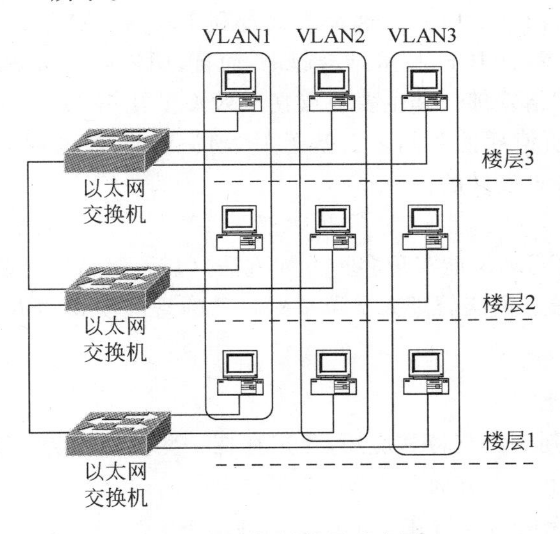


图 4-9　虚拟局域网示意图

**2. VLAN 的划分方法**

虚拟局域网是一种软技术,如何分类,将决定此技术在网络中能否发挥到预期作用。下面将介绍虚拟局域网的分类以及特性。常见的虚拟局域网分类有以下五种。

(1) 按端口划分

将 VLAN 交换机上的物理端口和 VLAN 交换机内部的 PVC(永久虚电路)端口分成若干个组,每个组构成一个虚拟网,相当于一个独立的 VLAN 交换机。这种按网络端口来划分 VLAN 网络成员的配置过程简单明了，因此，它是最常用的一种方式。其主要缺点在于不允许用户移动，一旦用户移动到一个新的位置，网络管理员必须配置新的 VLAN。

(2) 按 MAC 地址划分

VLAN 工作基于工作站的 MAC 地址，VLAN 交换机跟踪属于 VLAN MAC 的地址，从某种意义上说，这是一种基于用户的网络划分手段，因为 MAC 在工作站的网卡(NIC)上。这种方式的 VLAN 允许网络用户从一个物理位置移动到另一个物理位置时，自动保留其所属 VLAN 的成员身份，但这种方式要求网络管理员将每个用户都一一划分在某个 VLAN 中，在一个大规模的 VLAN 中，这就有些困难；再者，笔记本电脑没有网卡，因而，当笔记本电脑移动到另一个站时，VLAN 需要重新配置。

(3) 按网络层协议划分

VLAN 按网络层协议来划分，可分为 IP、IPX、DECNET、AppleTalk、Banyan 等 VLAN 网络。这种按网络层协议来组成的 VLAN，可使广播域跨越多个 VLAN 交换机。这对于希望针对具体应用和服务来组织用户的网络管理员来说是非常具有吸引力的，而且，用户可以在网络内部自由移动，但其 VLAN 成员身份仍然保留不变。这种方式不足之处在于，可使广播域跨越多个 VLAN 交换机，容易造成某些 VLAN 站点数目较多，产生大量的广播包，使 VLAN 交换机的效率降低。

(4) 按 IP/IPX 划分

基于 IP 子网的 VLAN，可按照 IPv4 和 IPv6 方式来划分 VLAN。其每个 VLAN 都是和一段独立的 IP 网段相对应的。这种方式有利于在 VLAN 交换机内部实现路由，也有利于将动态主机配置(DHCP)技术结合起来，而且，用户可以移动工作站而不需要重新配置网络地址，便于网络管理。其主要缺点在于效率要比第二层差，因为查看三层 IP 地址比查看 MAC 地址所消耗的时间多。基于 IPX 的 VLAN，也是按照 OSI(开放系统互联)模型的第三层地址来设计的。

(5) 按策略划分

基于策略组成的 VLAN 能实现多种分配方法，包括 VLAN 交换机端口、MAC 地址、IP 地址、网络层协议等。网络管理人员可根据自己的管理模式和本单位的需求来决定选择哪种类型的 VLAN。

**3. VLAN 的优越性**

任何新技术要得到广泛支持和应用，肯定存在一些关键优势，VLAN 技术也一样，它的优势主要体现在以下三个方面。

(1) 增加了网络连接的灵活性

借助 VLAN 技术，能将不同地点、不同网络、不同用户组合在一起，形成一个虚拟的网络环境，就像使用本地 LAN 一样方便、灵活、有效。VLAN 可以降低移动或变更工作站地理位置的管理费用，特别是一些业务情况有经常性变动的公司使用了 VLAN 后，这部分管理费用大大降低。

(2) 控制网络上的广播

VLAN 可以提供建立防火墙的机制，防止交换网络的过量广播。使用 VLAN，可以将某个交换端口或用户赋予某一个特定的 VLAN 组，该 VLAN 组可以在一个交换网中或跨接多个交换机，在一个 VLAN 中的广播不会送到 VLAN 之外。同样，相邻的端口不会收到其他 VLAN 产生的广播。这样可以减少广播流量，释放带宽给用户应用，减少广播的产生。

(3) 增加网络的安全性

因为一个 VLAN 就是一个单独的广播域，VLAN 之间相互隔离，这大大提高了网络的利用率，确保了网络的安全保密性。人们在 LAN 上经常传送一些保密的、关键性的数据。保密的数据应提供访问控制等安全手段。一个有效和容易实现的方法是将网络分段成几个不同的广播组，网络管理员限制 VLAN 中用户的数量，禁止未经允许而访问 VLAN 中的应用。交换端口可以基于应用类型和访问特权来进行分组，被限制的应用程序和资源一般置于安全性 VLAN 中。

**4. VLAN 间的通信**

VLAN 交换机必须有一种方式来了解 VLAN 的成员关系，即要让交换机知道哪一个工作站属于哪一个 VLAN。一般的，基于 VLAN 交换机端口或者工作站的 MAC 地址来组建的 VLAN，其 VLAN 成员是以直接的形式与其他成员联系的；基于三层如按 IP 来组建的 VLAN，其 VLAN 成员是以间接的形式与其他成员联系的。目前 VLAN 之间的通信主要采取如下 4 种方式。

(1) MAC 地址静态登记方式

MAC 地址静态登记方式是预先在 VLAN 交换机中设置好一张地址列表，这张表含有工作站的 MAC 地址 VLAN 交换机的端口号、VLAN ID 等信息。当工作站第一次在网络上发广播包时，交换机就将这张表的内容一一对应起来，并对其他交换机广播。这种方式的缺点在于，网络管理员要不断修改和维护 MAC 地址静态条目列表；且大量的 MAC 地址静态条目列表的广播信息易导致主干网络拥塞。

(2) 帧标签方式

帧标签方式采用的是标签(Tag)技术，即在每个数据包都加上一个标签，用来标明数据包属于哪个 VLAN，这样，VLAN 交换机就能够将来自不同 VLAN 的数据流复用到相同的 VLAN 交换机上。这种方式存在一个问题，即每个数据包加上标签，使得网络的负载也相应增加了。

(3) 虚连接方式

网络用户 A 和 B 第一次通信时，发送地址解析(ARP)广播包，VLAN 交换机将接收到的 MAC 和所连接的 VLAN 交换机的端口号保存到动态条目 MAC 地址列表中，当网络用户 A 和 B 有数据要传时，VLAN 交换机从其端口收到的数据包中识别出目的 MAC 地址，检查动态条目 MAC 地址列表，得到目的站点所在的 VLAN 交换机端口，这样两个端口间就建立起一条虚连接，数据包就可从源端口转发到目的端口。数据包一旦转发完毕，虚连接即被撤销。这种方式使带宽资源得到了很好利用，提高了 VLAN 交换机效率。

(4) 路由方式

在按 IP 划分的 VLAN 中，很容易实现路由，即将交换功能和路由功能融合在 VLAN 交换机中。这种方式既达到了作为 VLAN 控制广播风暴的最基本目的，又不需要外接路由器。但这种方式对 VLAN 成员之间的通信速度不是很理想。

**5. 组建 VLAN 的原则**

为了实现整个网络采用统一的管理，通常采用 VLAN 的方法。而在组建网络时，应遵循以下原则。

① 在网络中尽量使用同一厂家的交换机，而且在能用交换机的地方尽量使用交换机。

② 使用交换机组建一个范围尽可能大的交换链路，并且让尽可能多的计算机直接连接到交换机上。

③ 层次化地将交换机与交换机相连，要避免使用传统的路由器，以保持整个网络的连通性。

④ 根据应用的需要，使用软件划分出若干个 VLAN，而每个 VLAN 上的所有计算机不论其所在的物理位置如何，都处在一个逻辑网中。

⑤ VLAN 之间可以互通，也可以不相通。若要实现其中的某些 VLAN 能够互通，则要使用一台中央路由器（或者路由交换机）将这些 VLAN 互连起来，从而形成一个完整的 VLAN。

# 4.5 无线局域网（WLAN）

随着社会对信息共享的需求日益广泛，计算机网络的应用在不断扩大，人们希望无论身处何地都能利用网络自如地工作、学习、娱乐。早在 2004 年广州白云机场就宣布，坐飞机的旅客只要携带有笔记本电脑或 PDA，无须电话线或网线，就能在白云机场候机楼内的任何地方以比传统方式快 50～200 倍的高速实现无线上网，摆脱有线的束缚，随时随地接入互联网。无线局域网以其灵活的安装接入、使用便捷、易于扩展等自身技术特点，是有线网络所无法比拟的。

**1. 无线局域网的优势**

(1) 自由移动

可移动性是无线网络的最大优势。用户可以不受网线的约束，自由自在地在无线局域网所覆盖的范围内轻松接入网络，并且可以无线漫游，从而提高了办公效率。

(2) 带宽大

目前，无线局域网的数据传输速率以 11Mbps 为主，并且可达 54Mbps。这比 ISDN (128Kbps)、ADSL(8Mbps)、Cable Modem(10Mbps)都要高。

(3) 成本低

可以降低综合布线成本、使用维护成本，并可避免因布线、网络安装对装修环境的破坏，在覆盖区域内，多个房间的用户可以共享宽带上网，分担上网费用，节约开支。

(4) 安装方便

无线局域网的安装工作简单，不需要布线或开挖沟槽，在难以布线的环境如老建筑、布线困难或昂贵的露天区域以及频繁变化的环境如临时性会议、展览馆等场所，无线局域网可方便、快捷地为用户提供网络服务。

(5) 易于扩展

无线局域网可以组成多种拓扑结构，可以十分容易地从少数用户的点对点模式扩展到上千用户的基础架构网络，并且能够提供像“漫游”等有线网络无法提供的特性。

**2. 无线局域网应用技术**

(1) IEEE 802.11X

IEEE 802.11X 是 IEEE 最初制定的一个无线局域网标准，主要用于解决办公室局域网和校园网中用户与用户终端的无线接入，业务主要限于数据存取，速率最高只能达到 2Mbps。现在已经有了 802.11、802.11a、802.11b、802.11g 以及 802.15 等技术规范。

(2) 蓝牙技术

蓝牙技术是由移动通信公司与移动计算公司联合开发的传输范围约为 10m 的短距离无线通信标准，用来设计在便携式计算机、移动电话以及其他的移动设备之间建立起一种小型、经济、短距离的无线链路。现在有 Bluetooth 1.0、Bluetooth 1.1 以及 Bluetooth 2.0 等版本。

(3) HomeRF

HomeRF 主要为家庭网络设计，是 IEEE 802.11X 与 DECT 的结合，旨在降低语音数据成本。发展 HomeRF 标准的目的是将家中的各种设备，包括电话、计算机、电视机、电冰箱等各种设备都以无线电波互相连接起来，代替了需要铺设昂贵传输线的有线家庭网络。

现有的无线局域网大部分采用的是 IEEE 802.11X 标准。在 IEEE 802.11X 系列标准中，IEEE 802.11b 的工作频段是 2.4GHz～2.4835GHz，总带宽为 83.5MHz，理论最大传输速率为 11Mbps，调制方式有两种：一种是采用补码键控(CCK)调制，另一种则采用信息包二进制回转式编码(PBCCTM)调制。接入协议采用 CS2MA/CA 协议。IEEE 802.11a 协议工作在 5GHz 频段，使用了 OFDM 调制技术，最大传输速率为 4Mbps。IEEE 802.11g 与 IEEE 802.11b 一样工作在 2.4GHz 频段，但是因为采用了 OFDM 调制方式，所以最大传输速率也提高到 54Mbps，而且它与 IEEE 802.11b 兼容，解决了 IEEE 802.11a 和 IEEE 802.11b 的互不兼容的问题。

**3. 无线局域网的互联设备**

(1) 无线网卡

在无线局域网中，网卡是操作系统与天线之间的接口，它是无线连接网络进行上网而使用的无线纤纤终端设备。

无线网卡按接口不同分为 PCI、USB 和 PCMCIA 等，其外观分别如图 4-10～图 4-12 所示。

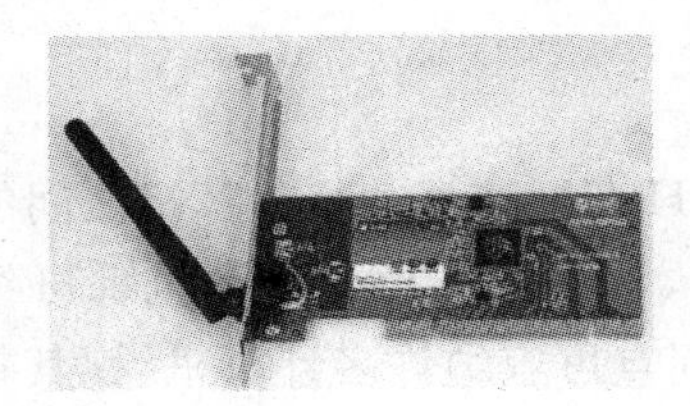

图 4-10　PCI 接口无线网卡

图 4-11　USB 接口无线网卡

图 4-12 PCMCIA 接口无线网卡

图 4-13 无线接入点

PCI 接口的无线网卡主要适用于台式机，PCMCIA 接口的无线网卡主要适用于笔记本电脑，而 USB 接口的无线网卡既适用于台式机，也适用于笔记本电脑，使用方便灵活。

(2) 无线接入点(AP)

接入点就相当于局域网中的交换机，如图 4-13 所示，它在无线局域网和有线网络之间接收、缓冲存储和传输数据。无线接入点通常连接有线网络，并通过天线与无线设备进行通信。当有多个接入点时，用户可以在接入点之间漫游切换，接入点的有效范围是 20～500m。通常一个接入点可以支持 15～250 个用户。

(3) 无线路由器

无线路由器保留了路由器的所有功能，只是加上了天线、无线技术芯片等无线设备，用于无线信号的发送和接收，如图 4-14 所示。它是 AP、路由器功能和交换机的集合体，支持有线、无线组成同一子网，直接接上 Modem。

图 4-14 无线路由器

**4. 室内无线局域网的构建**

(1) 无线对等方式连接

对等(Peer to Peer)方式下的对等网，如图 4-15 所示。在这种网络中，各个计算机只要安装了无线网卡，彼此即可实现直接互联，无须中间起数据交换作用的 AP(Access Point)，网络中的无线用户地位是平等的，各用户间都能对等通信，这种方式称为 AdHocDemo Mode(室内对等连接 Mode)。在 AdHocDemo Mode 中，各个计算机会自动设置为初始站，并对网络进行初始化，使所有同域(SSID 相同)的站构成一个局域网，并且设定站间的协作功能，允许多个站同时发送信息。如果需要与有线网络连接，可以为其中的一站安装有线网卡，无线网中的各个计算机以这台计算机作为网关，访问有线网络或共享网络中的打印机等设备。这种方式适合构建临时性的网络，每台机器只需要一片网卡，成本低廉，方便实惠。

(2) 无线交换方式连接

无线网络交换机(Access Point，AP)可增大 AdHoc 网络移动式计算机之间的有效距离到原来的两倍。因为访问点是连接在有线网络上，每一个移动式计算机都可经服务器与其他移动式计算机实现网络的互联互通，每个访问点可容纳许多计算机，视其数据的传输实际要求而定，一个访问点容量可达 15～63 个计算机。

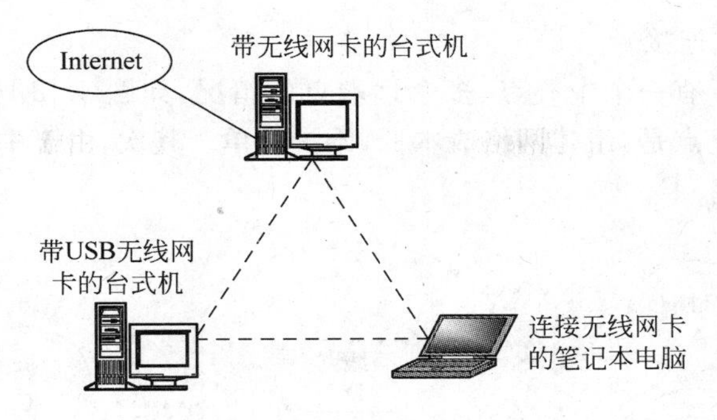


图 4-15　室内对等连接

这种方式采用星型拓扑结构(见图 4-16),以 AP 为中心,任何站的通信都要通过 AP 接转,在 MAC 帧中,同时有源地址、目的地址和接入点地址。通过各站的响应信号,AP 能在内部建立一个类似于“路由表”那样的“桥连接表”,将各个站和端口一一对应起来。当接转信号时,AP 就通过查询“桥连接表”来完成转接。通常无线的 AP 都有以太网接口,这样,既能以 AP 为中心独立建一个无线局域网,也能以 AP 为一个有线网的扩展部分。

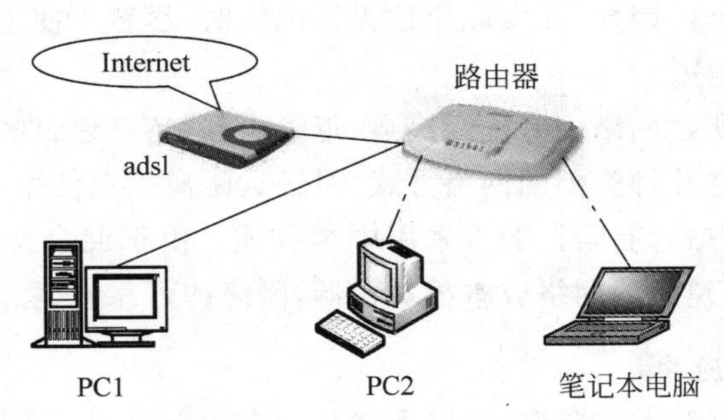


图 4-16　室内交换方式连接

**5. 室外无线局域网的构建**

(1) 点对点方式连接

常用于固定的要联网的两个位置之间,是无线联网的常用方式。使用这种联网方式建成的网络的优点是,传输距离远、传输速率高、受外界环境影响较小。A 与 B 分别为两个有线局域网,在布线困难的情况下,可通过两台无线网桥将 A、B 局域网连接起来,通过无线网桥上的 RJ-45 接口与有线的交换机相接。网桥的射频输出端口接到天线。此种连接方法主要用在两点之间距离较远或中间有河流、马路等情况下。它可以传输图像、语音、数据等,如图 4-17 所示。

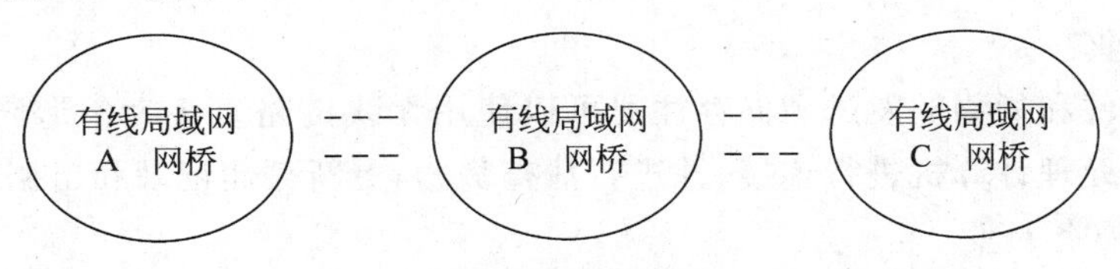


图 4-17　室外的点对点方式连接

（2）点对多方式连接

这种类型常用于有一个中心点、多个远端点的情况，如图 4-18 所示。使用这种方式建成的网络的最大优点是，组建网络成本低、维护简单。其次，由于中心使用了全向天线，设备调试也相对容易。

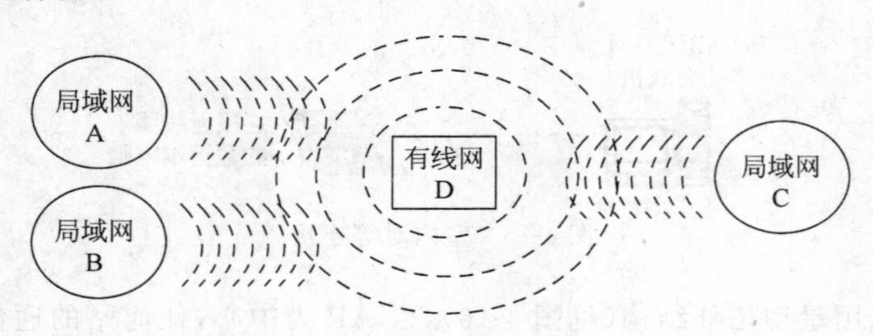


图 4-18 室外点对多点方式连接

它的缺点也是因为使用了全向天线，波束的全向扩散使功率大大衰减，网络传输速率低，稳定性较差，对于较远距离的远端点，网络的可靠性不能得到保证。此外，由于中心只有一台设备，多个远端站共用，网络延迟增加，导致传输速率降低。而且中心设备损坏后，整个网络就会停止工作。因此，在实际组建无线网络时，尽量不使用点对多点方式。

（3）混合型方式连接

这种类型适用于所建网络中有远距离点、近距离点，还有建筑物或山脉阻挡的点等复杂情况。它综合了上述几种类型的网络方式，对于远距离的点使用点对点方式，近距离的多个点采用点对多点方式，有阻挡的点采用中继方式。由于混合型组网方式综合了上述几种类型的优点，所以建成的网络成本相对较低，网络的可靠性、稳定性都能得到保证。

**6. 无线局域网的应用**

无线局域网的应用范围非常广泛，以下就几个有代表性的行业展开论述。

（1）运输行业

码头货场和铁路运输货场，由于大型吊车、运输道路和货物通道不能铺设电缆，使用步话机报告货位和货号极易产生差错，无线计算机网络可以把货物情况和资料直接传输到计算机中进行处理，大大提高了工作效率和服务质量。

（2）制造行业

制造工厂往往不能铺设连到计算机的电缆，在加固混凝土的地板下面也无法铺设计算机电缆，空中起重机使人很难在空中布线，零备件及货物运输通道也使得不便在地面布线。这种情况使用数字化制造设备、数字采集装置、机器人设备时应用无线网络是很合适的。

（3）零售业

仓库零备件和货物的发送和储存注册可以使用无线链路直接为条形码阅览器、笔记本电脑和中央处理计算机进行连接，并进行清查货物，更新存储记录和出据清单。

（4）金融服务行业

在证券和期货交易业务中，价格以“买”和“卖”的信息变化极为迅速、频繁，利用手持通信器输入信息，通过无线网络迅速传递到计算机、报价服务系统和交易大厅的显示屏，管理员、经纪人和交易者可以迅速利用信息进行管理和手持通信器进行交易。

(5) 移动办公环境

在办公环境中使用无线网络系统，可以使办公用的计算机具有移动能力，在网络范围内可实现计算机漫游。各种业务人员、部门负责人、工程技术专家和管理人员，只要有可移动的计算机或笔记本电脑，无论是在何处都可通过无线网络随时查阅资料、获取信息。

# 习题

**一、填空题**

1. 局域网络组网技术就是将________、________、________以及相应的应用软件连接起来，组成局域网络。
2. 最早的局域网是________。
3. 以太网交换机对数据帧的转发方式有________、________、________。
4. VLAN 优势主要体现在________、________、________三个方面上。
5. WLAN 具以________、________、________特点。

**二、选择题**

1. 以太网最早是由________创建的。
   A. Intel 公司　　B. DEC 公司
   C. Xerox 公司　　D. Microsoft 公司
2. 以太网是应用最为广泛的________。
   A. 广域网　　B. 城域网　　C. 因特网　　D. 局域网
3. 粗缆 Ethernet(10Base-5)中的"Base"表示电缆上的传输是________。
   A. 基带传输　　B. 频带传输　　C. 模拟传输　　D. 快速传输
4. 细缆 Ethernet(10Base-2)中的"2"表示缆段最大长度为________。
   A. 200m　　B. 20m　　C. 500m　　D. 185m
5. 以太网的拓扑结构是________。
   A. 星型　　B. 总线型　　C. 环型　　D. 树型
6. 光纤分布数据接口 FDDI 采用________拓扑结构。
   A. 星型　　B. 总线型　　C. 环型　　D. 树型
7. IEEE 802 标准中的 802.3 协议是________。
   A. 局域网的互联标准　　B. 局域网的令牌环标准
   C. 局域网的令牌总线标准　　D. 局域网的载波侦听多路访问标准

**三、问答题**

1. 什么是局域网？它具有哪些主要特点？
2. 网络中常用的传输介质包括哪几类？各适用于什么场合？
3. 请分别比较 10Base-5、10Base-2、10Base-T 的优点与缺点。

4. 简述交换式以太网的工作原理。
5. 目前局域网常用的访问控制方式有哪几种？各适用于什么场合？
6. VLAN 是指什么？它的标准有哪些？
7. 快速以太网有哪几个标准？
8. 什么是虚拟局域网？它的优势是什么？
9. 举例说明无线局域网的应用。

# 第 5 章

# 网络互联技术

**内容提要：**

- 网络互联概述；
- 局域网的扩展与互联设备；
- 网络的远程接入与 Internet 接入设备；
- 广域网的组网技术。

## 5.1 网络互联概述

### 5.1.1 网络互联的目的

网络互联是为了将两个以上具有独立自治能力、同构或异构的计算机网络连接起来，实现数据流通，扩大资源共享的范围，并能容纳更多的用户，如图 5-1 所示。

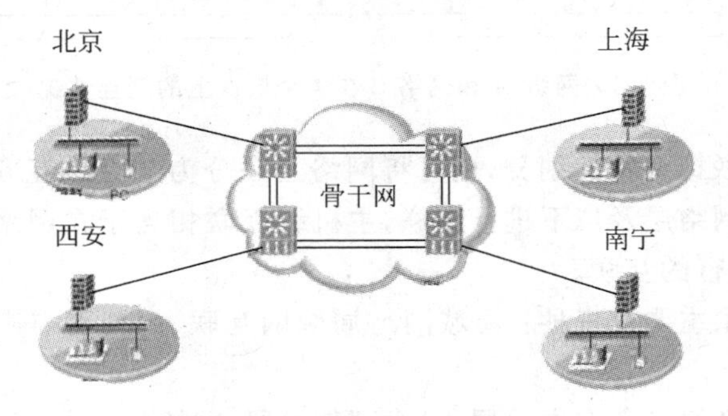


图 5-1 网络互联图

网络互联的主要目的如下：

- 资源共享。使更多的资源可以被更多的用户共享。
- 降低成本。当多台主机需要接入网络时，采用主机先行联网，再通过网络互连技术接入，可以大大降低联网成本。
- 将具有相同权限的用户主机组成一个网络，在网络互连设备上严格控制其他用户对该网络的访问，从而实现网络的安全机制。

- 提高可靠性。部分设备的故障可能导致整个网络的瘫痪，而通过子网的划分可以有效地限制设备故障对网络的影响范围。

### 5.1.2 网络互联的层次及相关设备

网络互联是利用网络互联设备及相应的组网技术和协议把两个以上的计算机网络连接起来，实现计算机网络之间的互联。

由于网络体系结构上的差异，实现网络互联可在不同的层次上进行。按 OSI 模型的层次划分，可将网络互联分为 4 个层次，如图 5-2 所示，与之对应的网络互连设备分别是：

- 中继器(Repeater)。实现物理层的互联，在不同的电缆段之间复制位信号。
- 网桥(Bridge)。实现数据链路层的互联，在局域网之间存储转发数据帧。
- 路由器(Router)。实现网络层的互联，在不同的网络之间存储转发数据分组。
- 网关(Gateway)。实现网络高层的互联，在网络的高层使用协议转换完成网络互联。

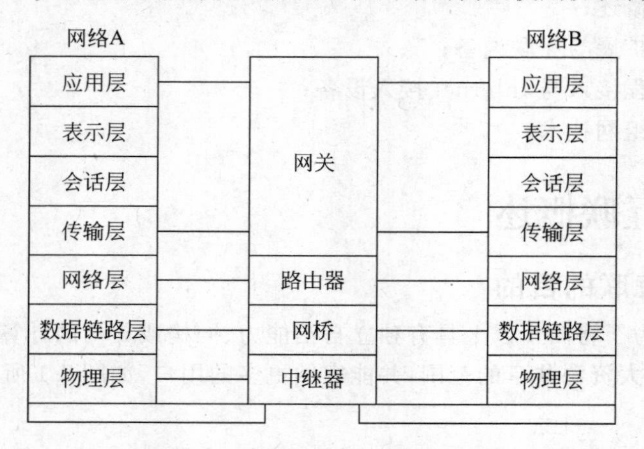


图 5-2 网络 A 和网络 B 在 4 个层次上的互连情况

按不同网络互联接口特性划分，也可将网络互联分为节点级互联和主机级互联。节点级互联相当于在网络层及以下进行互联，主机级互联相当于在网络层以上的层次进行互联，即使用网关进行的互联。

网络互联的类型主要有三种：局域网与局域网互联、局域网与广域网互联和广域网与广域网互联。

局域网互联的主要设备有中继器、以太网集线器、网桥和以太网交换机。

#### 1. 中继器(Repeater)

中继器是网络物理层的一种介质连接设备，如图 5-3 所示，它工作在 OSI 的物理层。中继器具有放大信号的作用，它实际上是一种信号再生放大器。因而中继器用来扩展局域网段的长度，驱动长距离通信。

图 5-3 中继器

中继器最典型的应用是连接两个以上的以太网电缆段，其目的是延长网络的长度。但其延长是有限的，中继器只能在规定的信号延迟范围内进行有效的工作。如以太网著名的“5-4-3”规则：以太网最多有5个网段，由4个中继器相连，为了防止冲突，最多只能有3个网段连接工作。

中继器具有如下一些特性。

① 中继器工作用于物理层，常用于两个网络节点之间物理信号的双向转发工作。负责在两个节点的物理层上按位传递信息，完成信号的复制、调整和放大功能，以此来延长网络的长度，如502.3以太网到以太网之间的连接和802.5令牌环到令牌环网之间的连接。用中继器连接的局域网在物理上是一个网络，也就是说中继器把多个独立的物理网络互联成为一个大的物理网络。中继器在OSI中的参考模型如图5-4所示。

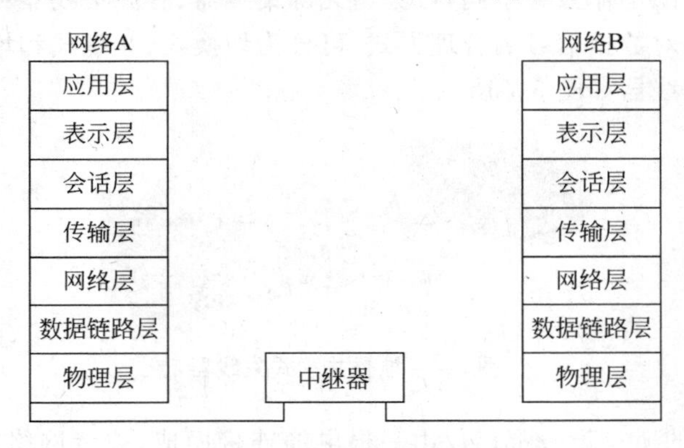


图5-4 中继器在OSI中的参考模型

② 中继器可以连接相同传输介质的同类局域网（如粗同轴电缆以太网之间相互连接），也可以连接不同传输介质的同类局域网（例如，粗同轴电缆以太网与细同轴电缆以太网或粗同轴电缆以太网与双绞线以太网之间相互连接）。

③ 中继器在物理层实现互联，所以对物理层以上的协议（数据链路层到应用层）完全透明，也就是说，中继器支持数据链路层及其以上各层的任何协议。

**2. 以太网集线器（Hub）**

集线器的主要功能是对接收到的信号进行再生整形放大，以扩大网络的传输距离，同时把所有节点在以它为中心的节点上。常见的集线器如图5-5所示。

集线器有以下特性：放大信号；通过网络传播信号；无过滤功能；无路径检测或交换；作为以太网的集中连接点；不同速率的集线器不能级联。

以集线器为节点中心的优点是：当网络系统中某条线路或某节点出现故障时，不会影响网上其他节点的正常工作。

集线器有以下缺点：用户带宽共享，导致带宽受限；广播方式，易造成网络风暴；非双工传输，网络通信效率低。

集线器有以下分类：

- 按照传输速率（即集线器所支持的带宽）来分，可分为10Mbps、100Mbps和10Mbps/100Mbps自适应三种类型。

- 按照配置形式的不同，集线器可以分为独立式、模块化和堆叠式三大类，如图 5-6 所示。

图 5-5 集线器

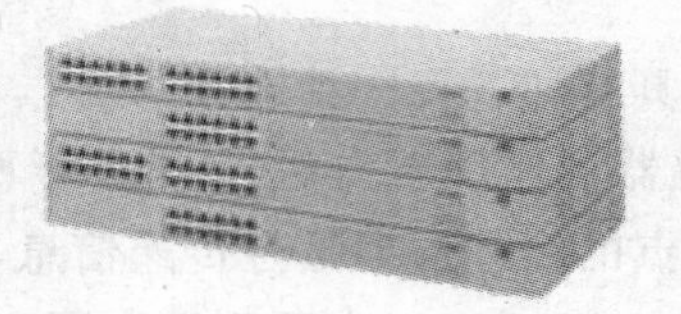

图 5-6 堆叠式集线器

- 按照集线器的工作方式不同，可分为无源集线器、有源集线器和智能集线器。
- 按照集线器对数据信号的管理方式，可分为切换式、共享式和堆叠共享式三种，堆叠共享式集线器如图 5-7 所示。

图 5-7 堆叠共享式集线器

如果一个网络的所有设备都仅仅由一根电缆连接而成，或者网络的网段由类似集线器那样的无过滤能力的设备连接而成，可能会有不止一个用户同时向网络发送数据，引起多个节点试图同时发送数据，就会发生数据冲突。冲突发生时，每个设备上发出的数据相互碰撞而遭到破坏。数据包产生及发生冲突的网络区域叫做冲突域。解决网络上出现太多业务量及太多冲突的办法是使用网桥。

**3. 网桥**

网桥(Bridge)又称桥接器，是连接两个局域网的一种存储转发设备。网桥工作在数据链路层，如图 5-8 所示。

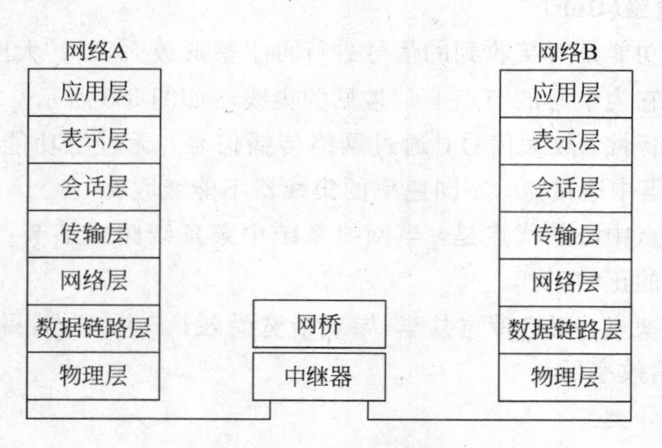


图 5-8 OSI 模型中的网桥

使用网桥连接起来的局域网从逻辑上是一个网络，也就是说，网桥可以将两个以上独立的物理网络连接在一起，构成一个逻辑局域网。从协议层次上看，网桥工作在 OSI 参考模型的第二层，它在数据链路层对数据帧进行存储转发，实现网络互联。

(1) 网桥的基本工作原理

网桥的工作原理是：当网桥刚安装时，它对网络中的各工作站一无所知。当工作站开始传送数据时，网桥会自动记下工作站的地址，直到建立一张完整的网络地址表为止，这过程称为“学习”。地址表建立完毕后，信息数据在通过网桥时，网桥就根据信息包比较地址表中目的地址的网络号与源地址的网络号是否相同。若不同，则进行格式转换，将信息包传过“桥”去；否则，不转换，也不过“桥”。例如，使用网桥连接的两段局域网，网桥对来自局域网 1 的 MAC 帧，首先根据地址表检查其目标地址，如果目标地址与源地址在同一网段上，那么网桥将不转发此帧到局域网 2，而是将其滤除；如果目标地址与源地址不在同一网段上，那么网桥将留下该帧，然后使用局域网 2 的 MAC 协议，把这个帧转发到局域网 2 上的某一站。网桥的结构如图 5-9 所示。

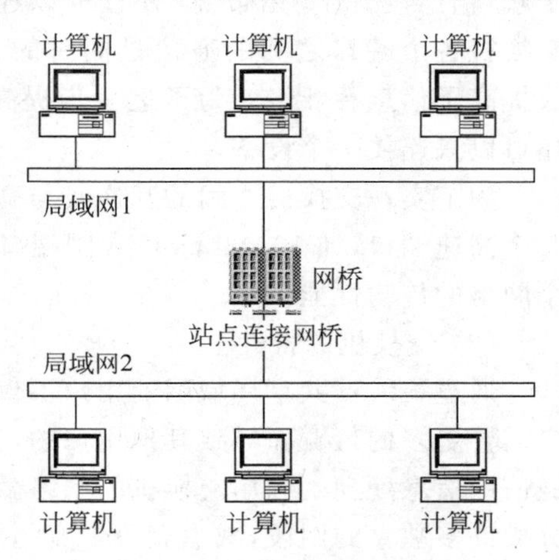


图 5-9　网桥工作原理示意图

从用户的角度看，用户并不知道网桥的存在，局域网 1 与局域网 2 就像是同在一个网络。在一个大型局域网中，网桥常被用来将局域网分成既独立又能相互通信的多个子网，从而可以改善各个子网的性能与安全性。

由于交换技术的迅速发展，交换机的应用越来越广。交换机和网桥有很多共同的属性，它们都工作在数据链路层。交换机比网桥转发速度快，交换机用硬件实现交换，而网桥用软件实现交换。有些交换机支持直通(Cut-through)交换，直通式交换机减少了网络的抖动与延迟，而网桥仅支持存储转发。交换机为每个网段提供专用带宽，能够减少碰撞，而且交换机还能提供更高的端口密度。由于交换机比网桥具有更好的性能，因此，网桥将逐渐被交换机所取代。

(2) 网桥的特性

① 网桥工作在数据链路层，它对高层协议是透明的，这就意味着，网桥能转发任何网络协议的数据流，如 TCP/IP、DECNET、AppleTalk、IPX 等。网桥是一种存储转发设备，它先把接收的整个帧缓存起来，然后进行转发。用网桥互联起来的网络是一个单个的逻辑网。

② 网桥工作在第二层，它不检查网络层的数据分组和网络地址，与网络层无关。而广播信息是根据网络地址(如 IP 地址)进行传播的，因此，网桥转发所有广播帧，没有隔离广播信息的能力。

③ 网桥能够互联不同的网络，在不同的局域网之间提供转换功能。连接不同的局域网需要有不同的帧格式、帧大小进行转换，还需要对不同的局域网传输速率进行速度匹配

等。主机 A 有一个数据分组要发送给主机 B，分组从高层一直下传到 LLC 子层；加上一个 LLC 分组头后，送给 MAC 子层；再加上 802.3 的分组头，通过传输介质，传送到网桥的 MAC 子层；去掉 802.3 分组头，再送到网桥的 LLC 子层；经 LLC 子层的处理，送给网桥的另一边(802.5 一边)；再加上 802.5 的分组头，经传输介质传送到主机 B。

**4. 以太网交换机**

(1) 交换机的定义

局域网交换机如图 5-10 所示，它拥有许多端口，每个端口有自己的专用带宽，并且可以连接不同的网段。交换机各个端口之间的通信是同时的、并行的，这就大大提高了信息吞吐量。为了进一步提高性能，每个端口还可以只连接一个设备。

图 5-10 交换机

为了实现交换机之间的互连或与高档服务器的连接，局域网交换机一般拥有一个或几个高速端口，如 100Mbps 以太网端口、FDDI 端口或 155Mbps ATM 端口，从而保证整个网络的传输性能。

(2) 交换机的特性

通过集线器共享局域网的用户不仅是共享带宽，而且是竞争带宽。可能由于个别用户需要更多的带宽而导致其他用户的可用带宽相对减少，甚至被迫等待，因而也就耽误了通信和信息处理。利用交换机的网络微分段技术，可以将一个大型的共享局域网的用户分成许多独立的网段，减少竞争带宽的用户数量，增加每个用户的可用带宽，从而缓解共享网络的拥挤状况。由于交换机可以将信息迅速而直接地送到目的地，能大大提高速度和带宽，能保护用户以前在介质方面的投资，并提供良好的可扩展性，因此交换机不但是网桥的理想替代物，而且也是集线器的理想替代物。

与网桥和集线器相比，交换机从下面几方面改进了性能：

① 通过支持并行通信，提高了交换机的信息吞吐量。

② 将传统的一个大局域网上的用户分成若干工作组，每个端口连接一台设备 或连接一个工作组，有效地解决拥挤现象。这种方法人们称之为网络微分段(Micro-segmentation)技术。

③ 虚拟网(Virtual LAN)技术的出现，给交换机的使用和管理带来了更大的灵活性。

④ 端口密度可以与集线器相媲美，一般的网络系统都有一个或几个服务器，而绝大部分是普通的客户机。客户机都需要访问服务器，这样就导致服务器的通信和事务处理能力成为整个网络性能好坏的关键。

交换机主要从提高连接服务器的端口的速率以及相应的帧缓冲区的大小，来提高整个网络的性能，从而满足用户的要求。一些高档的交换机还采用全双工技术进一步提高端口的带宽。以前的网络设备基本上都是采用半双工的工作方式，即当一台主机发送数据包的时候，它就不能接收数据包，当接收数据包的时候，就不能发送数据包。由于采用全双工技术，即主机在发送数据包的同时，还可以接收数据包，普通的 10M 端口就可以变成 20M 端口，普通的 100M 端口就可以变成 200M 端口，这样就进一步提高了信息吞吐量。

(3) 交换机的工作原理

传统的交换机本质上是具有流量控制能力的多端口网桥，即传统的(二层) 交换机。把路由技术引入交换机，可以完成网络层路由选择，故称为三层交换，这是交换机的新进展。交换机(二层交换)的工作原理和网桥一样，是工作在数据链路层的联网设备，它的各个端口都具有桥接功能，每个端口可以连接一个 LAN 或一台高性能网站或服务器，能够通过自学习来了解每个端口的设备连接情况。所有端口由专用处理器进行控制，并经过控制管理总线转发信息。

同时可以用专门的网管软件进行集中管理。除此之外，交换机为了提高数据交换的速度和效率，一般支持多种方式。

① 存储转发。所有常规网桥都使用这种方法。它们在将数据帧发往其他端口之前，要把收到的帧完全存储在内部的存储器中，对其检验后再发往其他端口，这样其延时等于接收一个完整的数据帧的时间及处理时间的总和。如果级连很长，会导致严重的性能问题，但这种方法可以过滤掉错误的数据帧。

② 切入法。这种方法只检验数据帧的目标地址，这使得数据帧几乎马上就可以传出去，从而大大降低延时。其缺点是错误帧也会被传出去。在错误帧的概率较小的情况下，可以采用切入法以提高传输速度。而在错误帧的概率较大的情况下，可以采用存储转发法以减少错误帧的重传。

(4) 交换机的种类

交换机是数据链路层设备，它可将多个物理 LAN 网段连接到一个大型网络上。由于交换机是用硬件实现的，因此，传输速度很快。传输数据包时，交换机要么使用存储——转发交换方式，要么使用断——通交换方式。目前有许多类型的交换机，其中包括 ATM 交换机、LAN 交换机和不同类型的 WAN 交换机。

① ATM 交换机。ATM(Asynchronous Transfer Mode)交换机为工作组，如图 5-11 所示，为企业网络中枢以及其他众多领域提供了高速交换信息和可伸缩带宽的能力。ATM 交换机支持语音，视频和文本数据应用，并可用来交换固定长度的信息单位(有时也称元素)。企业网络是通过 ATM 中枢链路连接多个 LAN 组成的。

② LAN 交换机。LAN 交换机用于多 LAN 网段的相互连接，它在网络设备之间进行专用的无冲突的通信，同时支持多个设备间的对话。LAN 交换机主要用于高速交换数据帧。通过 LAN 交换机可将一个 10Mbps 以太网与一个 100Mbps 以太网互联。LAN 交换机如图 5-12 所示。

图 5-11 ATM 交换机

图 5-12 LAN 交换机

**5. 路由器**

路由器(Router)又称为选径器，如图 5-13 所示，它工作在网络层，主要用于局域网—

图 5-13 路由器

广域网互联,如图 5-14 所示。从概念上讲,它与网桥相类似,但它的作用层次高于网桥,所以路由器转发的信息以及转发的方法与网桥均不相同,而且使用路由器互连起来的网络与网桥也有本质的区别。用网桥互联起来的网络是一个单个的逻辑网,而路由器互连的是多个不同的子网。每个子网具有不同的网络地址(逻辑地址,如 IP 地址)。一个子网可以对应一个独立的物理网段,也可以不对应(如虚拟网)。

(1) 路由器的基本工作原理

路由器在网络层实现网络互联,它主要完成网络层的功能,如图 5-14 所示。路由器负责将数据分组(Packet)从源端主机经最佳路径传送到目的端主机。为此,路由器必须具备两个最基本的功能,那就是确定通过互联网到达目的网络的最佳路径和完成信息分组的传送,即路由选择和数据转发。

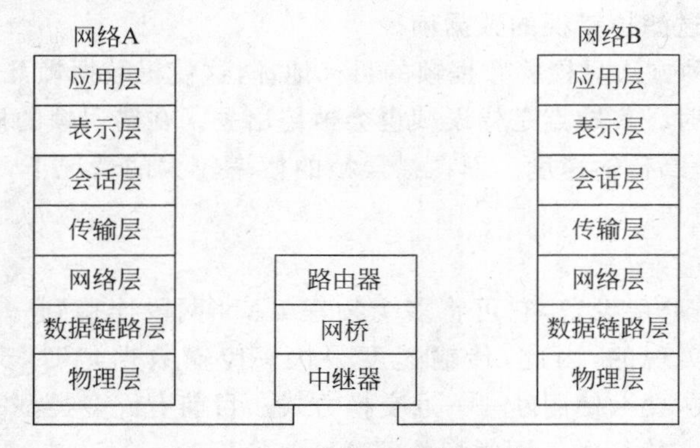

图 5-14 OSI 模型中的路由器

① 路由选择。路由选择也称路径选择,路由器的基本功能之一就是路由选择功能。当两台连在不同子网上的计算机需要通信时,必须经过路由器转发,由路由器把信息分组通过互联网沿着一条路径从源端传送到目的端,如图 5-15 所示。在这条路径上可能需要通过一个或多个中间设备(路由器),所经过的每台路由器都必须知道怎样把信息分组从源端传送到目的端,需要经过哪些中间设备。为此,路由器需要确定到达目的端下一个路由器的地址,也就是要确定一条通过互联网到达目的端的最佳路径。

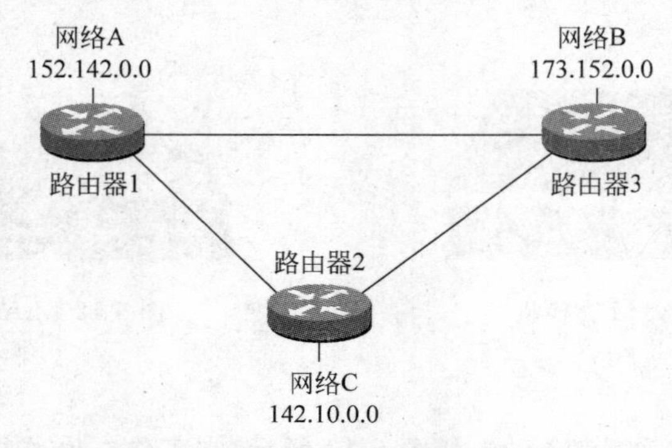

图 5-15 路由器工作原理示意图

路由选择的实现方法是：路由器通过路由选择算法，建立并维护一个路由表。在路由表中包含着目的地址和下一个路由器地址等多种路由信息。路由表中的路由信息告诉每一台路由器应该把数据包转发给谁，它的下一个路由器地址是什么。路由器根据路由表提供的下一个路由器地址，将数据包转发给下一个路由器。通过一级一级地把包转发到下一个路由器的方式，最终把数据包传送到目的地。

② 数据转发。路由器的另一个基本功能是完成数据分组的传送，即数据转发，通常也称数据交换(Switching)。在大多数情况下，互联网上的一台主机(源端)要向互联网上的另一台主机(目的端)发送一个数据包，通过指定默认路由(与主机在同一个子网的路由器端口的 IP 地址为默认路由地址)的办法，源端计算机通常已经知道一个路由器的物理地址(即 MAC 地址)。源端主机将带着目的主机的网络层协议地址(如 IP 地址、IPX 地址等)的数据包发送给已知路由器。路由器在接收了数据包之后，检查包的目的地址，再根据路由表确定它是否知道转发这个包，如果它不知道下一个路由器的地址，则将包丢弃。如果它知道则转发这个包，路由器将改变目的物理地址为下一个路由器的地址，并且把包传送给下一个路由器。下一个路由器执行同样的交换过程，最终将包传送到目的端主机。当数据包通过互联网传送时，它的物理地址是变化的，但它的网络地址是不变的，网络地址一直保留原来的内容直到目的端。值得注意的是，为了完成端到端的通信，在基于路由器的互联网中的每台计算机都必须分配一个网络层地址(IP 地址)，路由器在转发数据包时，使用的是网络层地址。但是在计算机与路由器之间或路由器与路由器之间的信息传送，仍然依赖于数据链路层完成，因此路由器在具体传送过程中需要进行地址转换并改变目的物理地址。

(2) 路由器的主要特点

由于路由器作用在网络层，因此它比网桥具有更强的异种网络互联能力、更好的隔离能力、更强的流量控制能力、更好的安全性和可管理维护性，其主要特点如下：

① 路由器可以互联不同的 MAC 协议、不同的传输介质、不同的拓扑结构和不同的传输速率的异种网，它有很强的异种网互联能力。路由器也是用于广域网互联的存储转发设备，它有很强的广域网互连能力，被广泛地应用于 LAN-WAN-LAN 的网络互联环境。

② 路由器工作在网络层，它与网络层协议有关。多协议路由器可以支持多种网络层协议(如 TCP/IP、IPX、DECNET 等)，转发多种网络层协议的数据包。路由器检查网络层地址，转发网络层数据分组(Packet)。因此，路由器能够基于 IP 地址进行包过滤，具有包过滤(Packet Filter)的初期防火墙功能。路由器分析进入的每个包，并与网络管理员制定的一些过滤政策进行比较，凡符合允许转发条件的包则被正常转发，否则丢弃。为了网络的安全，防止黑客攻击，网络管理员经常利用这个功能，拒绝一些网络站点对某些子网或站点的访问。路由器还可以过滤应用层的信息，限制某些子网或站点访问某些信息服务，如：不允许某个子网访问远程登录(Telnet)。

③ 对大型网络进行微段化，将分段后的网段用路由器连接起来。这样可以达到提高网络性能、提高网络带宽的目的，而且便于网络的管理和维护。这也是共享式网络为解决带宽问题所经常采用的方法。

**6. 网关**

网关(Gateway)又称网间连接器、协议转换器。网关在传输层上以实现网络互联，是最复杂的网络互联设备，仅用于两个高层协议不同的网络互联。网关的结构也和路由器类似，不同的是互联层。网关既可以用于广域网互联，也可以用于局域网互联。

(1) 网关的工作原理

网关的工作原理是：当路由器的物理接口或路由模块的虚拟接口接收到数据包时，通过判断其目的地址与源地址是否在同一网段，来决定是否转发数据包。通常小型办公室的网络设备只有两个接口，一个连接 Internet，另一个连接局域网集线器或交换机，因此，一般设成默认路由，只要不是内部网段，全部转发。网关工作原理如图 5-16 所示。

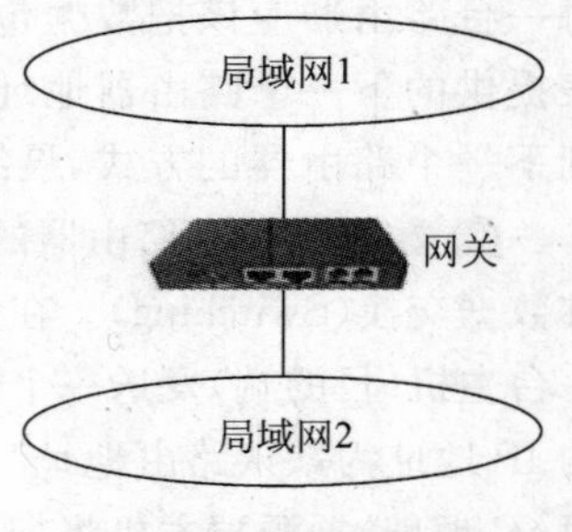


图 5-16　网关工作原理示意图

如果一个 NetWare 节点要与 SNA 网中的一台主机通信，在这种情况下，由于 NetWare 与 SNA 的高层网络协议是不同的，局域网中的 NetWare 节点不能直接访问 SNA 网中的主机。它们之间的通信必须通过网关来完成，网关可以完成不同网络协议之间的转换。网关的作用是为 NetWare 节点产生的报文加上必要的控制信息，将它转换成 SNA 主机支持的报文格式。当 SNA 主机要向 NetWare 结点发送信息时，网关同样要完成 SNA 报文格式到 NetWare 报文格式的转换。

(2) 基本类型

网关有传输网关和应用程序网关两种基本类型。传输网关是在传输层连接两个网络的网关，应用程序网关是在应用层连接两部分应用程序的网关。由于应用网关是应用系统之间的转换，所以网关一般只适合于某特定的应用系统的协议转换。网关可以是一个专用设备，也可以用计算机作为硬件平台，由软件实现网关的功能。

## 5.1.3 网络互联设备的应用

网络互联设备的应用可以用图 5-17 来表示。

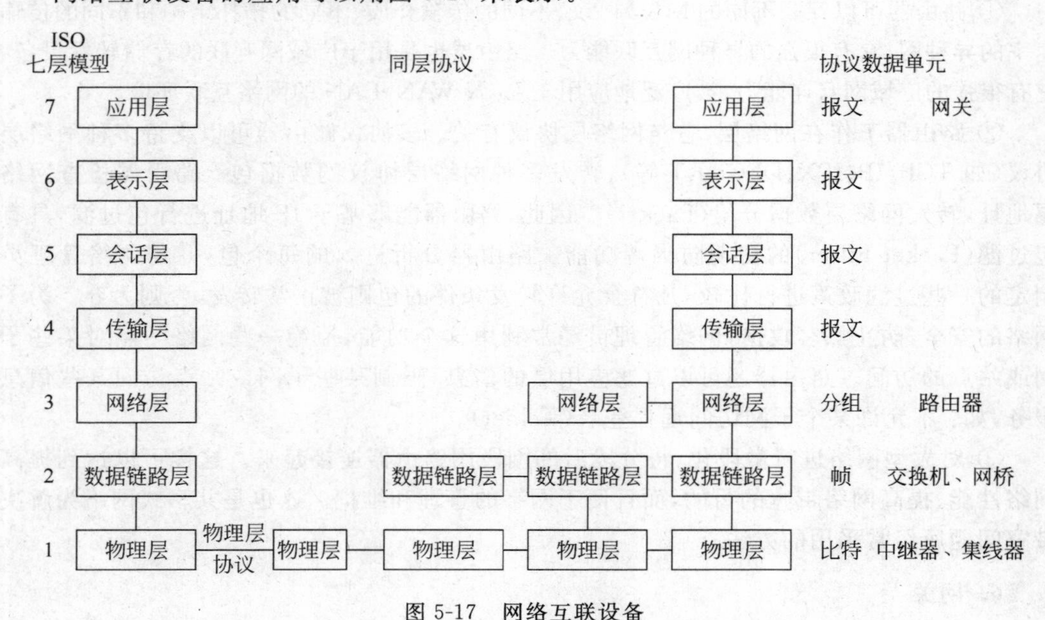


图 5-17　网络互联设备

## 5.2 网络的远程接入与 Internet 接入设备

将一台计算机或一个网络接入 Internet，通常有两种方式，即专线方式和电话拨号方式。对于学校、企事业单位或公司的用户来说，通过局域网以专线接入 Internet 是最常见的接入方式。对于个人（家庭）用户而言，普通电话拨号与 ISDN 拨号方式则是目前最流行的接入方式。常用的接入设备是调制解调器，如图 5-18 所示。

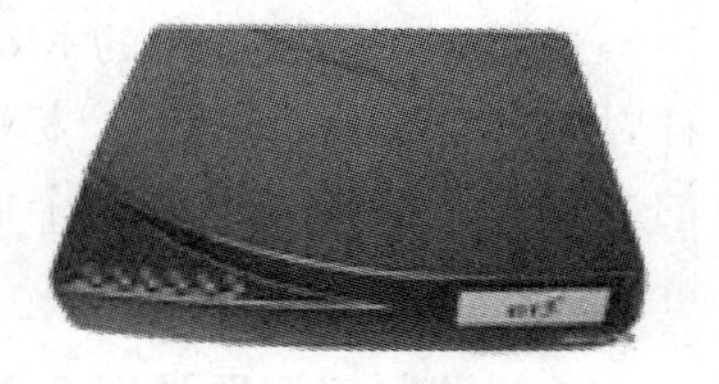

图 5-18　调制解调器

调制解调器（Modem）是计算机与电话线之间进行信号转换的装置，由调制器和解调器两部分组成，调制器是把计算机的数字信号（如文件等）调制成可在电话线上传输的声音信号的装置，在接收端，解调器再把声音信号转换成计算机能接收的数字信号。通过调制解调器和电话线就可以实现计算机之间的数据通信。

调制解调器是成对使用的，电话线的每一端均有一个 Modem，如图 5-19 所示，经由 RS-232 电缆，每个调制解调器接入计算机或终端。调制解调器也可使用 I/O 总线或 USB 连接。发送消息时，调制解调器接收通过 RS-232 接口从计算机或终端送来的数据。这些数据被调制为具有音频频段的模拟信号送入电话线。接收端的调制解调器解调信号，生成数字信号送入计算机或终端。由于信号频段在 300～3400Hz 之间，就如同话音信号一样，能够透过电话网传播。调制解调器也称为数据通信设备（DCE）。

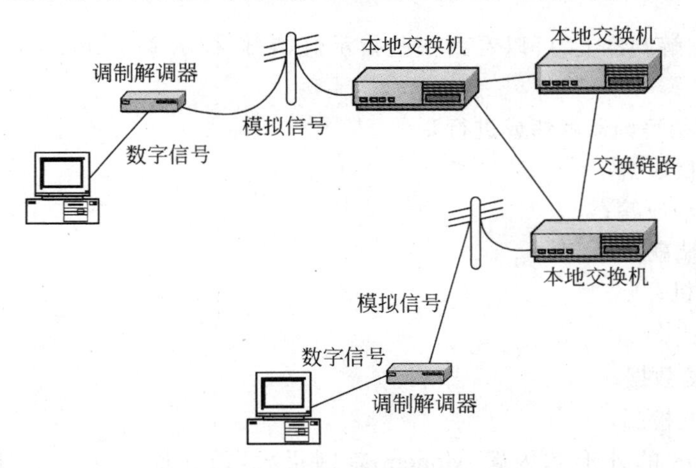


图 5-19　RS-232 和调制解调器

我们可以用音频信号的无和有表示 0 和 1，这是最简单的协议。这种方法能以 1200bps 的速率传输数据。更复杂的协议可将有效数据速率提高到 56Kbps。一个链路两端的调制解调器必须使用相同的通信协议。各种协议都是由国际电信联盟——电信标准化机构（ITU-T）和国际标准化组织（ISO）发布的，因此不同厂家的调制解调器可以互连。

**1. 内置调制解调器**

调制解调器有内置式和外置式，内置式和普通的计算机插卡一样，称为传真卡，外置式的却只能叫做调制解调器或Modem了。让我们先来看一下内置式的Modem，如图5-20所示。

这是一块即插即用的Modem，卡上没有跳线。它有两个接口，一个标明"Line"的字样，用来接电话线；另一个标明"Phone"的字样，用来接电话机。此外它是一块支持语音的Modem卡，除正常的两个插口外，它还有一个麦克风接口和声音出口。

**2. 外置调制解调器**

外置调制解调器如图5-21所示，这是一个Hayes外置调制解调器。25针的RS-232接口，用来和计算机的RS-232口(串口)相连。标有"Line"的接口接电话线，标有"Phone"的接电话机。不同的Modem外形不同，但这些接口都是类似的。除此之外，它带有一个变压器，为其提供直流电源。

图5-20 内置调制解调器

图5-21 外置调制解调器

在外置调制解调器上，可以看到一些指示灯，它们指示Modem的工作状态，其含义如下：

MR——调制解调器就绪或进行测试；

RD——接收数据；

AA——自动应答；

TR——终端就绪；

OH——摘机；

HS——高速；

SD——发送数据；

CD——载波检测。

外置Modem的外形和内置Modem差别很大，但功能是一样的。

**3. USB接口的Modem**

USB技术的出现，给计算机的外围设备提供更快的速度、更简单的连接方法。SHARK公司率先推出了USB接口的56Kbps的Modem，如图5-22所示。这个只有呼机大小的Modem却给传统的串口Modem带来挑战。只需将其接在主机的USB接口就可

图5-22 USB接口的Modem

以，通常主机上有两个USB接口，而USB接口可连接127个设备，如果要连接多设备还可购买USB的集线器。通常USB的显示器、打印机都可以当做USB的集线器，因为它们有除了连接主机的USB接口外，还提供1～2个USB的接口。

## 5.3 广域网的组网技术

广域网是将分布在不同地理位置的网络、设备连接起来，以构成超大规模的网络，最大限度地实现网络资源的共享。目前，较常用的广域网技术主要包括公用电话交换网(PSTN)、综合业务数字网(ISDN)、公共分组交换网(X.25)、数字数据网(DDN)、帧中继(FR)和异步转移模式(ATM)等。

### 5.3.1 公共电话交换网

随着互联网信息量的增大和网点的地理范围的扩大，网络间互联的要求越来越强烈。广域网是进行网络互联的中间媒介。通过广域网可以将两个分布在不同地理位置上的局域网互联在一起。目前，较常用的广域网技术主要包括公用电话交换网(PSTN)(见图5-23)、综合业务数字网(ISDN)、公共分组交换网(X.25)、数字数据网(DDN)、帧中继(FR)和异步转移模式(ATM)等。

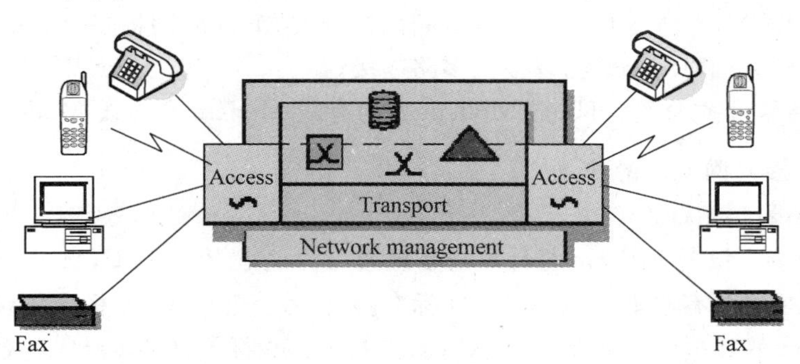


图5-23 公共交换电话网

#### 1. PSTN网络连接关系

公共电话交换网PSTN (Public Switching Telephone Network)就是普通的公共交换电话网。PSTN的信道是一种模拟信道，信道中采用音频放大器(增音)、模拟滤波器、消侧音电路等，音频范围为300～3400Hz。典型的应用是计算机通过Modem与PSTN电话线连接，电话线另一端的Modem与ISP的代理服务器进入Internet。

局域网(以下称为接入网的用户设备)与PSTN连接时要使用Modem，如图5-24所示，它们通过Modem与PSTN中的电话程控交换机建立连接，计算机数据通过程控交换机在PSTN中进行数据传输。

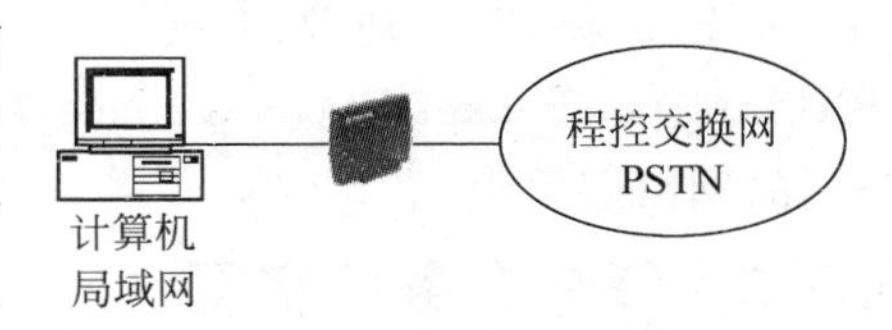


图5-24 PSTN接入网用户与PSTN的连接关系

#### 2. PSTN接入设备

PSTN接入设备是Modem。Modem的基本功能是数/模和模/数转换。由于电话线路是普及率最高的通信线路,可以作为廉价的通信介质。但是,因为电话线路一般是模拟线路,而计算机数据是数字数据,无法直接在电话线路上传输。这种情况下,就需要 Modem 的数/模和模/数转换功能把计算机与电话线连接起来才能发送数据。

按照不同的分类标准,可以把 Modem 分成以下四类:

① 按数据率分类,可以把 Modem 分成高速 Modem 和低速 Modem。传统上通常把 9600bps 作为分界线,高于 9600bps 的称为高速 Modem,低于 9600bps 的称为低速 Modem。目前使用的 Modem 的数据率多在 33.6Kbps 以上。

② 按通信同步方式分类,可以把 Modem 分为异步 Modem 和同步 Modem。异步 Modem 的特点是不提供收发双方的同步时钟,传输信号也不提供同步信息。Modem 从计算机接收数字信号,经过调制送到电话线路进行传输,由远程 Modem 解调,交付远程计算机接收。同步 Modem 是收发双方在通信前要完成连接,要求提供同步和数据流控制功能,在所传输的数字信号中必须提供同步信息,Modem 对发送时钟和接受时钟进行控制,保持双方时钟同步。

③ 按照产品结构分类,可以把 Modem 分为卡式、台式、PCMCIA 和组合式 4 种。卡式 Modem 就是一块接口卡,直接插入计算机的扩展槽内使用。台式 Modem 是最常用的产品。PCMCIA Modem 专用于笔记本电脑。组合式 Modem 则将多个 Modem 集成在一个机箱内,形成一个 Modem 池,以提供多路连接。

④ 按照传输介质分类,可以把 Modem 分为有线 Modem 和无线 Modem。

**3. PSTN 接入网使用的协议**

(1) 物理接口协议

PSTN 的接入设备 Modem 与计算机物理接口协议是 RS-232-C,Modem 与 PSTN 设备之间的物理层协议有两个,一个是 V.34 标准协议,另一个是 V.90 标准协议。支持 V.34 标准的 Modem 的数据传输率是 33.6Kbps,支持 V.90 标准的 Modem 的数据传输率是 56Kbps。

(2) 数据链路层协议

PSTN 物理链路上的数据链路层协议有两个,一个是点到点协议(Point to Point Protocol,PPP),另一个是在 PPP 之前使用的串行线路互联网协议(Series Line Internet Protocol,SLIP)。SLIP 的功能是在电话线上形成数据链路以传输 IP 数据报。

(3) 网络层协议

在 PPP 和 SLIP 协议的支持下,PSTN 可以允许用户运行多种网络层协议,例如,IP、IPX(Internet Packet Exchange NetWare 网络系统中的网络层协议)和 AppleTalk(Apple 公司的网络层协议)。

### 5.3.2 综合业务数字网

综合业务数字网(ISDN)是综合数字网的延伸,该标准的提出打破了传统的电信网和数据网之间的界线,使得各种用户的各种业务需求能得以实现;另一个突出特点是它不是从业务网络本身去寻求统一,而是抓住了所有这些业务的本质:服务于用户,即改变了以往按业务组网的方式，从用户的观点去设计标准，设计整个网络，避免了网路资源和号码资源的大量浪费。为了进一步适应人们对各种宽带和可变速率业务需要(包括话音、数据、多媒体、宽带视频广播等各种业务)，人们又提出了 B-ISDN(宽带综合业务数字网)，并称原来的综合业务数字网为 N-ISDN(窄带综合业务数字网)。为了克服 N-ISDN 的固有局限性，B-ISDN 不再维护原有的电话网和数据网体系，提出了全新的传输和交换技术，快速分组交换的 ATM 技术作为核心技术。但是由于市场和技术原因，ATM 技术不仅仅为 B-ISDN 服务，而与现有 N-ISDN 系统共同成为用户话音、数据及多媒体等业务的承载技术。ATM 技术将在后续章节介绍。

**1. ISDN 的提出**

ISDN 的提出最早是为了综合电信网的多种业务网络。由于传统通信网是业务需求推动的，所以各个业务网络，如电话网、电报网和数据通信网等各自独立且业务的运营机制各异，这样对网络运营商而言运营、管理、维护复杂，资源浪费；对用户而言，业务申请手续复杂、使用不便、成本高；同时对整个通信的发展来说，这种异构体系对未来发展适应性极差。于是将话音、数据、图像等各种业务综合在统一的网络内成为一种必然，这就是综合业务数字网(Integrated Services Digital Network)的提出。

**2. ISDN 的概念模型**

按照原 CCITT 的定义，ISDN 是以提供了端到端的数字连接的综合数字电话网 IDN 为基础发展起来的通信网，用以支持电话及非话的多种业务；用户通过一组有限的标准用户网络接口接入 ISDN 网内，即 ISDN：

- 是通信网；
- 以电话网、IDN 为基础发展而成；
- 支持端到端(End-to-End)的数字连接；
- 支持各种通信业务；
- 支持话音类及非话业务；
- 提供标准的用户-网络接口(UNI)；
- 使得用户能通过一组有限个多用途的 UNI 接入 ISDN。

**3. 业务综合**

ISDN 概念中的业务综合的核心是从用户端出发，建立了一套标准的用户和网络接口协议体系(User-Network Interface，UNI)。同时给出了各 ISDN 网络间互联的 NNI 接口。这样，非常简单地统一了开发标准，提供了一个厂商间开放的竞争环境，如图 5-25 所示。

**4. ISDN 的特点**

ISDN 相对传统电信网有很多的优点：

① 业务的综合。不同的业务可以通过相同的物理电路进行连接，增加新业务方便。

② 由于采用了公共信道信令(Common Channel Signal，CCS)，不同业务的呼叫建立互相独立，且快速方便，更有效地利用了链路资源；支持话音和各种非话增值业务，如主叫识别、呼叫转移、可视电话、会议电话等。

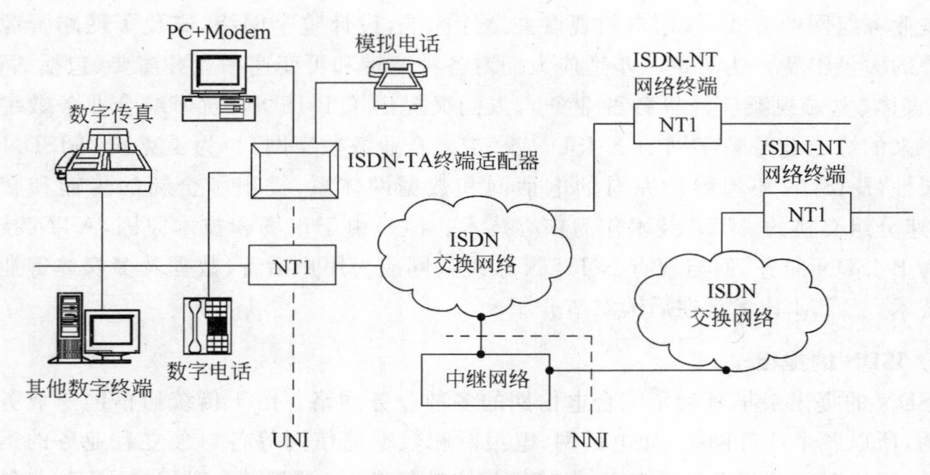


图 5-25 ISDN 网络间互联的 NNI 接口

③ 采用了统一的标准用户网络接口 UNI。

## 5.3.3 公共分组交换数据网

公共分组交换网(X.25)是最古老的广域网协议之一，20 世纪 70 年代由当时的国际电报电话咨询委员会 CCITT 提出，于 1976 年 3 月正式成为国际标准。

分组交换网络在一个网络上为数据分组选择到达目的地的路由。X.25 是一种很容易实现的分组交换服务，传统上它是用于将远程终端连接到主机系统的。这种服务为同时使用的用户提供任意点对任意点的连接，如图 5-26 所示。来自一个网络的多个用户的信号，可以通过多路选择通过 X.25 接口而进入分组交换网络，并且被分发到不同的远程地点。

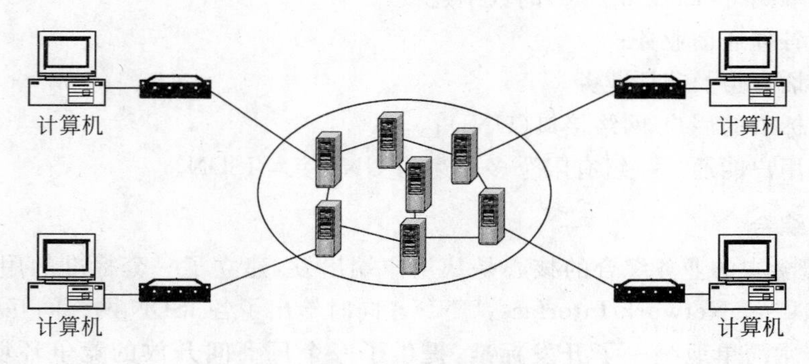


图 5-26 X.25 的网络结构

X.25 公共分组交换网具有以下特点：统一的用户设备接口，高可靠性，具有连接老式局域网和广域网的能力，可通过流量控制协议实现对流量的控制，采用多路复用技术。

## 5.3.4 数字数据网

数字数据网(Digital Data Network，DDN)是采用数字传输信道传输数据信号的通信网，可提供点对点、点对多点透明传输的数据专线连接电路，为用户传输数据、图像、声音等信息。数字数据网是以光纤为中继干线网络，组成 DDN 的基本单位是节点，节点间通过光纤连接，构成网型拓扑结构，用户的终端设备通过数据终端单元(DTU)与就近的节点相连。

**1. 系统特点**

① 传输质量高，DDN 的主干传输为光纤传输，高速安全。

② 采用点对点或点对多点的专用数据线路，特别适用于业务量大、实时性强的用户。

③ 标准的 ISDN 2B＋D 传输模式，在一对双绞线上同时传输二路 64Kbps 电路。

④ 网管中心能以图形化的方式对网络设备进行集中监控，电路的连接、测试、告警、路由迂回均由计算机自动完成，使网络管理智能化，减少不必要的人为错误。

**2. 业务功能**

(1) 点对多点通信

- 广播通信：主机同时向多个远程终端发送信息，适用于证券发布行情、信息发布、电子公告牌等。
- 轮询通信：多个远程终端通过争用或轮询方式与主机通信，适用于各种会话式、查询式的远程终端与中心主机互连，如民航售票、银行储蓄网点、IBM 的 SNA 网络的联网。

(2) 帧中继

多个网络互联时，实现传输带宽按需分配，可大大减少网络传输时延，避免通信瓶颈，加大网络通过能力，适用于具有突发业务特性的应用。例如，各大中小型机的互联，局域网的互联。

(3) 话音传输

支持 64KPCM、32KADPCM 及 16Kbps/8Kbps 等话音传输，适用于需要远程热线通话或话音与数据复用传输的用户。

**3. 接入方式**

(1) 单点用户接入

用户必须备有用户终端设备(计算机等)和数据终接单元(DTU、Modem)。根据实际情况，数据终接单元按用户要求的速率可使用 DTU(128Kbps 以下)或 Modem(128Kbps 以上)接入 DDN。

(2) 网络用户接入

用户必须备有路由器(或网桥)、DTU 或 Modem。对于申请虚拟专用网业务的用户，除备有以上设备外，还必须使用完成虚拟网功能的软件。对于通过 DDN 专线接入互联网的用户，必须备有路由器、DTU 或 Modem、高档微机。

(3) 业务定位

金融、保险、证券等集团用户组建本系统的办公自动化及业务网。

**4. 适用范围**

根据业务情况选择是用 DDN 或用帧中继，当用户的信息量突发性较大且速率较低，业务量不大且对延迟要求不是很高时，可采用分组交换。当用户的信息量突发性较小，业务量较大，对延迟较敏感时，可采用 DDN 专线。当用户信息量突发性大，对延迟要求较高，速率较高时，可采用帧中继。

### 5.3.5 xDSL 技术

xDSL 技术是一种调制技术，在双绞铜线的两端分别接入 xDSL 调制解调器，即可利用其高频宽带特性传送高速数据。

**1. xDSL 的概念**

DSL 是英文 Digital Subscriber Line 的简称，其中文名称是数字用户线路，它是以铜质电话线为传输介质的传输技术，一般统称为"xDSL"技术。xDSL 包括 ADSL、RADSL、VDSL、SDSL、IDSL 和 HDSL 等多种技术。

**2. xDSL 技术的分类**

xDSL 中"x"表示任意字符或字符串，根据所采取的调制方式，获得的信号传输速率和距离的不同以及按上行和下行速率是否相同可分为速率对称型和速率非对称型两种。

(1) 速率对称型的 xDSL 有 HDSL、SDSL 等多种形式

HDSL 采用两对双绞铜线实现双向速率对称通信，即为上行、下行通信提供相等的带宽，有效传输距离为 5km。它很适合连接 PBX 系统、数字局域环路、Internet 服务商和校园网等应用场合。

(2) 非对称型的 xDSL 值有 ADSL 和 VDSL 两种

ADSL 下行速率很高，用户的下行速率可以达到 1.5～8Mbps，而反方向的上行速率为 16～640Kbps。其最大传输距离为 5.5km，适用于下行数据量很大的 Internet 业务。最近市场上又出现了速率自适应的 ADSL(即 RADSL)，它克服了 ADSL 在强噪声条件下中断通信的缺点，能自适应地降低速率以保持通信连接，能够根据双绞铜线质量的好坏和传输距离的远近动态地调节用户的访问速率，这使得用户可以用不同的速率将不同的铜线连接起来，最大限度地利用现有的通信资源。

VDSL(极高速率数字用户线路)和 ADSL 一样也是一种上行和下行传输速率不对称的技术。VDSL 使用一条电话线，获得下行传输速率可达到 13～52Mbps，上行速率为1.5～2.3Mbps，同时传输距离不超过 1.5km，其主要应用于视频和多媒体等相关场合。

**3. 分离器的功能**

SDAL、ADSL 和 VDSL 等 xDSL 技术能同时提供电话和高速数据业务，为此应在已有的双绞线的两端接入分离器，分离承载音频信号 4kHz 以下的低频带和 xDSL Modem 调制用的高频带。分离器实际上是由低通滤波器和高通滤波器合成的设备。

xDSL Modem 内部结构与 V.634 等模拟 Modem 几乎相同，主要由处理 D/A 变换的模拟前端(Analog Front End)、进行调制/解调处理的数字信号处理器(DSP)以及减小数字发送功率和传输误差，利用"网格编码"和"交织处理"实现差错校正的数字接口构成。

交换局的 xDSL Modem 产品大多具有多路复用功能，各条 xDSL 线路传来的信号在 DSLAM 中进行复用，通过高速接口向主干网的路由器等设备转发，这种配置可节省路由器的端口，布线也得到简化。目前已有将数条 xDSL 线路集成一条 10Base-T 的产品和将交换机架上全部数据综合成 155Mbps ATM 端口的产品。

**4. xDSL 的调制方式**

xDSL 采用的调制/解调方式有 2B1Q、CAT 和 DMT 三种。它们都要利用高频频带。高频信号损耗大并易受噪声干扰，因此速率越高，传输距离越近，此外传输速率还与双绞线路径和质量有关。

(1) 2B1Q 方式

2B1Q 是通过改变矩形波振幅来传送数据的调制方式。其幅值分成 4 级，能一次传送 2 比特的数据。IDSL、HDSL 和 SDSL 等速率对称型的 xDSL 采用此种调制方式。

(2) CAP 方式

CAP 是基于正交幅度调制的调制方式。上、下行信号调制在不同的载波上，速率对称型和非对称型的 xDSL 均可采用。V.34 等模拟 Modem 也采用 QAM，它和 CAP 的差别在于其所利用的频带。V.34 Modem 只用到 4kHz 频带，而 ADSL 方式中的 CAP 要利用 30kHz～1MHz 的频带。频率越高，其波形周期越小，故可提高调制信号的速率(即数据传输速率)。CAP 中的“Carrierless(无载波)”是指生成载波的部分(电路和 DSP 的固件模块)不独立，它与调制/解调部分合为一体，使结构更加精练。

(3) DMT 方式

DMT 采用 256 QAM 调制，通常用于 ADSL 等速率非对称型的 Modem。在 ADSL 中一个载波调制占用 4kHz 频宽，DMT 对各 4kHz 频带分配调制的数据量，这样能减少分配到有噪频带内的数据量，所以 DMT 方式具有很强的抗噪声性能。DMT 又可分为频分复用方式(FDM)和回波抵消方式。FDM 按上行、下行信道划分频带。回波抵消方式的上行、下行频带重叠，其效率比 FDM 高，但处理较复杂。

**5. xDSL 的应用范围**

① 用做专线网的接入线。专线提供上行、下行速率对称的通信业务，因此，可采用 IDSL、SDSL 和 HDSL 型 Modem，终端通过 V.35 或 X.21 等串口与其相连，其双向传输速率为 128Kbps～2Mbps。

② 用做 Internet 的接入线。在 Internet 中，浏览 Web 等客户机/服务器业务的下行数据量要大得多，因此可采用下行高速化的 ADSL Modem。

③ 用做 ATM 的接入线。

**6. DSL 与今天的模拟 Modem 的区别**

为了实现比普通模拟 Modem 快 300 倍的传输速度，DSL 技术需要使用更宽的频率带宽。另外由于 DSL 使用数字信号，不像模拟 Modem，因此 DSL 并不经过模拟电话网络进行传输。这样 DSL 也就避免了使用模拟 Modem 进行 Internet 拨号所造成的拥塞。各种 DSL 技术的区别如表 5-1 所示。

表 5-1 各种 DSL 技术的区别

| DSL 种类 | 最大下行速率 | 最大上行速率 | 最大传输距离 | 典型应用 | 使用几对双绞线 | 是否安装分接器 |
|---|---|---|---|---|---|---|
| HDSL2 | 2Mbps | 2Mbps | 5km 左右与采用的编码方式和线路质量有关 | 与 HDSL 的应用相似,多用于高速的 LAN 互联、Internet 接入,以及视频会议等 | 1 | 否 |
| ADSL | 8Mbps | 768Kbps | 全速率时为 3.6km 左右 | Internet 接入,VOD 等 | 1 | 是 |
| SDSL | 2Mbps | 2Mbps | 全速率时为 2～3km 左右 | 高速 LAN 互联的视频会议等 | 1 | 是 |
| RADSL | 8Mbps | 768Kbps | 6km 左右 | 与 ADSL 的应用相似 | 1 | 是 |
| VDSL | 13.26Mbps 或 56Mbps | 6Mbps 或 13Mbps | 1.5km | 各种网络的接入应用 | 1 | 是 |
| IDSL | 128Kbps | 128Kbps | 5.5km | 局域网络的互联 | 1 | 否 |

### 5.3.6 ATM 技术

**1. ATM 的产生**

自贝尔于 1870 年发明电话后,为有效地连接日益增多的电话用户,电话交换网应运而生。它经历了人工交换、机电式自动交换系统以及数字程控系统发展过程,但电路交换的原理一直未变。随着计算机的普及,电话交换网通过使用 Modem 来进行计算机数据传输及数据信息交换,随之产生了公用数据网,其典型的代表是 X.25 分组交换网,它是基于包交换的一种技术,具有信输可靠性高的优点,但由于 Modem 速率及交换技术本身的限制,X.25 只能处理中低速数据流。虽然 LAN(局域网)技术的发展突飞猛进,如 Ethernet、Token Ring、Token Bus 等,传输速率已可达千兆,但它局域网的性质本身就大大限制了 LAN 的大规模的覆盖及应用,目前的 LAN 一般用于企业内部的数据传送,无法形成广域网的规模。

由此我们不难看出,传统网络普遍存在以下缺陷:第一,业务的依赖性,一般性网络只能用于专一服务,公用电话网不能用来传送 TV 信号,X.25 不能用来传送高带宽的图像和对实时性要求较高的语言信号;第二,无灵活性,即业务拓展的可能性不大,原有网络的服务质量很难适应今后出现的新业务;第三,效率低,一个网络的资源很难被其他网络共享。

随着社会不断发展,网络服务不断多样化,人们可以利用网络干很多事情,如收发信件、家庭办公、Video on Demand、网络电话,这对网络的要求越来越高,有人还不禁提出这样一个想法:能否把这些对带宽、实时性、传输质量要求各不相同的网络服务由一个统一的多媒体网络来实现,做到真正的一线通?回答是肯定的,这就是 ATM 网。幸运的是,现在的半导体和光纤技术为 ATM 的快速交换和传输提供坚实的保障。目前的 CMOS 处理能力已达两三百兆,ECL 可达 5～10G。SDH 和 SONET 技术提供了大容量的可靠传输,目前的 STM-I 标准为 155.52M。

**2. ATM 技术**

ATM(Asynchronous Transfer Mode)顾名思义就是异步传输模式，就是国际电信联盟 ITU-T 制定的标准，实际上在 20 世纪 80 年代中期，人们就已经开始进行快速分组交换的实验，建立了多种命名不相同的模型，欧洲重在图像通信把相应的技术称为异步时分复用(ATD)，美国重在高速数据通信把相应的技术称为快速分组交换(FPS)，国际电联经过协调研究，于 1988 年正式命名为 Asynchronous Transfer Mode(ATM)技术，推荐其为宽带综合业务数据网 B-ISDN 的信息传输模式。

ATM 是一种传输模式，在这一模式中，信息被组织成信元，如图 5-27 所示，因包含来自某用户信息的各个信元不需要周期性出现，这种传输模式是异步的。

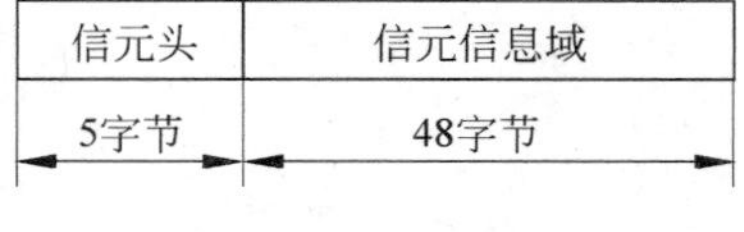


图 5-27　ATM 信元

ATM 信元是固定长度的分组，共有 53 个字节，分为两个部分，如图 5-27 所示。前面 5 个字节为信头，主要完成寻址的功能；后面的 48 个字节为信息段，用来装载来自不同用户、不同业务的信息。话音、数据、图像等所有的数字信息都要经过切割，封装成统一格式的信元在网中传递，并在接收端恢复成所需格式，如图 5-28 所示。由于 ATM 技术简化了交换过程，去除了不必要的数据校验，采用易于处理的固定信元格式，所以 ATM 交换速率大大高于传统的数据网，如 X. 25、DDN、帧中继等。另外，对于如此高速的数据网，ATM 网络采用了一些有效的业务流量监控机制，对网上用户数据进行实时监控，把网络拥塞发生的可能性降到最小。对不同业务赋予不同的“特权”，如语音的实时性特权最高，一般数据文件传输的正确性特权最高，网络对不同业务分配不同的网络资源，这样不同的业务在网络中才能做到“和平共处”。

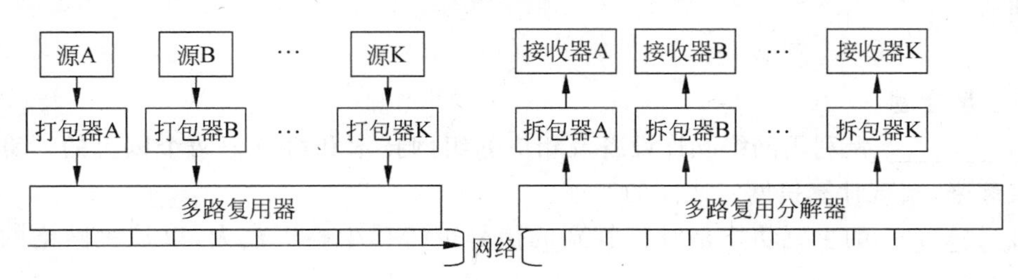


图 5-28　发送和接收数据

ATM 的一般入网方式如图 5-29 所示，与网络直接相连的可以是支持 ATM 协议的路由器或装有 ATM 卡的主机，也可以是 ATM 子网。在一条物理链路上，可同时建立多条承载不同业务的虚拟电路，如语音、图像、文件传输等。

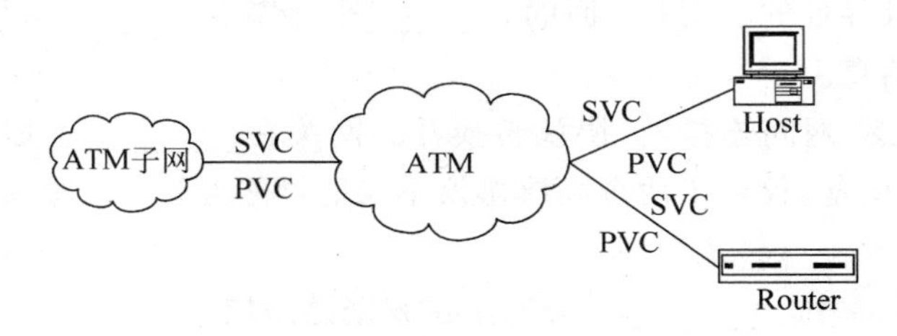


图 5-29　ATM 的接入方式

**3. ATM业务介绍**

我们先来看一下ATM简化的协议分层示意图，如图5-30所示。

ATM采用了AAL1、AAL2、AAL3/AAL4、AAL5、多种适配层，以适应A级、B级、C级、D级4种不同的用户业务，业务描述如下。

| 高层 | 信令 | A级 | B级 | C级 | D级 |
| --- | --- | --- | --- | --- | --- |
| ATM适配层 | 信令 | AAL | AAL | AAL3/AAL5 | |
| | ATM层 | | | | |
| | 物理层 | | | | |

图5-30 协议分层示意图

- A级——固定比特率(CBR)业务：ATM适配层1(AAL1)，支持面向连接的业务，其比特率固定，常见业务为64Kbps话音业务，固定码率非压缩的视频通信及专用数据网的租用电路。
- B级——可变比特率(VBR)业务：ATM适配层2(AAL2)，支持面向连接的业务，其比特率是可变的。常见业务为压缩的分组语音通信和压缩的视频传输。
- C级——面向连接的数据服务：AAL3/AAL4，该业务为面向连接的业务，适用于文件传递和数据网业务，其连接是在数据被传送以前建立的。其比特率是可变的。
- D级——无连接数据业务：常见业务为数据报业务和数据网业务。在传递数据前，其连接不会建立。AAL3/AAL4/AAL5均支持此业务。

# 习题

**一、填空题**

1. ________是利用网络互连设备及相应的组网技术和协议把两个以上的计算机网络连接起来，实现计算机网络之间的互连。

2. ________的主要功能是对接收到的信号进行再生整形放大，以扩大网络的传输距离。

3. 网桥的两种类型为________、________。

4. xDSL是各种类型DSL的总称，包括________、________、________、________和________等。

5. ATM信元是固定长度的分组，共有________个字节，前面________个字节为________，主要完成寻址的功能；后面的________个字节为________，用来装载来自不同用户，不同业务的信息。

6. ________又称网间连接器、协议转换器。网关在________上以实现网络互联，是最复杂的网络互联设备，仅用于两个高层协议不同的网络互连。

**二、选择题**

1. 在下面的设备中，________不是工作在数据链路层。

A. 网桥　　B. 集线器　　C. 路由器　　D. 交换机

2．路由器工作在互联网络的________。

A．物理层　　B．数据链路层　　C．网络层　　D．传输层

3．在计算机网络中，能将异种网络互联起来，实现不同网络协议相互转换的网络互联设备是________。

A．交换机　　B．网桥　　C．路由器　　D．网关

4．交换机工作在OSI七层参考模型的________。

A．物理层　　B．数据链路层　　C．网络层　　D．应用层

5．中继器工作在OSI七层参考模型的________。

A．应用层　　B．数据链路层　　C．网络层　　D．物理层

6．集线器工作在OSI七层参考模型的________。

A．物理层　　B．数据链路层　　C．网络层　　D．应用层

7．计算机利用电话线路连接Internet网络时必备的设备是________。

A．集线器　　B．调制解调器　　C．路由器　　D．网络适配器

**三、问答题**

1．集线器的工作特点是什么？

2．交换机与集线器的主要区别是什么？

3．如何进行两台交换机或集线器的级联？

4．网桥是从哪个层次上实现了不同网络的互联？它具有什么特点？

5．网络互连类型有哪几种？请举例说明。

6．什么是网关？它主要解决什么情况下的网络互联？

7．路由器的主要功能是什么？请举例说明它的典型应用。

8．请简述第3层交换机与路由器的联系和区别。

9．能将异种网络互联起来，实现不同网络协议相互转换的网络互联设备是什么？

# 第6章

# 网络操作系统

内容提要：

- 网络操作系统概述；
- Windows Server 2008 简介；
- Windows Server 2008 的安装。

## 6.1 网络操作系统概述

### 1. 网络操作系统的功能

网络操作系统(Network Operating System,NOS)是计算机网络用户和计算机网络之间的接口,使网络上各网络节点能方便而有效地共享网络资源和进行数据的传递,为网络用户提供所需的各种服务的软件和有关规程的集合。通常认为网络操作系统是网络的心脏和灵魂,其基本任务是将本地资源和网络资源的差异性屏蔽起来,为用户提供各种网络服务功能,完成网络资源的管理,同时它还必须提供网络系统安全性的管理和维护。

计算机网络操作系统除了通常计算机应具有的处理机管理、存储器管理、设备管理和文件管理之外,网络操作系统还应具备以下功能:高效可靠的数据传输能力和软硬件资源共享的管理及多种网络服务功能。

(1) 网络通信

计算机网络操作系统对每个网络设备之间的数据通信进行管理。网络操作系统能够在各种不同的网络平台上安装和使用,通过实现各类网络通信协议,提供可靠的数据通信,实现无差错的数据传输。

(2) 资源管理

对计算机网络中的共享软硬件资源实施有效的管理、协调用户对共享资源的使用、保证数据的安全性和一致性。

(3) 网络服务

网络服务就是计算机网络操作系统通过网络服务器向网络工作站(客户机)或者网络用户提供的有效服务,比如电子邮件服务、文件传输、存取和管理服务、共享硬盘服务、共享打印服务等。

(4) 网络管理

网络管理最主要的任务是安全管理。通常情况下，在网络上会有多个用户对文件进行访问，网络操作系统应当支持多个用户的协同工作，并实施各种安全保护措施，实现对各种资源存取权限的控制。

**2. 网络操作系统的分类**

随着计算机网络的迅速发展，市场上出现了多种网络操作系统，其中目前流行的网络操作系统主要有 Novell 公司的 NetWare，UNIX，Linux 以及 Microsoft 公司的 Windows NT 等。作为计算机网络方面的建设者或管理者，应对这些网络操作系统有所了解，熟悉这几种操作系统的特性。下面简单介绍四种常见的网络操作系统。

(1) NetWare 网络操作系统

NetWare 是 Novell 公司开发的高性能局域网操作系统。1983 年 Novell 公司的面世并推出了第一版 NetWare 网络操作系统，相继推出了 NetWare V3.11、NetWare V3.12 和 NetWare V4.10、NetWare V4.11，NetWare V5.0 等版本。

NetWare 是具有多任务、多用户的网络操作系统，它的较高版本提供系统容错能力(SFT)。使用开放协议技术(OPT)以及各种协议的结合使不同类型的工作站可与公共服务器通信。这种技术满足了广大用户在不同种类网络间实现互相通信的需要，实现了各种不同网络的无缝通信，即把各种网络协议紧密地连接起来，可以方便地与各种小型机、中大型机连接通信。

Novell NetWare 是一种流行的局域网操作系统，支持多种局域网，如以太网和令牌环网，NetWare 以其先进的目录服务环境，集成和方便的管理手段，简单的安装过程等特点，受到用户的好评。NetWare 操作系统对网络硬件的要求较低(工作站只要是 286 机就可以了)，对“无盘工作站”支持较好，因而受到一些设备比较落后的中、小型企业，特别是学校的青睐。

(2) UNIX

UNIX 操作系统是由美国 Bell 实验室发明的一种多用户、多任务的通用操作系统。目前常用的 UNIX 系统版本主要有 UNIX SUR 4.0、HP-UX 11.0，SUN 的 Solaris 8.0 等，各种版本的操作基本相同。

UNIX 的体系结构和源代码是公开的，是用 C 语言编写的。因而容易阅读、理解和修改，可移植性好。

UNIX 向用户提供了两种界面——用户界面和系统调用。UNIX 的传统用户界面是基于文本的命令行界面，即 Shell，它既可以联机使用，又可以存在文件上脱机使用。UNIX 还为用户提供了图形用户界面，可利用鼠标、菜单、窗口、滚动条等设施，给用户呈现了一个直观、易操作、交互性强的友好的图形化界面。

UNIX 操作系统支持网络文件系统服务，提供数据等应用，功能强大，稳定和安全性能非常好。但由于 UNIX 操作系统是一个命令行驱动平台，多是以命令方式来进行操作的，不容易被普通用户掌握，因此在一般的中小型网络上很少使用。

(3) Linux

Linux 是以 UNIX 为基础开发的一个版本，功能比较强大，具有比较丰富的系统软件和应用软件的支持，提供完整的多用户、多任务及多进程环境。Linux是一个完全免费的操作系统，用户可以在网络上任意下载、复制和使用，同时它的源代码也是公开的，可以任意开发和修改，同时也不必烦恼系统升级的问题。

Linux是以网络环境为基础的操作系统，内置了用于连接局域网，建立Internet或其他远程网络拨号连接的联网组件，具备了完整的网络功能，提供在Internet以及Intranet的邮件、FTP和Web等各种服务。

Linux不仅提供了基于文本的命令行界面，还提供了如同Windows的可视命令输入界面——X Windows的图形用户界面(GUI)。可以说Linux拥有UNIX的全部功能和特点，但它却是最小、最稳定和最快速的操作系统，在最小配置下，它可以运行在仅为4MB的内存上。Linux系统通常用于金融、电信系统等部门的核心网络中。简单地说，Linux具有以下主要特点：开放性；多用户、多任务；良好的用户界面；对硬件要求较低；设备独立性；丰富的网络功能；可靠的系统安全；良好的可移植性。

(4) Windows网络操作系统

Windows NT是Microsoft公司推出的网络操作系统，也是发展最快的一种操作系统。微软推出的Windows NT系列从3.1版，3.50版，3.51版发展到4.0版。1997年推出了Windows NT中文版，2000年又推出了Windows 2000。Windows 2000是一个操作系统系列，集成了对客户机/服务器模式和对等网络的支持，包括专业版和服务器版。2008年又推出了Windows Server 2008操作系统。

Windows网络操作系统继承了Windows家族的统一界面，使用户学习、使用起来更加容易，Windows网络操作系统提供了多种功能强大的网络服务功能，如文件服务器、域名服务器、FTP服务器、远程终端访问等。在系统的稳定性和安全性要求不是很高的情况下，一些中小型企业往往使用比较易学习掌握、有一定安全保护功能的、稳定性较好的Windows NT/Windows Server 2000/Windows Server 2008作为网络操作系统，因这些网络操作系统完全能够满足中小型企业的各项网络需求。本书的后面主要以Windows Server 2008操作系统为例，来讲解中小型局域网的组建，有关它的许多功能、特点及使用，将在后续的章节中介绍。

**3. 网络操作系统综合比较**

NetWare，UNIX，Linux以及Windows NT网络操作系统都可运行于微型计算机，但是各有各的特点，它们都是多用户、多任务的操作系统；能协调用户，对网络资源进行合理配置；对用户的访问权限进行设置，以保证系统的安全性和提供可靠的保密方式；能向网络用户提供网络服务并管理网络的应用环境。

但它们也有不同之处，比如NetWare、UNIX、Linux操作系统对硬件的要求不高。NetWare操作系统在局域网上可以在文件、打印共享方面有很好的表现；UNIX以其高效、稳定的特点，适用于运行任务重大的应用程序的平台；而Linux操作系统则继承了UNIX的全部优点，并在桌面系统有了很大的发展。而Windows NT/Windows Server 2008对系统的硬件配置要求相对较高，但它是易于实现和管理各种网络服务的操作系统，容易被用户接受。

## 6.2　Windows Server 2008 的简介

**1. Windows Server 2008 的特点**

自从微软公司发布面向服务器的 Windows Server 2003 操作系统以来，经过 5 年的磨砺，新一代服务器操作系统 Windows Server 2008 终于在众多期待中与世人见面。Windows Server 2008 彻底摆脱了 Windows 昔日的桌面操作、升级方式、应用模式，成为一款全新界面、全新功能的操作系统，它将是 Microsoft 发展过程中一个新的起点。

Microsoft 从最初的 Windows 3.1 到现在用户量较大的 Windows XP 个人桌面操作系统，从针对企业用户开发的 Windows NT 3.0 到 Windows Server 2003 操作系统，每一款操作系统在 Windows 界面外观和功能上基本相同，对于企业用户而言缺少新意和功能创新。步入互联网时代之后，企业用户对操作的网络功能要求更为严格，而 Microsoft 的服务操作系统却很难为企业用户提供丰富的网络功能，与 Microsoft 的互联网战略更不相称。Microsoft 发布的 Windows Server 2008 是一个全新的操作系统产品，与以往的操作系统相比，它具有以下优点。

(1) 最全面的操作系统

Windows Server 2008 操作系统是 Microsoft 发展史上性能最全面，网络功能最丰富的一款操作系统。借助新技术和新功能，如 Server Core、PowerShell、Windows Deployment Services 和增强的网络与群集技术，Windows Server 2008 为用户提供了性能最稳定，最可靠的 Windows 平台，满足企业用户所有的业务负载和应用程序需求。

(2) 强大的网络应用

Windows Server 2008 是强大的网络应用以及服务平台，为企业提供更加丰富的网络应用，如 Web、流媒体、文件共享等应用。在 Windows Server 2008 中集成了 IIS 7.0，带有已经扩展的应用主机，并具有极强的兼容性。Windows Server 2008 操作系统的 IIS 7.0 支持 PHP 技术，是一款兼容的 Web 服务器操作系统。除了能够提供 Web 服务之外，Windows Server 2008 还能为企业用户提供流媒体服务。Web 和流媒体服务将是企业应用中的两大主流。Windows Server 2008 具备了 Web、视频服务、文件共享等方面的功能，为用户提供了强大的网络应用。

(3) 成熟的虚拟化技术

虚拟化有助于降低企业的 IT 运营成本，加强网络的集中管理，增强网络安全，减少软件维护，并且能节约服务器资源。Windows Server 2008 操作系统中提供了较为成熟的虚拟化技术和各种应用。Windows Server 2008 已经融合了 Intel 和 AMD 两家平台的虚拟化技术，满足了企业用户对虚拟化技术的需求。

(4) 完善的安全方案

Windows Server 2008 中带有的高级安全的 Windows 防火墙是基于主机的防火墙，运行时保护计算机免受恶意用户以及网络程序的攻击。有了 Windows 防火墙组件，可以对进出计算机的流量进行全面的检测，增强防火墙软件对流量进行检测的功能。

**2. Windows Server 2008 增强功能**

Microsoft Windows Server 2008 用于在虚拟化工作负载、支持应用程序和保护网络方面向企业提供最高效的平台。它为开发和可靠地承载 Web 应用程序和服务提供了一个安全的、易于管理的平台。从工作组到数据中心，Windows Server 2008 都提供了很多很有价值的新功能，并且对基本操作系统也做出了重大改进。

(1) Web 和应用程序平台

Windows Server 2008 为 Web 应用程序和服务提供了更高的性能和可伸缩性，同时允许管理员更好地控制和监视应用程序和服务利用关键操作系统资源的情况。

Windows Server 2008 为 Web 发布提供了统一的平台，此平台集成了 Internet Information Services 7.0(IIS 7.0)、ASP.NET、Windows Communication Foundation 以及 Microsoft Windows SharePoint Services。对现有的 IIS Web 服务器而言，IIS 7.0 是一个很大的进步，它在集成 Web 平台技术中担任核心角色。IIS 7.0 的主要优点包括提供了更有效的管理功能、改进了安全性和降低了支持成本。这些功能有助于创建一个为 Web 解决方案提供单一、一致的开发和管理模型的统一平台。

IIS 7.0 中的 IIS 管理器是更有效的 Web 服务器管理工具，它提供了对 IIS 和 ASP.NET 配置设置、用户数据和运行时诊断信息的支持。新的用户界面还支持托管或管理网站的用户将管理控制权委派给开发人员或内容所有者，从而减少了拥有成本和管理员的管理负担。

(2) 服务器管理

从简化新服务器的配置到自动执行重复的管理任务，简化复杂的日常服务器管理是 Windows Server 2008 中许多增强功能的关键。集中式管理工具、直观的界面和自动化功能使 IT 专业人员能够在中央网络和远程位置更轻松地管理网络服务器、服务和打印机。

(3) 安全和策略实施

Windows Server 2008 具有许多用于改进安全性和符合性的功能。部分主要增强功能包括：

- 监视证书颁发机构。企业 PKI 改进了监视多个证书颁发机构(CA)以及对其进行故障排除的功能。
- 防火墙增强功能。Windows Server 2008 中具有高级安全性的 Windows 防火墙是基于主机的状态防火墙，它依据其配置和当前运行的应用程序来允许或阻止网络通信，从而保护网络免遭恶意用户和程序的入侵。新的具有高级安全性的 Windows 防火墙提供了许多安全增强功能。
- 加密和保护数据。Bit Locker 驱动器加密是 Windows Server 2008 中一个重要的新功能，可帮助保护服务器、工作站和移动计算机。Bit Locker 通过对磁盘驱动器加密来保护敏感数据。

**3. Windows Server 2008 家族介绍**

Windows Server 2008 仍然继承了 Windows Server 操作系统早期版本的风格，也设

置了多种版本来满足各种不同的应用环境的需求。这些版本主要包括标准版、企业版、数据中心版、Web 版、基于奔腾系统的版本等。下面简要介绍各版本的特点。

- Windows Server 2008 标准版：这是至今最稳定的 Windows Server 2008 操作系统，具有强化 Web 和虚拟化功能，是专为增强服务器基础架构的可靠性和弹性而设计的，可简化服务器配置和管理工作，具有节省时间和降低成本的功能。另外还具有增强安全性的功能，保障了系统资源的安全。
- Windows Server 2008 企业版：可提供企业级的平台，部署业务关键性的应用程序。具备 Hot-Add 处理器功能，可协助改善可用性；整合的身份识别管理功能，可协助改善安全性；利用虚拟化授权来整合应用程序，则可以减少基础架构的成本。因此 Windows Server 2008 企业版能为高度动态、可扩充的 IT 基础架构提供良好的基础。
- Windows Server 2008 数据中心版：所提供的企业级平台，可在小型和大型服务器上部署关键性的应用程序及大规模的虚拟化服务。其所具备的丛集和动态分割功能，可改善可用性；而利用无限制的虚拟化授权权限整合而成的应用程式，则可减少基础架构的成本。此外，此版本还可支持 2～64 个处理器。
- Windows Web Server 2008 版：这是特别为单一用途 Web 服务器而设计的系统，是建立在 Windows Server 2008 中 Web 基础架构功能的基础上。它整合了重新设计架构的 IIS 7.0、ASP.NET 和 Microsoft.NET Framework，以便提供任何企业快速部署网页、网站、Web 应用程式和 Web 服务。
- 基于奔腾系统的版本：这是针对大型资料库、各种企业和行业应用程序进行优化的系统，可提供高可用性和多达 64 个处理器的可扩充性，能满足高要求、关键性业务的需求。
- Windows HPC Server 2008 版：专为高性能计算（HPC）领域设计的集群服务器操作系统。Windows HPC Server 2008 将是现有 Windows Computer Cluster Server 2003 的更新产品，是基于 Windows Server 2008 64bit 系统的核心。

## 6.3　Windows Server 2008 的安装

**1. 安装前的准备工作**

在用户安装 Windows Server 2008 操作系统之前，应对安装程序所需要的最低要求有所了解，并能按照自己的要求进行安装和配置操作系统。因此，为了顺利地进行安装，必须先做好各项准备工作，以避免在安装时或安装后发生许多问题。

（1）系统需求

在计算机上安装 Windows Server 2008 前，首先要求计算机必须满足安装 Windows Server 2008 的系统需求，如表 6-1 所示。

实际要求根据系统配置以及选择要安装的应用程序和功能的不同而有所差异，如果要通过网络进行安装，还可能需要额外的可用硬盘空间。

表 6-1 安装 Windows Server 2008 的系统需求

| 组件 | 要求 |
| --- | --- |
| 处理器 | 最小速度：1GHz<br>建议：2GHz<br>最佳速度：3GHz 或更快<br>注意：基于 Itanium 的系统的 Windows Server 2008 需要使用 Intel Itanium 2 处理器 |
| 内存 | 最小空间：512MB RAM<br>建议：1GB RAM<br>最佳空间：2GB RAM（完全安装）或 1GB RAM（服务器核心安装）或者更大空间<br>最大空间(32 位系统)：4GB(Standard)或 64GB（Enterprise 和 Datacenter）<br>最大空间(64 位系统)：32GB（Standard）或 2TB（Enterprise、Datacenter 以及基于 Itanium 的系统） |
| 可用磁盘空间 | 最小空间：8GB<br>建议：40GB(完全安装) 或 10GB(服务器核心安装)<br>最佳空间：80GB(完全安装) 或 40GB(服务器核心安装) 或者更大空间<br>注意：RAM 大于 16GB 的计算机将需要更多的磁盘空间以用于分页、休眠和转储文件 |

(2) 检查硬件兼容性

在计算机上运行安装程序之前，就要确认硬件与 Windows Server 2008 家族产品是否兼容，并通过安装 Windows Server 2008 欢迎界面的“执行附加任务”中的一项，自动检查计算机的系统。执行此项后可以自动检测计算机的软硬件，报告系统哪个设备兼容，提示所存在的冲突，并可查看详细信息。

**2. Windows Server 2008 的安装方法**

安装 Windows Server 2008 系统的方法有很多种，可以通过 CD-ROM(光盘)、硬盘等媒介进行安装，安装方法包括全新安装和升级安装，无论利用哪种安装方式，Windows Server 2008 都提供了安装向导，按照安装向导进行选择安装即可。下面简单介绍比较常用的几种方法，以供用户选择。

完全安装是 Windows Server 2008 全功能安装，下面以 Windows Server 2008 Enterprise 的安装过程为例进行介绍。

安装企业版，可以从网站下载大小为 2GB 的 ISO 文件，也可以直接用虚拟光驱来加载该镜像文件并读取 ISO 文件的内容，从虚拟光驱上进行安装，或把 ISO 文件刻成光盘，用光驱进行安装。具体步骤如下：

① 在计算机启动的过程中将 Windows Server 2008 的安装光盘放入 DVD 光驱中，用该安装盘启动计算机。

② 系统启动后，弹出如图 6-1 所示的“安装 Windows”页面 1。在该页面中选择“要安装的语言”为“中文（简体）”、“时间和货币格式”为“中文（简体，中国）”、“键盘和输入方法”为“中文(简体)-美式键盘”，之后单击该页面右下角的“下一步”按钮。

③ 进入如图 6-2 所示的“安装 Windows”的页面 2。在该页面左下角提供了“安装 Windows 通知”和“修复计算机”的两个选项。“安装 Windows 通知”选项提供了部分

图 6-1 “安装 Windows”页面 1

Windows Server 2008 安装的说明。“修复计算机”选项提供了后期修复系统的功能。了解了这些之后，单击该页面中间的“现在安装”按钮。

④ 进入“安装 Windows”页面，提示用户“键入产品密钥进行激活”，同时在计算机屏幕左下角显示当前的安装进度为“1 收集信息”阶段。在“产品密钥（划线将自动添加）”一栏中，输入 Windows Server 2008 的序列号，之后单击页面右下角的“下一步”按钮。

⑤ 进入如图 6-3 所示的“安装 Windows”页面 3，提示用户“选择要安装的操作系统”。与早期版本 Windows 的安装相比，Windows Server 2008 为用户提供了一种新的安装方式，即服务器核心安装方式。这种方式仅安装用户需要的主要应用，一方面可简化用户系统；另一方面可提高用户系统的安全性。这里选择“Windows Server 2008 Enterprise（完全安装）”方式，然后单击提示页面右下角的“下一步”按钮。

⑥ 进入如图 6-4 所示的“安装 Windows”页面 4，提示用户“请阅读许可条款”。选择该页面左下角的“我接受许可条款”后，单击该页面右下角的“下一步”按钮。

⑦ 进入如图 6-5 所示的“安装 Windows”页面 5。在该页面上显示了两种安装类型：“升级”和“自定义(高级)”。“升级”方式主要指在早期版本 Windows 平台上进行升级，这样可以保留原有平台中的文件、主要设置和程序。如果进行全新安装，则选择“自定义(高级)”的安装方式，并且此时只能选择该种方式，“升级”的安装方式为不可选择。

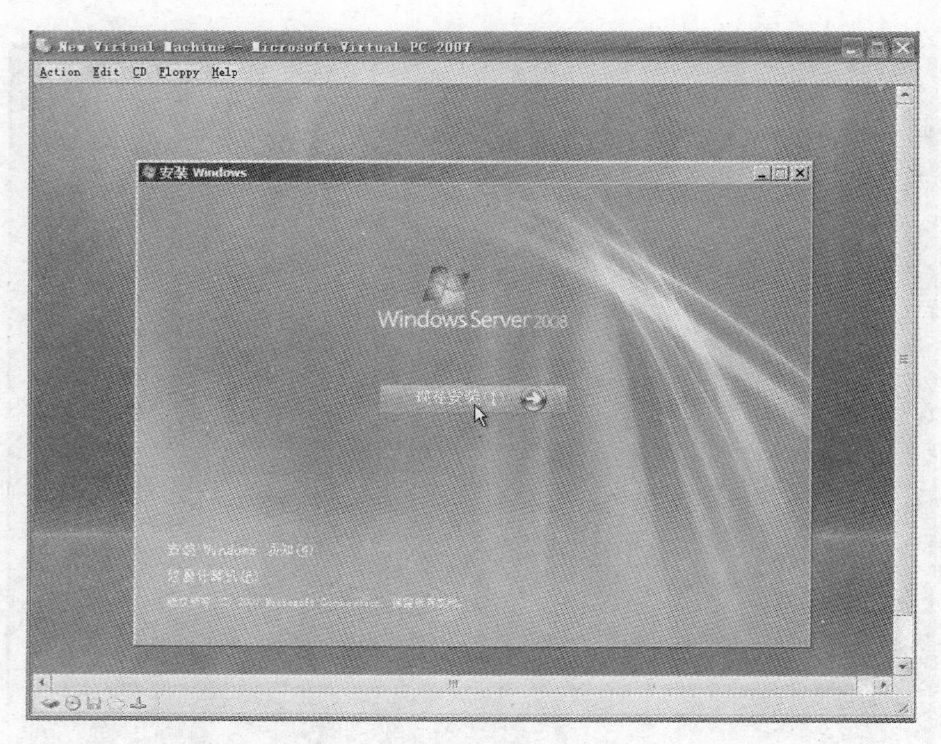


图 6-2 “安装 Windows”页面 2

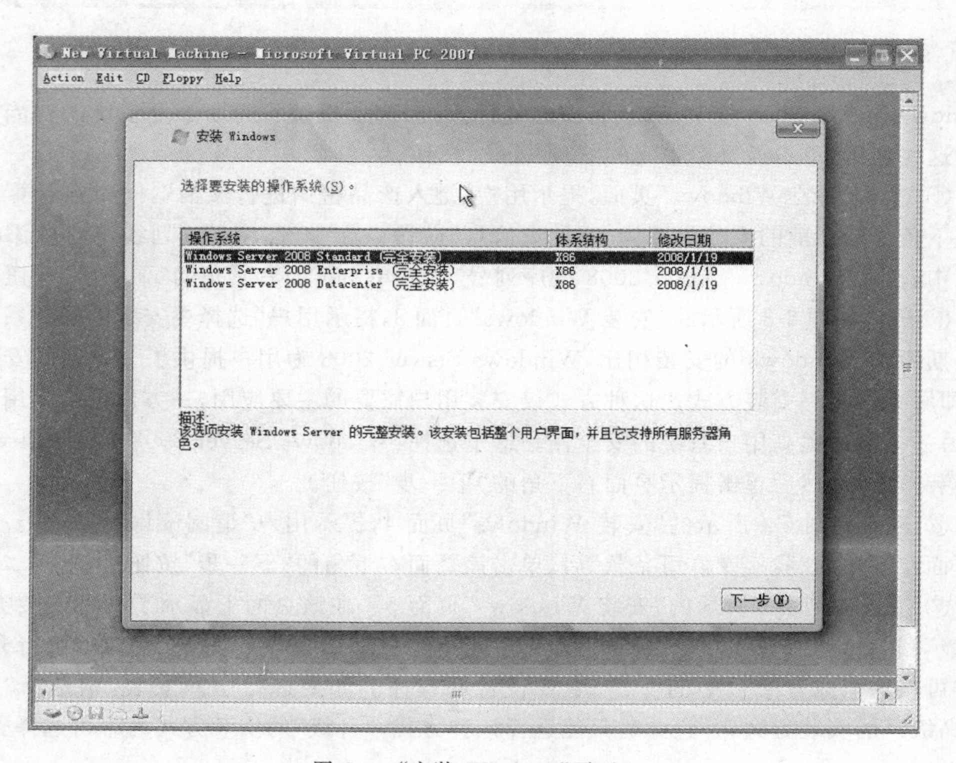


图 6-3 “安装 Windows”页面 3

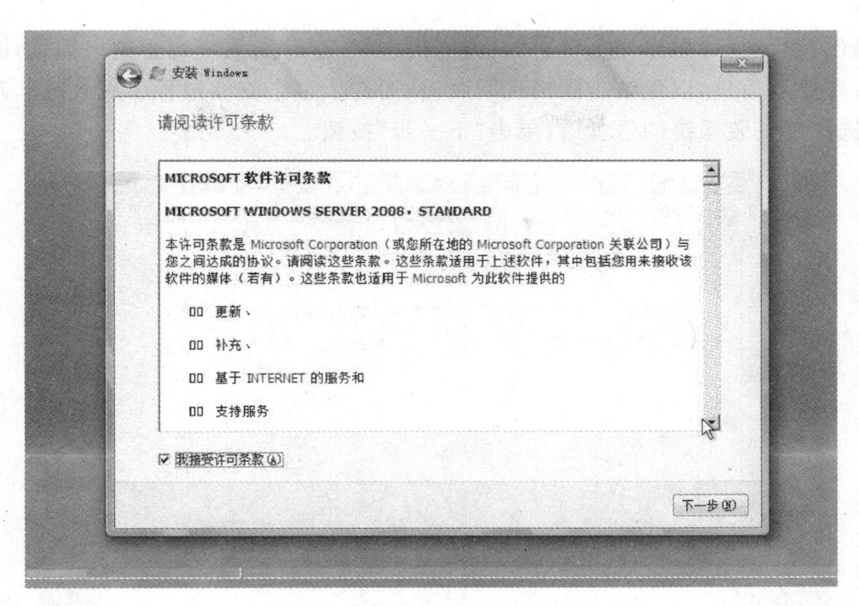


图 6-4 “安装 Windows”页面 4

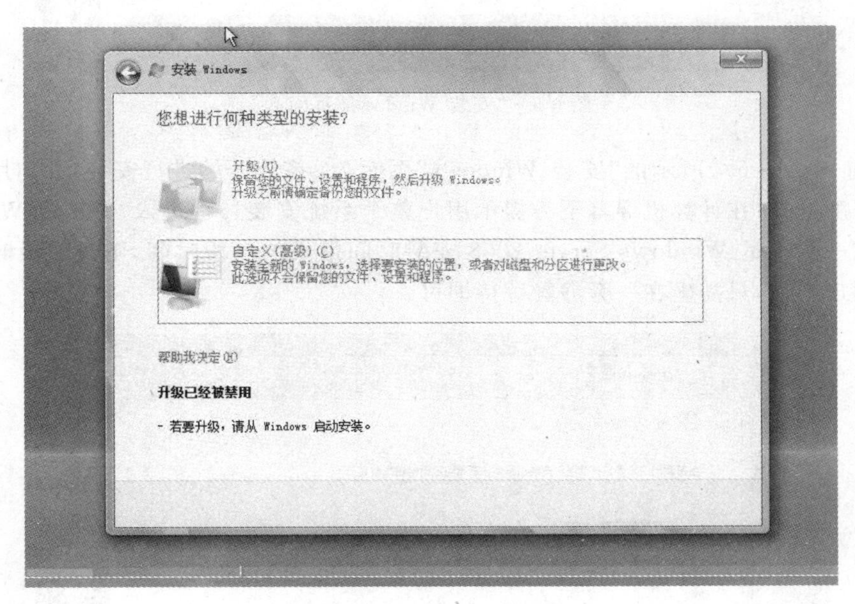


图 6-5 “安装 Windows”页面 5

⑧ 进入如图 6-6 所示的“安装 Windows”页面 6，这里是指定系统安装路径和对安装的磁盘进行设置的地方。如果服务器中的磁盘做了 RAIB 设置，需要安装驱动程序，则选择该页面左下角的“加载驱动程序”链接，并根据向导完成驱动程序的安装。如果磁盘还没有创建分区，则选择该页面右下角的“驱动器选项(高级)”，此时窗口下方会出现磁盘分区管理的功能选项，在“大小”一栏中，输入创建主分区的容量大小，然后单击其后的“应用”按钮。由于 Windows Server 2008 的完全安装大约需要 8GB 左右的空间，考虑还要安装其他补丁程序，所以安装 Windows Server 2008 系统的分区至少需要 10GB 空间。

在磁盘操作过程中，如果操作不可逆转，或者可能引起故障，系统均会给出提示，因此一定要注意这些提示信息，以免该步骤出现问题，从而造成整个安装过程出现故障。磁盘分区完毕，并选择好安装系统的磁盘后，单击“下一步”按钮。

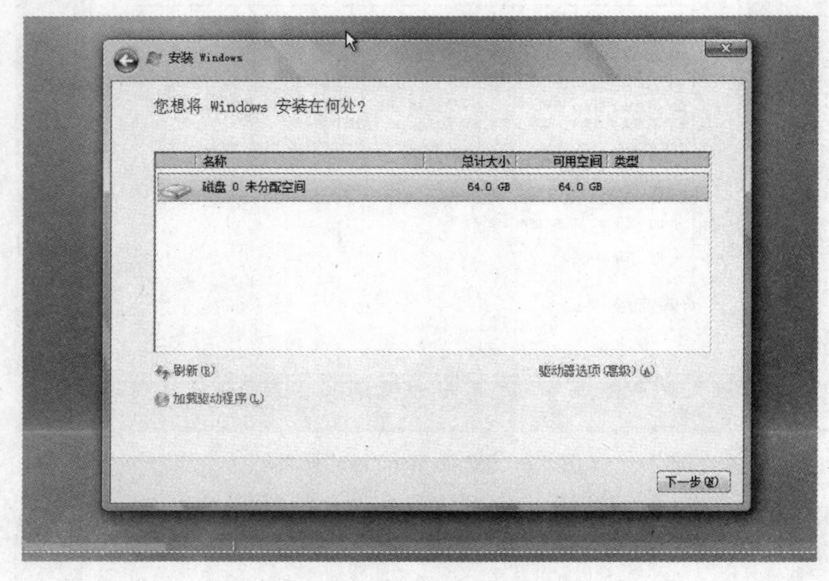


图 6-6 “安装 Windows”页面 6

⑨ 进入如图 6-7 所示的“安装 Windows”页面 7。系统开始进行安装，并向用户提示安装的进度，同时在计算机屏幕下方提示用户整个系统安装过程进入“2 安装 Windows”阶段。这一阶段是 Windows Server 2008 安装时间最长的一段时间，不过这段时间基本不需要用户干预，只需坐在一旁静静等待即可。

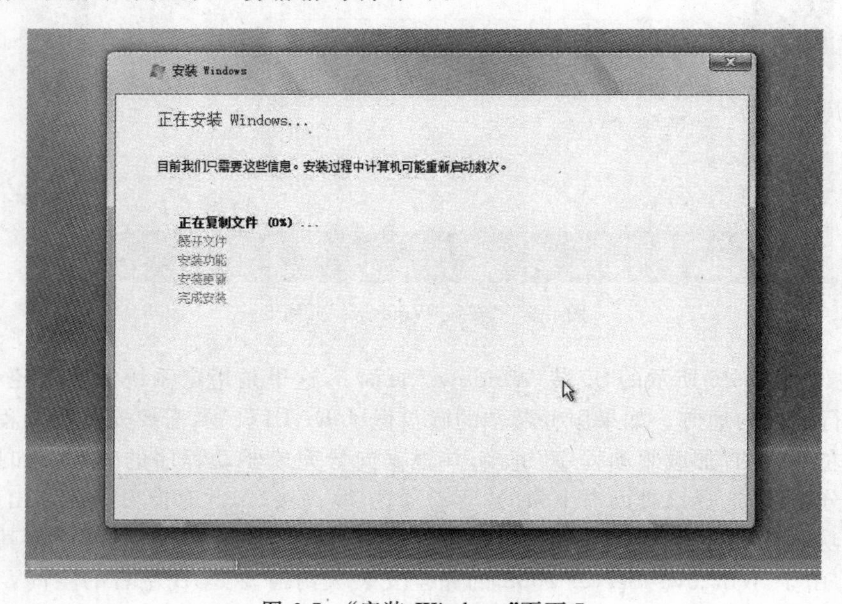


图 6-7 “安装 Windows”页面 7

⑩ 系统自动重新启动后，进入如图6-8所示的用户初次登录页面。单击“确定”按钮即可进入Windows Server 2008桌面，安装即可完成。

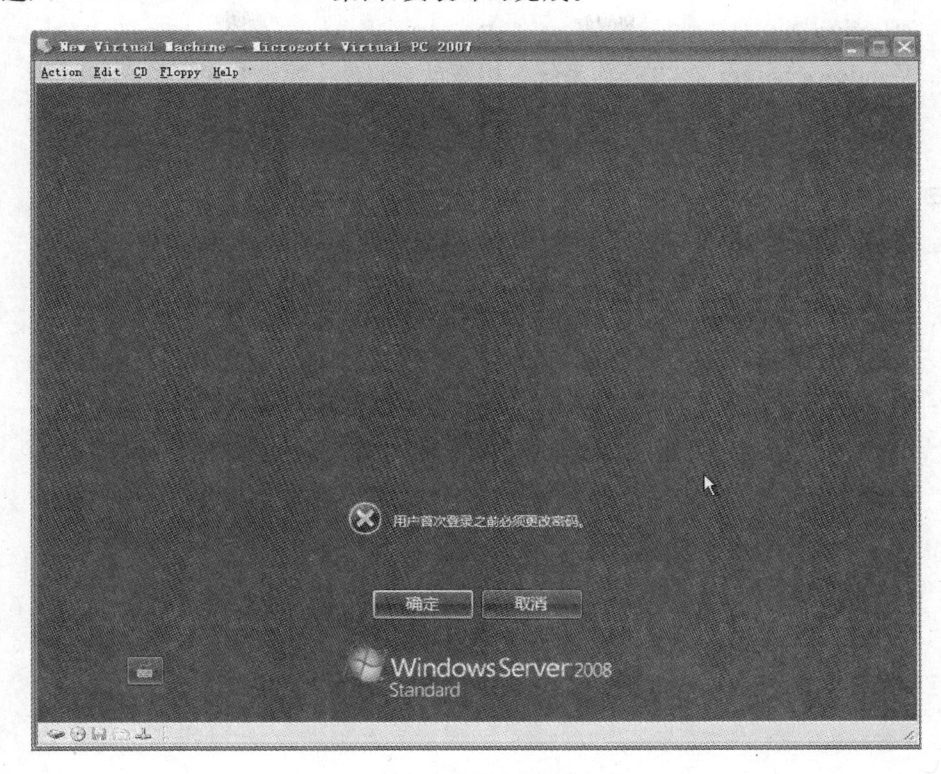


图6-8 首次登录修改密码提示页面

# 习题

**一、填空题**

1. 网络操作系统是计算机网络用户和计算机网络之间的________。

2. NetWare网络操作系统是________公司开发的。

3. UNIX网络操作系统是由美国________实验室发明的一种多用户、多任务的通用操作系统。

4. Windows Server 2008操作系统的IIS 7.0支持________技术。

**二、选择题**

1. Linux网络操作系统与________网络操作系统最为相似。

A. Windows 98　　B. Windows 2000
C. UNIX　　D. 不和任何操作系统类似

2. 目前流行的网络操作系统主要有Windows、NetWare、UNIX和________。

A. Microsoft　　B. Bell
C. Linux　　D. Novell

3. Windows Server 2008 操作系统对内存的最低要求是________MB。

A. 128　　B. 256

C. 1024　　D. 512

4. Windows Server 2008 操作系统占用磁盘空间最小要求是________GB。

A. 4　　B. 8

C. 12　　D. 40

## 三、问答题

1. 什么是网络操作系统？网络操作系统具有哪些功能？
2. 目前常用的网络操作系统有哪些？它们各自有什么区别？
3. 简要说明 Windows Server 2008 的操作系统有哪些家庭成员。
4. Windows Server 2008 文件系统的格式有哪些？
5. 简要介绍独立服务器、域控制器和成员服务器三者之间的转换关系。
6. 安装 Windows Server 2008 的操作系统有哪几种方法？

# 第 7 章

# 组建 Windows 工作组网络

**内容提要：**

- 工作组网络的基本概念；
- 配置工作组网络；
- 组建 Windows Server 2008 工作组网络；
- 管理用户账户与组账户。

## 7.1 工作组网络的基本概念

**1. 对等网的定义**

在计算机小型局域网的组建中，比较基本的一种组网方式是将计算机网络组织成"工作组"（Workgroup）方式，这种网络结构通常被称为"对等网"。如图 7-1 所示，以 Windows Server 2008 操作系统组建对等网为例，这是一种比较简单而又常见的组网方式，将在同一网络中的不同计算机以通过分组的形式进行连接而成的群组，来实现计算机软硬件资源的共享。

**2. "工作组"的工作方式**

在工作组模式下构建的局域网中，每一台计算机的地位都是平等的，没有主从关系之分。如图 7-1 所示，图中每一台计算机安装的虽然都是 Windows Server 2008 操作系统，但它们都运行在工作组模式下，每一台计算机都有自己的本地安全数据库，在本地安全数据库中存放着本地用户的账户、密码、资源和其他安全信息。当用户登录计算机时，计算机会使用它的本地安全数据库一一鉴别本地用户账户，来确定是否允许用户登录到计算机上。当网络中某计算机上的用户要访问网络中的其他计算机时，则必须在每台计算机的本地安全数据库中建立该用户的账户，否则无法登录访问网络中的共享资源。

**3. 工作组网络常用的操作系统**

通常桌面操作系统都支持工作组网络。很多单位都采用桌面操作系统中内置的网络功能来直接组建工作组网络。因而熟悉工作组网络是十分必要的。具有内置工作

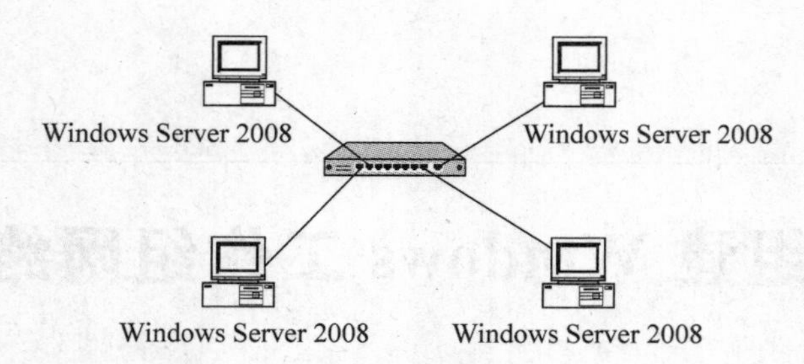


图 7-1　“工作组”模式的网络

组连网功能的常见操作系统如下：Windows NT Workstation；Windows 2000 专业版/服务器版；Windows XP 家庭版/专业版；Windows 2003/Server 2008 服务器版；Windows；Windows 7。

**4. 工作组网络的特点**

工作组是以共享资源为主要目的的一组计算机和用户，它以对等的工作方式组织网络，其主要特点如下。

① 平等关系。工作组中的所有计算机之间是一种平等的关系，没有主从之分。

② 分散管理。工作组模式下资源和账户的管理是分散的。每台计算机的管理员能够完全实现对自己计算机上的资源与账户的管理。

③ 本地安全目录数据库。每台计算机都有自己的本地安全数据库，本地安全数据库存放着本机的所有用户账号等信息。其中管理员账户可以完全实现对自己计算机上的资源和账户的管理。用户账户可以通过本地安全数据库的验证来登录计算机，并对计算机上的资源进行访问。

④ 工作组软件。组建工作组网络，可以直接利用计算机已安装的 Windows 2000/Windows XP/Windows Server 2008 等桌面操作系统的内置网络功能来组建。

## 7.2　配置工作组网络

**1. 网络组件的基本知识**

(1) 网络组件的基本要求

① 硬件要求。确保交换机、集线器、网卡和网线等设备的正确连接。

② 软件要求。确认网络中计算机的操作系统正常运行。

③ 网络驱动程序的配置。确保每台计算机操作系统中的网卡驱动程序安装正确。

④ 配置网络组件。网络中的组件是实现网络通信和服务的基本保证。网络组件有很多类型，其中最基本的有 3 个，即协议、客户和服务，因此，网络组件的配置主要指这 3 个对象的配置。

(2) 网络组件简介

在计算机网络中，Windows Server 2008 操作系统提供了许多核心组件，这些组件可以在安装系统时由用户进行选择安装，也可以在安装完系统后通过使用“添加/删除程序”

工具进行组件安装。但无论怎样安装，计算机的安装程序都会自动为系统提供最基本的网络组件的安装：协议、客户和服务。

① 网络协议。计算机之间的相互通信需要共同遵守一定的约定或规则，这些约定或规则就称为网络协议。用通俗的话说，"协议"就是网络各部件通信的语言。Windows Server 2008 操作系统常用的协议和功能如下。

- TCP/IP 协议：TCP/IP 表示传输控制协议/网际协议，已成为 Internet 的标准。它可以实现多种不同网络的互连，并能被大多操作系统和应用软件所支持。若计算机网络连入 Internet，则需要选择 TCP/IP 协议。该协议的优点是通信能力强，可靠性高，可路由，具备完好的应用程序接口，其缺点是速度慢、尺寸大、占用内存多、配置较为复杂。早期的 Windows 版本的 TCP/IP 协议是指 Microsoft TCP/IP 版本 4。最新的 Windows 版本都支持 IPv4 和 IPv6。
- AppleTalk 协议：使用此协议后，网络中的计算机之间可以通过 AppleTalk 协议互相通信，以及计算机和打印机之间的通信。该协议可以进行路由选择。
- NWLink 协议：即 NWLink IPX/SPX/NetBIOS 兼容传输协议。微软的 NWLink 协议主要是为了提供与 Novell NetWare 网络的连接，其中 IPX/SPX 协议是 Novell 公司为了适应计算机网络的发展而开发的一种通信协议，具有很强的适应性，安装方便，同时还具有路由功能，可以实现多网段间的通信。在微软的 Windows NT 操作系统中，一般使用 NWLink IPX/SPX 兼容协议。该兼容协议继承了 IPX/SPX 协议的优点，更适应 Windows 的网络环境。
- Microsoft TCP/IP 版本 6：用于兼容 IPv6 设备。
- 可靠的多播协议：用于实现多播服务，即发送到多点的通信服务。
- 网络监视器驱动程序：用于实现服务器的网络监视。

在组建计算机网络时，应对网络协议进行选择。计算机之间能进行通信，是因为它们安装了相同或者是相互兼容的网络协议。TCP/IP 协议是连入互联网的必选协议，在工作组模式的网络中，一般选择 TCP/IP 协议就完全足够了，当微软 Windows NT 操作系统与 Windows 98 操作系统进行联网时，就应该安装 NetBEUI 协议。

② 网络客户。在 Windows Server 2008 操作系统中，客户组件提供了 Microsoft 网络客户端、NetWare 客户端服务两种客户类型。

- Microsoft 网络客户端：安装了此项客户组件的计算机，可以访问 Microsoft 网络上的各种软硬件资源。
- NetWare 客户端服务：安装了此项客户组件的计算机，允许 Windows Server 2008 计算机不用运行 NetWare 客户端软件就可以访问 Novell 网络上的 NetWare 服务器和客户机资源。

③ 网络服务。服务组件为用户提供了一些网络功能，其中最基本的服务类型是为用户提供了文件和打印机服务。若没有选择这一项，则用户为其他计算机设置共享文件夹是不可能实现的。

**2. 添加网络组件**

设置计算机基本网络组件的操作过程大致上是相同的，只是有时打开某个设置页面的方法可能有很多种操作，下面就安装基本网络组件的一种操作步骤说明如下。

(1) 添加网络协议

① 右击桌面“网络”图标，在弹出的快捷菜单中选择“属性”项，弹出“网络和共享中心”页面，在域网络“连接”中单击“查看状态”，弹出“本地连接 状态”对话框，如图 7-2 所示。

② 在“本地连接 状态”对话框中，单击“属性”按钮即可弹出图 7-3 所示的对话框。

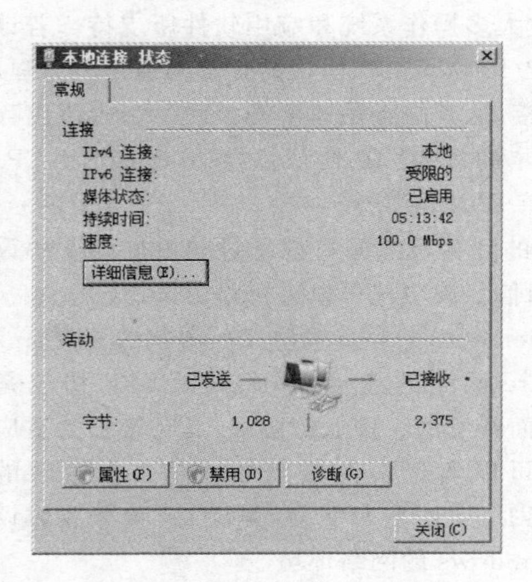


图 7-2 “本地连接 状态”对话框

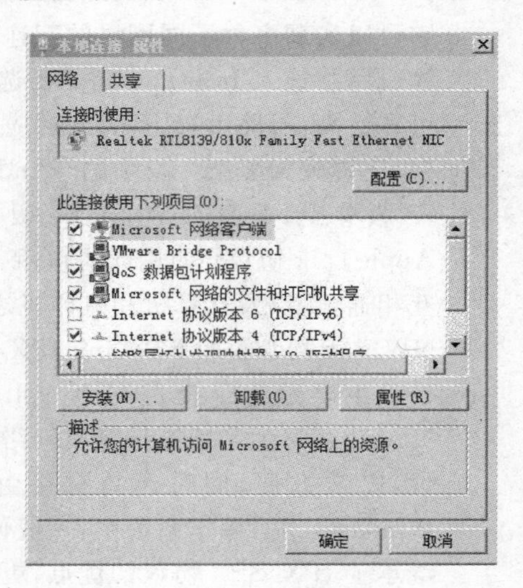


图 7-3 “本地连接 属性”对话框

③ 单击“安装”按钮，则出现如图 7-4 所示的对话框。

④ 选中“协议”选项，然后单击“添加”按钮，则弹出如图 7-5 所示的对话框。

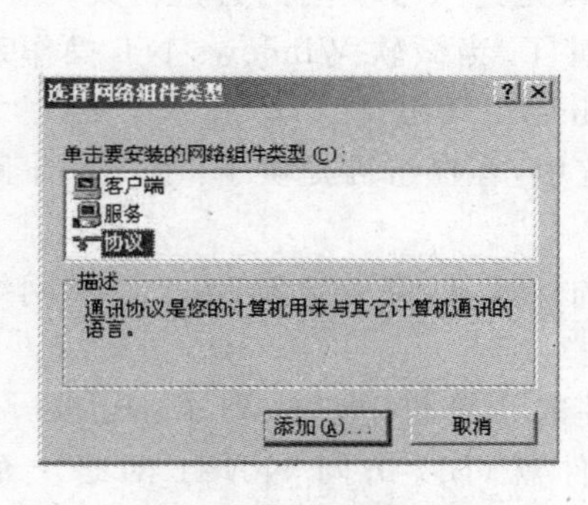


图 7-4 “选择网络组件类型”对话框

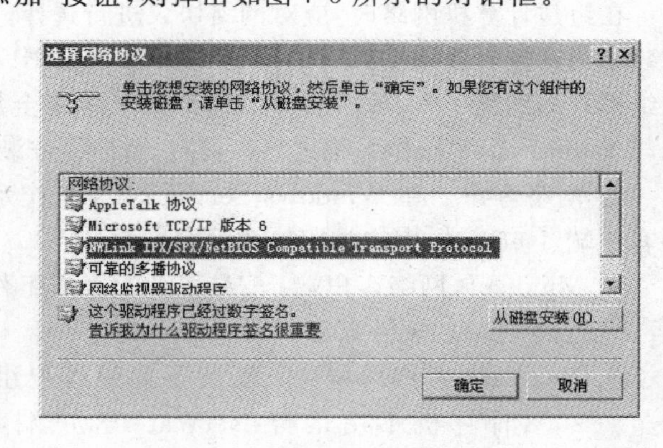


图 7-5 “选择网络协议”对话框

⑤ 在图 7-5 所示的对话框中，选择可用的协议，然后单击“确定”按钮即可成功安装。安装网络组件协议的操作过程就是以上的步骤，只不过是用户选择哪种协议进行安装罢了。操作系统的安装程序在安装计算机网络组件时，会提示并自动将 TCP/IP 协议安装好。

在对等网的组建中，只要将 TCP/IP 协议安装好，通过 IP 地址的设置，即可将网络连接起来。

（2）添加网络客户

在安装计算机的基本网络组件时，系统自动安装的网络客户是“Microsoft 网络客户端”，安装了此项客户组件的计算机，可以访问 Microsoft 网络上的各种软硬件资源。当然，用户也可以选择“NetWare 客户端服务”，其操作步骤为：在图 7-4 所示对话框中，选择“客户端”选项，单击“添加”按钮，弹出“选择网络用户”对话框，在该对话框中选择“NetWare 客户端服务”，单击“确定”按钮后返回到图 7-3 所示的对话框中，并提示重新启动计算机。

（3）添加网络服务

在安装了 Windows Server 2008 操作系统的计算机中，系统默认安装了最基本的网络服务一项，即“Microsoft 网络的文件和打印机共享”，如图 7-3 所示。若计算机没有安装，则用户可以根据图 7-4，选择“服务”后单击“添加”按钮，弹出“选择网络服务”对话框，选择用户所需要的服务并添加此项。

**3. 工作组网络故障的检查方法**

① 排除硬件连接故障。查看交换机上的指示灯是否显示正常，如果交换机没有问题，就检查网线，检查的方法是用测线仪测试网线是否正常联通。

② 检查网卡。如果交换机、网线都没问题，就检查网卡。检查的方法是，先看网卡的指示灯是否亮，如果正常闪亮，而网络又不通，可以先关机，打开机箱，把网卡拔出，用橡皮擦来擦拭网卡的接触面，然后再装上检查。

③ 检查网络中的计算机名称是否重名。

④ 检查工作组的名称是否相同。

⑤ 检查协议是否安装正确。检查方法是，使用“Ping”命令来检测 TCP/IP 的安装，测试网络的联通性。

⑥ 检查网络客户端和共享服务是否安装。

# 7.3　组建 Windows Server 2008 工作组网络

## 7.3.1　工作组网络的组建

在小型的局域网中，用户通常所使用的组网方式为工作组模式，计算机桌面操作系统一般为 Windows 2000/Windows XP 组建的局域网系统。工作组网络又称为对等网，这种组网比较简单、容易管理、使用方便、速度快、具有一定的网络安全和管理功能。

下面介绍的是用 Windows Server 2008 操作系统组建的工作组模式的小型局域网，这种局域网的组建方法和 Windows 2003 系统的方法差不多，不过用 Windows Server 2008 操作系统组建的局域网具有更高的可靠性和安全性。

在确保计算机的网络组件等工作完成以后，即可对计算机的常规信息进行设置，首先要明确计算机所设的 IP 地址范围（如网络号为：192.168.100.0 的网络）、计算机的名称和工作组名称，其操作步骤如下。

### 1. 设置计算机名称及工作组名称

① 选择“开始”→“所有程序”→“管理工具”→“服务器管理”命令。

② 打开图 7-6 所示的“服务器管理器”窗口，选中“服务器管理器”选项，在窗口右侧将显示当前计算机的各种信息，单击“更改系统属性”链接。

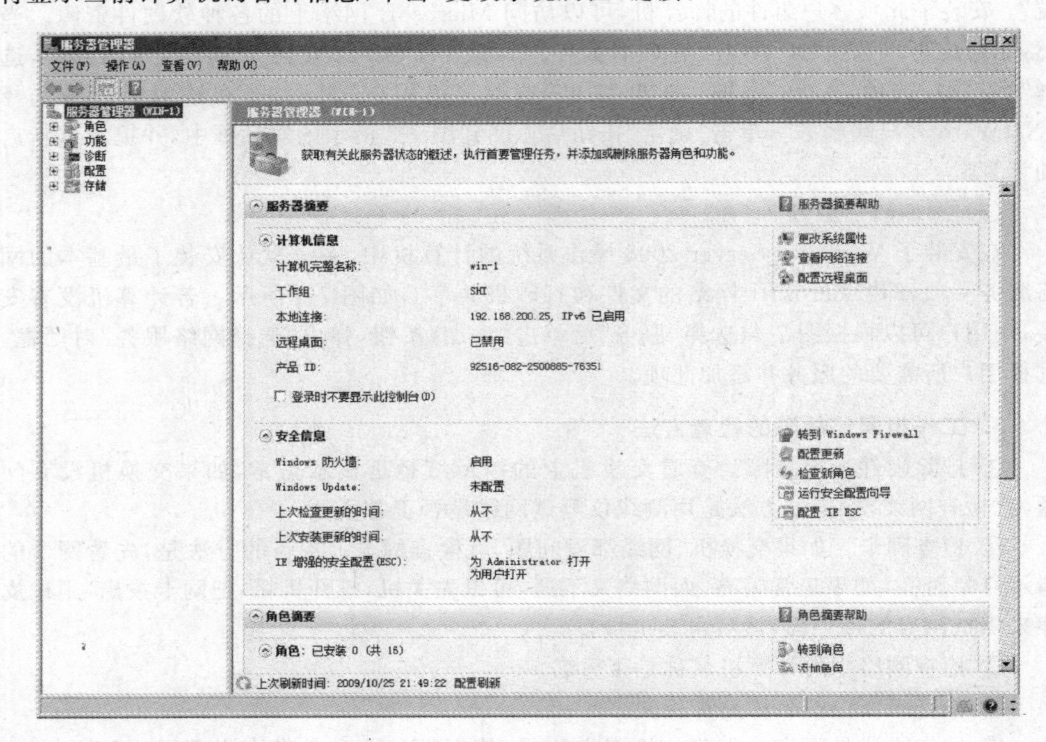


图 7-6 “服务器管理器”窗口

③ 弹出图 7-7 所示的“系统属性”对话框，单击“计算机名”选项卡，再单击“更改”按钮。

④ 弹出图 7-8 所示的“计算机名/域更改”对话框，在“计算机名”文本框中，可以查看或更改计算机的名称。在“隶属于”选项组中，可以添加或更改工作组名称，但要注意在同一网络中计算机名称不能相同；在同一个工作组的计算机工作组名称要相同，默认情况下计算机工作组名称为 WORKGROUP。用户可根据需要对其修改。修改后单击“确定”按钮重新启动计算机。

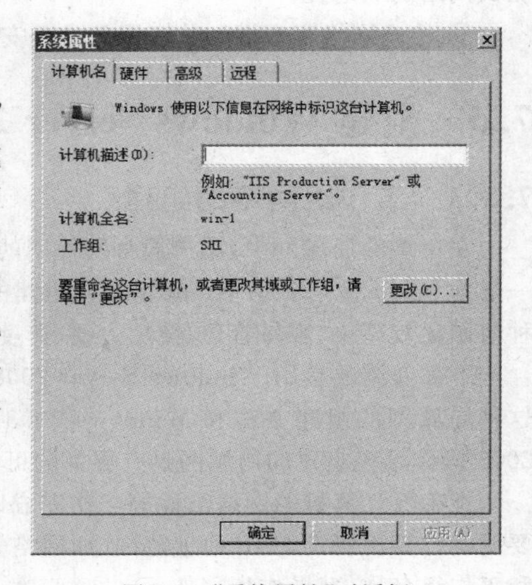


图 7-7 “系统属性”对话框

### 2. 设置计算机 IP 地址

局域网中的计算机 IP 地址必须是唯一的，而且各计算机的网络号必须相同，主机号必不相同。下面是 IP 地址的设置过程，在图 7-3 所示对话框中，选中“Internet 协议(TCP/IP)”选项后单击“属性”按钮，打开如图 7-9 所示的对话框。输入计算机的 IP 地址和子网掩码，单击“确定”按钮即可。

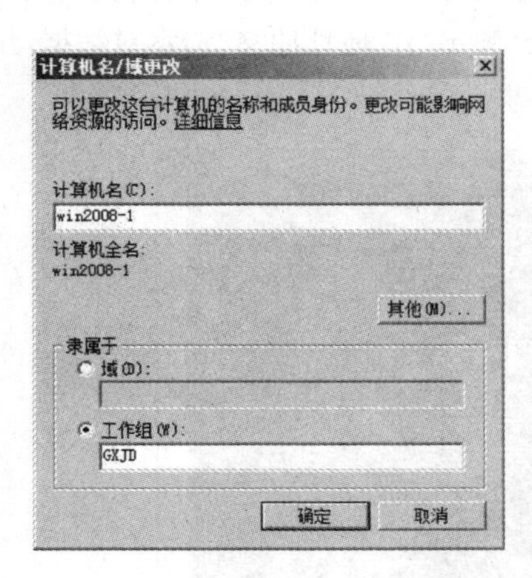


图 7-8　“计算机名/域更改”对话框

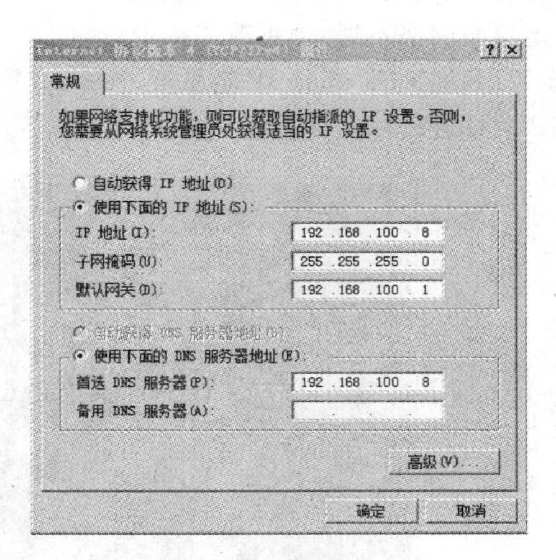


图 7-9　TCP/IP 属性对话框

**3. 检查网络的联通性**

首先应确保排除计算机网络硬件方面的故障，如集线器或交换机与计算机的可靠连接，检查网卡及其驱动程序的正确安装；再次检查协议是否正确安装(在 DOS 的“命令提示符”下用 ping 命令来检测)。

(1) 在命令提示符下输入“ping 127.0.0.1”

127.0.0.1 是本地循环地址，可验证网络适配器是否可以正常加载并运行 TCP/IP 协议。如果能 ping 通，则会出现图 7-10 所示窗口。如果出现“目标主机无法访问”，则表明本地机 TCP/IP 协议不能正常工作。

```
管理员: C:\Windows\system32\cmd.exe
Microsoft Windows [版本 6.0.6001]
版权所有 (C) 2006 Microsoft Corporation。保留所有权利。

C:\Users\Administrator.WIN-2>ping 127.0.0.1

正在 Ping 127.0.0.1 具有 32 字节的数据:
来自 127.0.0.1 的回复: 字节=32 时间<1ms TTL=128
来自 127.0.0.1 的回复: 字节=32 时间<1ms TTL=128
来自 127.0.0.1 的回复: 字节=32 时间<1ms TTL=128
来自 127.0.0.1 的回复: 字节=32 时间<1ms TTL=128

127.0.0.1 的 Ping 统计信息:
    数据包: 已发送 = 4, 已接收 = 4, 丢失 = 0 (0% 丢失),
往返行程的估计时间(以毫秒为单位):
    最短 = 0ms, 最长 = 0ms, 平均 = 0ms

C:\Users\Administrator.WIN-2>
```

图 7-10　命令提示符下“ping 127.0.0.1”响应窗口

(2) 在命令提示符下输入 ping 本机的 IP 地址(如 ping 192.168.200.1)

可验证本计算机 IP 是否与网络中的其他计算机的 IP 地址有冲突。如果能 ping 通，说明计算机已经正确加入局域网，如图 7-11 所示。如果出现"目标主机无法访问"的信息，则说明网络不通，须更改本机 IP 地址。当然，如果计算机与其他计算机能正确联网，在设置 IP 地址时，遇到 IP 地址有冲突，计算机也会弹出"IP 地址冲突"提示对话框，用户对 IP 地址进行修改即可。

```
管理员: C:\Windows\system32\cmd.exe
Microsoft Windows [版本 6.0.6001]
版权所有 (C) 2006 Microsoft Corporation。保留所有权利。

C:\Users\Administrator>ping 192.168.200.1

正在 Ping 192.168.200.1 具有 32 字节的数据:
来自 192.168.200.1 的回复: 字节=32 时间<1ms TTL=128
来自 192.168.200.1 的回复: 字节=32 时间<1ms TTL=128
来自 192.168.200.1 的回复: 字节=32 时间<1ms TTL=128
来自 192.168.200.1 的回复: 字节=32 时间<1ms TTL=128

192.168.200.1 的 Ping 统计信息:
    数据包: 已发送 = 4, 已接收 = 4, 丢失 = 0 (0% 丢失),
往返行程的估计时间(以毫秒为单位):
    最短 = 0ms, 最长 = 0ms, 平均 = 0ms

C:\Users\Administrator>
```

图 7-11 命令提示符下"ping 192.168.200.1"响应窗口

(3) 在命令提示符下输入 ping 相同网段计算机的 IP 地址 (如 ping 192.168.200.2)

可检查网络连通性的好坏，如果能 ping 通，说明这两台计算机已经能够正确连通，并能互相通信(如图 7-10 窗口上面命令所显示的情况)；如果不通，出现"目标主机无法访问"的结果时(如图 7-12 窗口下面命令所显示的情况)，则表示本机不能通过网络与该计算机进行连接通信，可检查集线器、网卡、网线、协议等。

图 7-12 ping 同网段其他 IP 地址失败时的响应

最后，可以通过双击计算机桌面上的“网络”图标，查看工作组中有无自己和其他计算机的图标，以判断计算机是否正确加入到工作组。

## 7.3.2　管理共享资源

### 1. 开放共享

① 工具。开放共享资源，可以使用本机的“资源管理器”或“计算机管理”进行设置。

② 设置内容。可以设置共享名、访问者和访问权限的控制等几项基本内容。

③ 开放共享资源的操作。包括“共享”和“安全”两项。

### 2. 通过“资源管理器”创建共享文件夹

设置步骤如下。

① 打开“资源管理器”的方法为：在 Windows 2000/Windows 2003/Windows XP/Windows 2008 计算机上，在“开始”上右击，在弹出的快捷菜单中选择“资源管理器”命令。

② 在打开的“资源管理器”窗口中，选中允许他人访问的资源，如 D 盘某个文件夹，右击，在弹出的快捷菜单中选择“共享”命令。

③ 在图 7-13 所示的“文件共享”对话框中，核对已经列出的可使用资源的共享用户，展开用户列表，从中选择要添加的共享用户，如 Everyone，单击“添加”按钮，添加选中的用户，重复上述步骤，直至添加好所有的用户，再单击“共享”按钮。

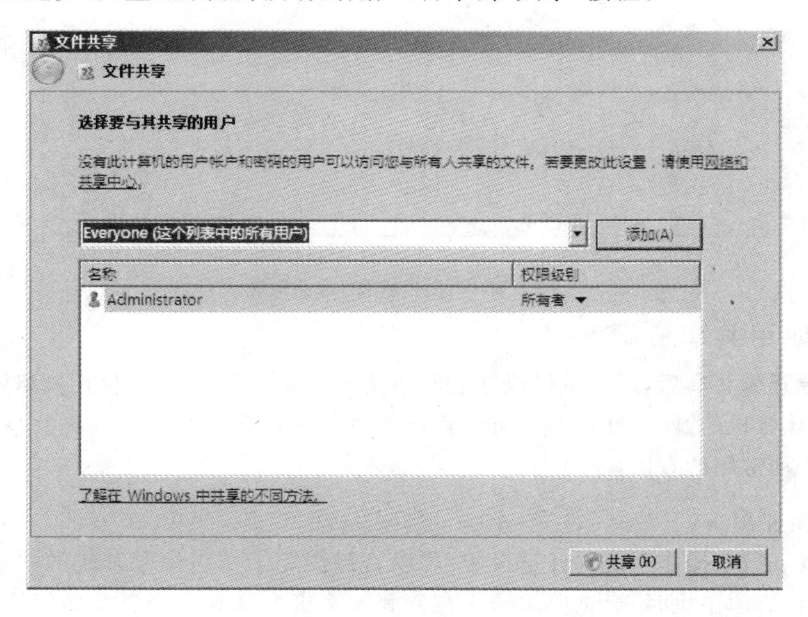


图 7-13　“文件共享”对话框 1

④ 弹出图 7-14 所示的“网络发现和文件共享”对话框，单击“是，启用所有公用网络的网络发现和文件共享”选项。

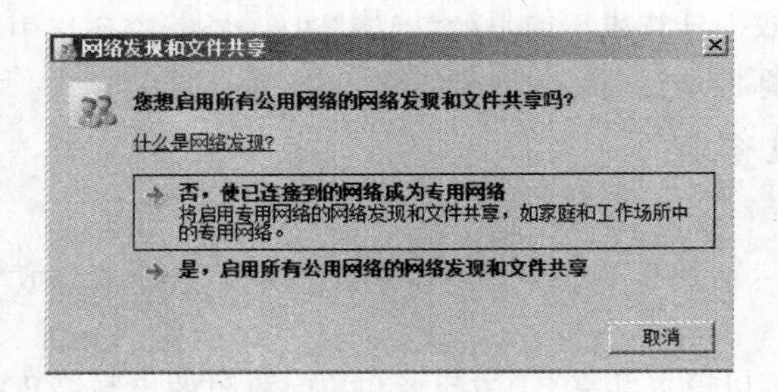


图 7-14 “网络发现和文件共享”对话框

⑤ 在图 7-15 所示的“文件共享”对话框 2，单击“完成”按钮，完成指定文件夹的共享设置任务。

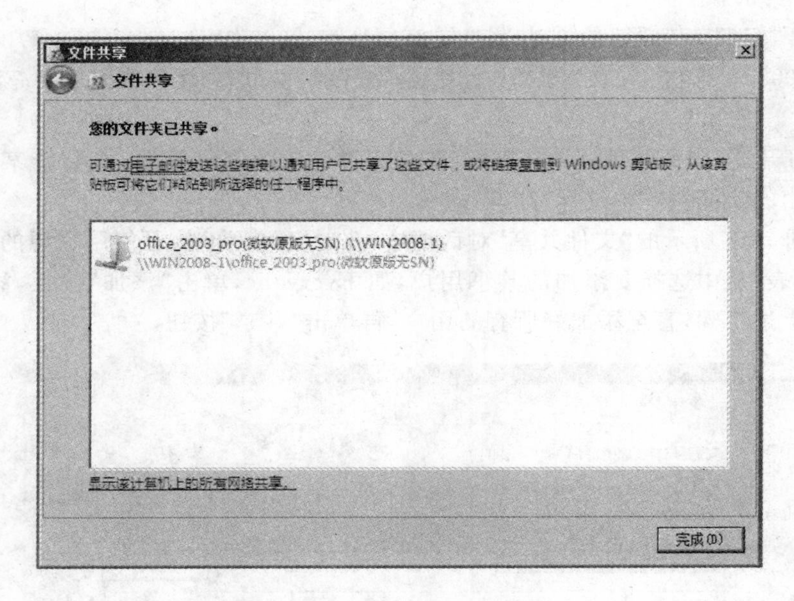


图 7-15 “文件共享”对话框 2

## 7.3.3 使用共享资源

当资源开放共享后，用户就可以通过网络使用已共享的资源了，使用网络资源的方法很多，如在计算机的“网上邻居”中，可以直接使用各个计算机共享的显式共享文件夹等，下面介绍几种常用的方法。

**1. 直接使用**

在安装了微软操作系统的计算机中，可以直接浏览工作组中已开放的共享资源。但是，在浏览到资源主机时，会被要求输入在资源计算机上具有共享资源访问许可的“用户账号”和“密码”。只有通过资源主机的连接验证后，才能根据连接用户所具有的访问权限来使用已共享的资源。

操作步骤如下：

① 在 Windows Server 2008 中，依次选择“开始”→“网络” 命令。

② 打开图 7-16 所示的 Windows Server 2008 的“网络”窗口，单击资源主机，例如，这里选择“WIN 2008-1”，在网络窗口的右侧将显示出该主机中的所有显示共享的资源，可以从中选择自己需要的资源。

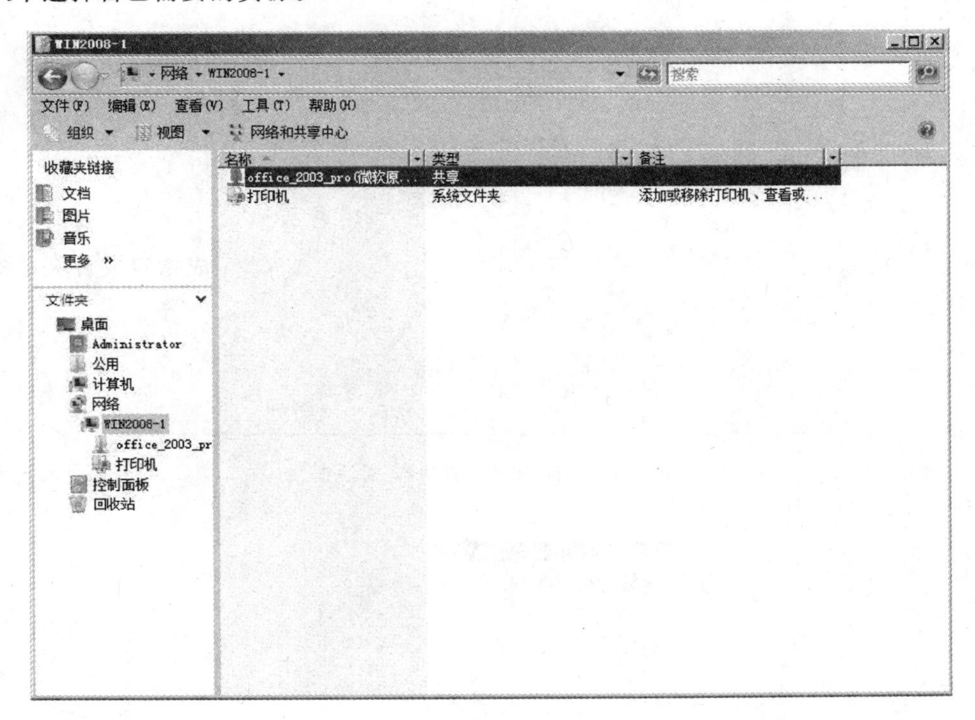


图 7-16 “网络”窗口

### 2. UNC 格式

UNC(universal naming convention)，即通用命名标准。

UNC 的定义格式如下：

\\计算机名称\共享名

### 3. 映射网络驱动器

网络驱动器是指使用 UNC 路径映射生成的网络驱动器。

设置映射网络驱动器的步骤如下：

① 在 Windows Server 2008 中，依次选择“开始”→“网络”命令。

② 打开图 7-16 所示的 Windows Server 2008 的“网络”窗口，依次选择“工具”→“映射网络驱动器”命令。

③ 弹出如图 7-17 所示的“映射网络驱动器”对话框，选择“驱动器”盘符，如“Z”，单击“浏览”按钮，弹出如图 7-18 所示的“浏览文件夹”对话框，浏览定位要映射的共享资源，单击“确定”按钮，返回“映射网络驱动器”对话框，再单击“完成”按钮完成映射网络驱动器的操作。

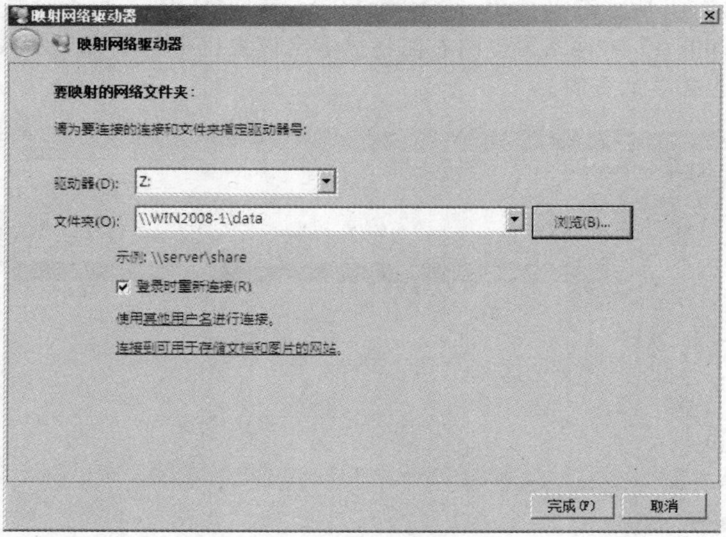

图 7-17 “映射网络驱动器”对话框

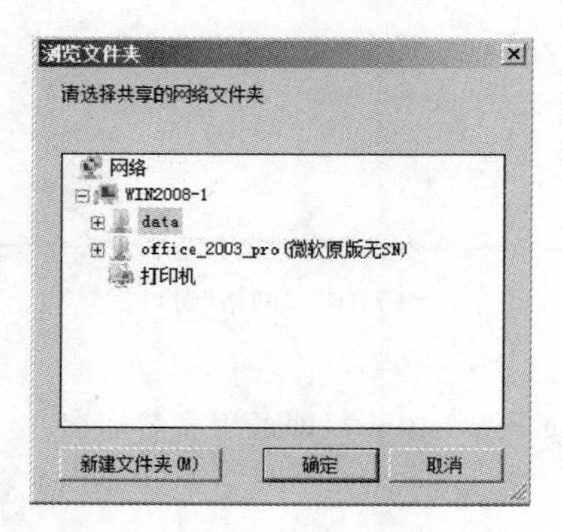


图 7-18 “浏览文件夹”对话框

## 7.4 管理用户账户与组账户

**1. 用户管理的基本知识**

(1) 用户和用户账户

用户是指某一个人,计算机的使用者。用户与用户账户是一种一对多的关系,就好像一个人可以有多个存折,每个存折使用不同的名字和密码。因此,一个用户可以拥有一个或多个不同的用户账户。

(2) 命名规则

① 用户名。在 Windows Server 2008 操作系统中设置的用户名必须唯一,即所有的用户不能与计算机上的其他用户名或组名相同。所建立的用户名最多可以包含 20 个大写或小写的字符,但不能包含下列的字符:[、]、:、;、→、＝、＋、*、?、＜、＞。

② 组名。组名是指本地组的名称，该名称不能与被管理计算机上的其他组名或用户名相同。组名最多可以包含 256 个大写或小写字符，但不能包含下列字符：[、]、:、;、→、=、+、*、?、＜、＞。

③ 计算机名称。计算机名称用于识别网络上的计算机。连接到网络中的每台计算机都有唯一的名称。当两台计算机名称相同时，会导致计算机通信冲突的出现。计算机名称最多为 15 个字符，但是不能包含下列字符：[、]、:、;、→、=、+、*、?、＜、＞。

**2. 建立用户和组账号**

在工作组网络中，为了更好地利用网络资源，并对网络访问进行有效的控制，除了使用默认的本地账户以外，还会根据需要建立若干个自定义的本地账户。这些账户既可以用来登录计算机本机，也可以在远程用户访问本机时使用。对工作组中的账户进行管理主要是基于本机的，因此账户只在本地目录数据库验证时有效。

在 Windows Server 2008 中建立用户账户的步骤如下：

① 在 Windows Server 2008 中，以 Administrator 的账户和密码登录计算机。

② 选择“开始”→“管理工具”→“服务器管理器”命令。

③ 打开“服务器管理器”窗口，在窗口左侧选中“配置”，然后选择“本地用户和组”下的“用户”选项，如图 7-19 所示。窗口右侧将显示本计算机中所有用户的相关信息，在右侧的“操作”窗口中单击，在弹出的菜单中选择“新用户”命令。

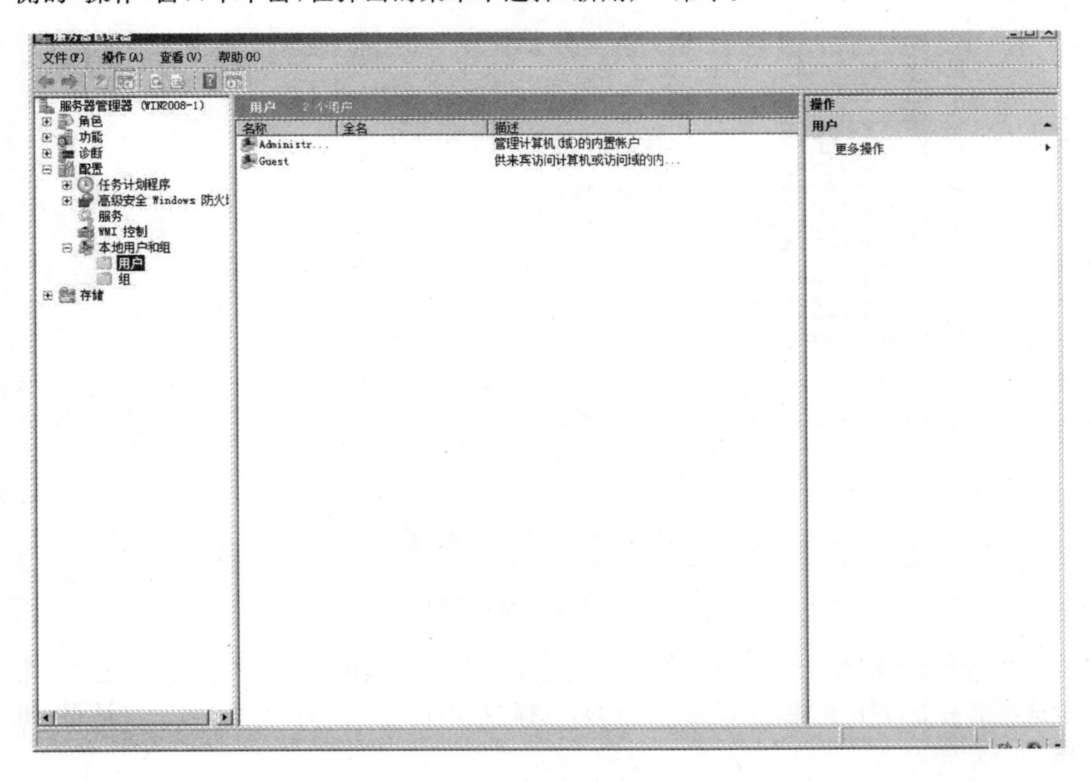


图 7-19　“服务器管理器”窗口

④ 弹出如图 7-20 所示的“新用户”对话框，输入用户名和密码等信息后，单击“创建”按钮，界面返回“服务器管理器”窗口。

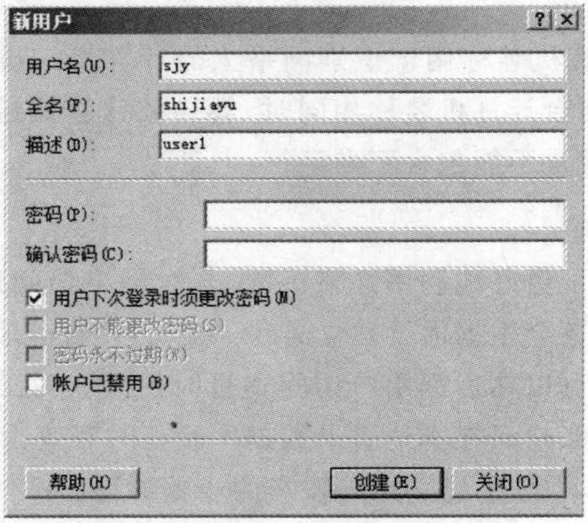

图 7-20 “新用户”对话框

在 Windows XP 操作系统中建立用户账户的步骤为：

① 在 Windows XP 操作系统中，使用 Administrator 账户登录后，选择“开始”→“管理工具”→“计算机管理”命令，打开“计算机管理”窗口 1，如图 7-21 所示。

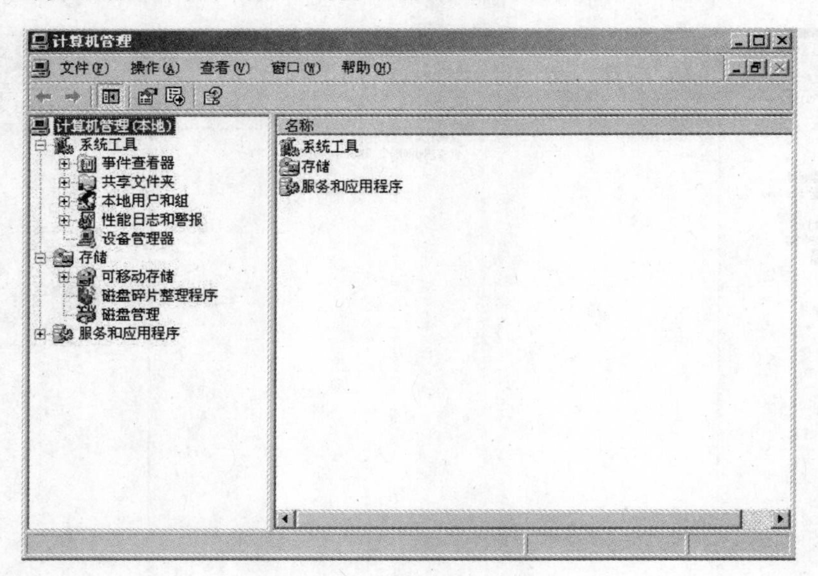


图 7-21 “计算机管理”窗口 1

② 在“计算机管理”窗口 1 中，选择“系统工具”→“本地用户和组”→“用户”选项，在该选项上右击，弹出快捷菜单(见图 7-22)，选择“新用户”命令，打开“新用户”对话框，如图 7-23 所示。

③ 在“新用户”对话框中输入用户名和密码等信息，单击“创建”按钮即可。

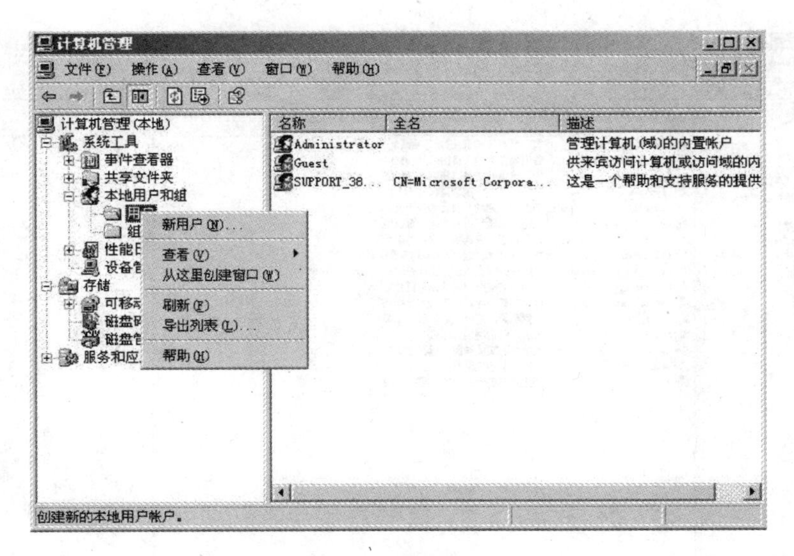


图 7-22　快捷菜单

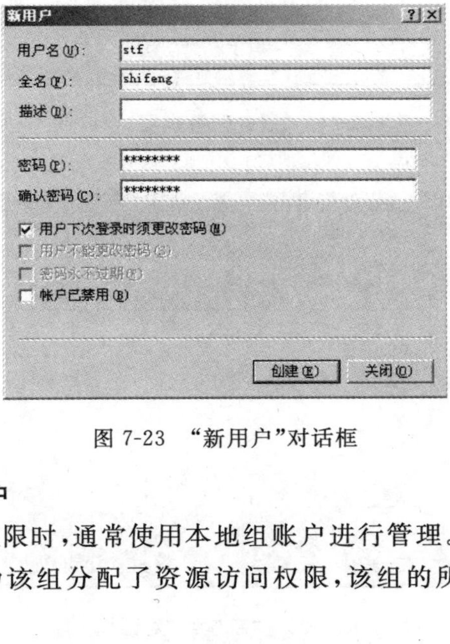

图 7-23　“新用户”对话框

**3. 建立本地“组”账户**

在赋予资源的访问权限时，通常使用本地组账户进行管理。当建立了本地组账户之后，无论什么资源，只要为该组分配了资源访问权限，该组的所有成员都会具有相同的权限。

在 Windows Server 2008 中，建立本地“组”账户的步骤如下：

① 选择“开始”→“管理工具”→“服务器管理器”命令。

② 打开“服务器管理器”窗口 2，在窗口左侧选中“配置”→“本地用户和组”→“组”选项，如图 7-24 所示，窗口右侧将显示登录计算机中的所有组的有关信息，其中“描述”栏描述了这些本地组的用途；在右侧的“操作”窗口中单击，从弹出的菜单中选择“新建组”命令。弹出“新建组”对话框。

③ 在如图 7-25 所示的“新建组”对话框中单击“添加”按钮，弹出“选择用户”对话框。

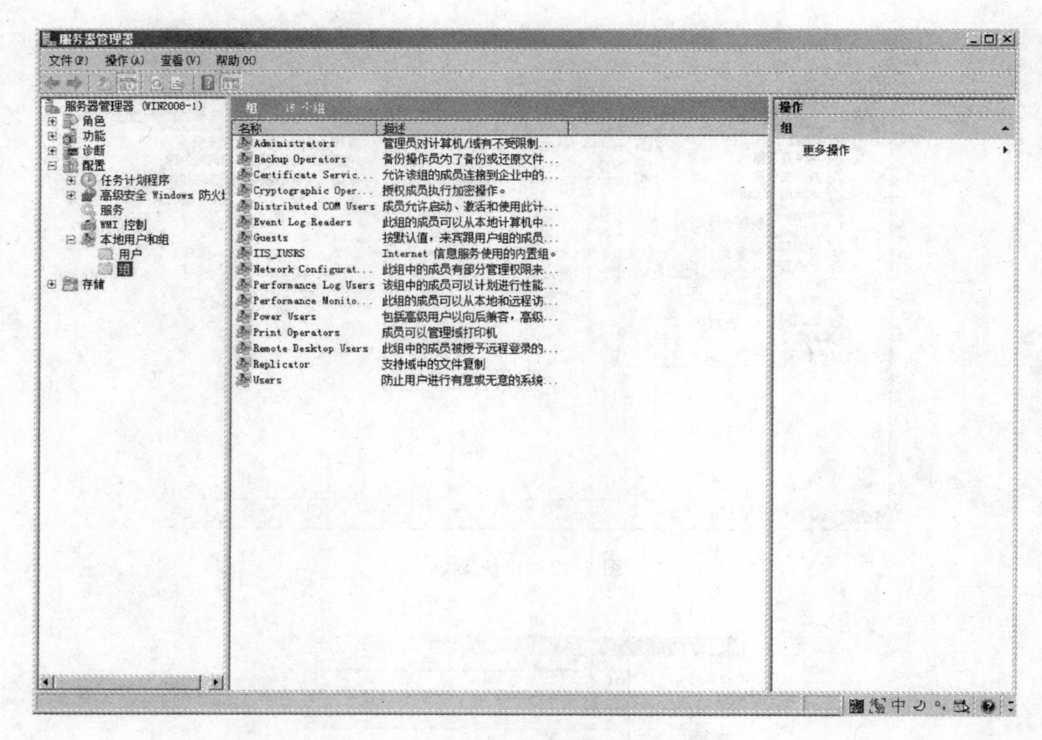


图 7-24　“服务器管理器”窗口 2

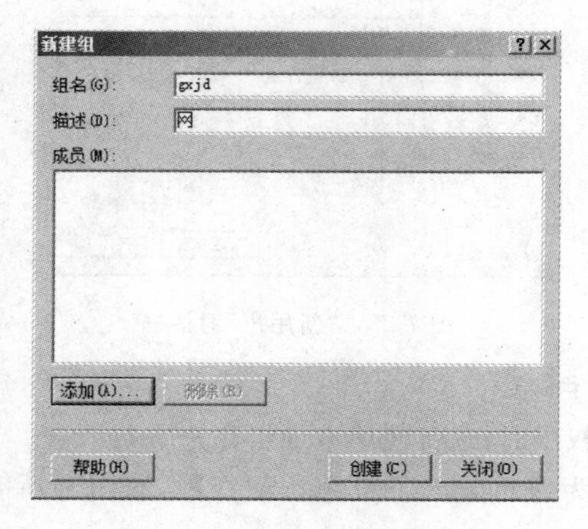


图 7-25　“新建组”对话框

④ 在图 7-26 所示的“选择用户”对话框 1，单击“高级”按钮。弹出“选择用户”对话框 2。

⑤ 在图 7-27 所示的对话框中，单击“立即查找”按钮，“搜索结果”列表框中将列出搜索结果。选中要添加的账户，如“sjy”，最后单击“确定”按钮。

⑥ 返回图 7-26 所示的“选择用户”对话框 2，在对话框下部会列出搜索到的已添加的用户账户名称，单击“确定”按钮。

⑦ 弹出图 7-28 所示的“新建组”对话框，单击“创建”按钮。

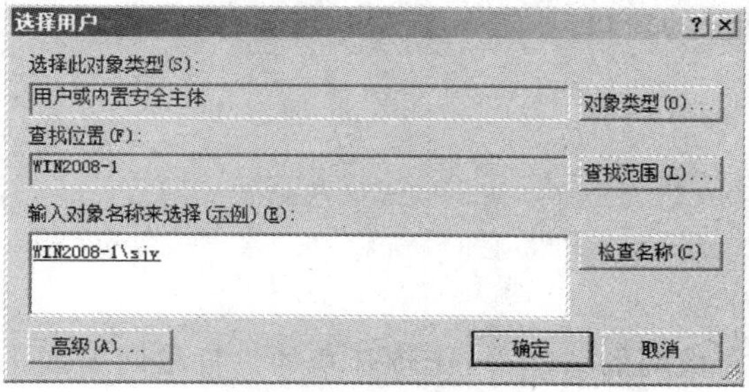

选择用户 ? ×
选择此对象类型(S):
用户或内置安全主体　对象类型(O)...
查找位置(F):
WIN2008-1　查找范围(L)...
输入对象名称来选择(示例)(E):
WIN2008-1\sjy　检查名称(C)
高级(A)...　确定　取消

图 7-26　“选择用户”对话框 1

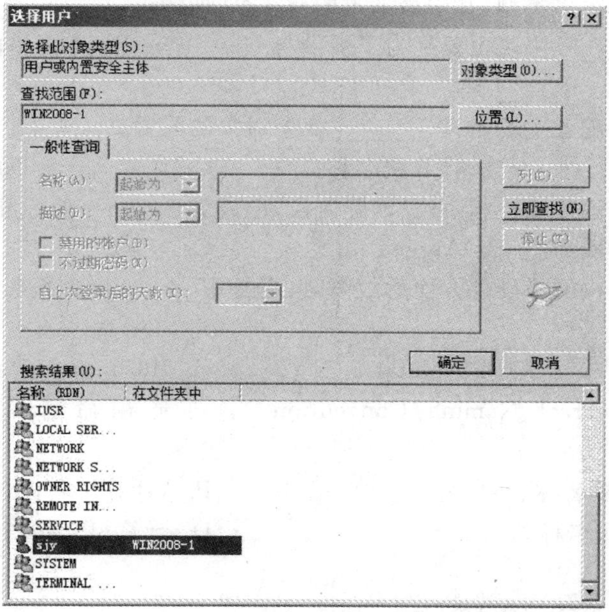

选择用户 ? ×
选择此对象类型(S):
用户或内置安全主体　对象类型(O)...
查找范围(F):
WIN2008-1　位置(L)...
一般性查询
名称(A):　起始为
描述(D):　起始为
禁用的帐户(B)
不过期密码(X)
自上次登录后的天数(I):
列(C)...
立即查找(N)
停止(T)
确定　取消
搜索结果(U):
名称(RDN)　在文件夹中
IUSR
LOCAL SER...
NETWORK
NETWORK S...
OWNER RIGHTS
REMOTE IN...
SERVICE
sjy　WIN2008-1
SYSTEM
TERMINAL ...

图 7-27　“选择用户”对话框 2

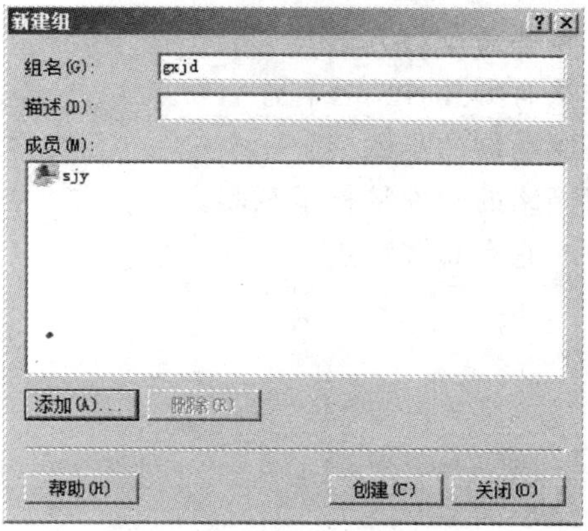

新建组 ? ×
组名(G):　gxjd
描述(D):
成员(M):
sjy
添加(A)...　删除(R)
帮助(H)　创建(C)　关闭(O)

图 7-28　“新建组”对话框 2

⑧ 返回图 7-24 所示的窗口后，显示新建的组名称，到此完成了新组的创建和其成员的添加工作。

# 习题

**一、填空题**

1. 在计算机小型局域网的组建中，比较基本的一种组网方式是将计算机网络组织成工作组方式，这种网络结构通常被称为________。

2. 局域网在工作组模式下构建的网络中，每一台计算机的地位都是________。

3. 网络组件有很多类型，其中最基本的有 3 个，即协议、客户和________。

4. 微软的________协议主要是为了提供与 Novell NetWare 网络的连接。

**二、选择题**

1. 网络组件的配置主要是指________3 个对象的配置。

A. 工作组　　B. 计算机名称　　C. 域　　D. 协议、客户和服务

2. ________表示传输控制协议/网际协议，已成为 Internet 的标准。

A. IPX/SPX　　B. AppleTalk　　C. NWLink　　D. TCP/IP

3. 在排除计算机网络硬件方面的故障时，通常用________命令来检测协议是否正确安装。

A. Ping　　B. Netstat　　C. IPConfig　　D. Windows

4. UNC（Universal Naming Convention），即通用命名标准，其定义格式为________。

A. \\计算机名称\共享名　　B. \计算机名称\共享名

C. \\计算机名称\\共享名　　D. 计算机名称\共享名

**三、问答题**

1. 简述工作组模式的特点。

2. 组建局域网时，对网络组件的基本配置有哪些？

3. 组建工作网络时，可用的操作系统有哪些？

4. 检查网络连通性有哪些命令与方法？

5. 使用资源共享的方法有哪几种？各有什么特点？

6. 简要介绍映射网络驱动器的步骤。

7. 请画出组建工作组网络的硬件结构示意图。

8. 什么叫做本地账户？它有哪些特点？

# 第 8 章

# 创建 Windows Server 2008 域网络

**内容提要：**

- 域的基础知识；
- 域控制器的安装；
- 创建和管理组织单位；
- 共享和保护网络资源。

## 8.1 域的基础知识

**1. 域网络概述**

组建网络时，首要任务就是选择网络计算模式；其次是选择网络操作系统；最后是确定网络系统的管理与组织方式。微软对应的组织方式有工作组和域两种。有关域网络的基本知识如下。

(1) 域的定义

域(domain)是一组由网络构建起来的、共享同一领域内安全信息资源(即活动目录数据库)的计算机群组。

域是活动目录中最基本的分组。每个域都拥有自己独立的活动目录数据库。每个域均有自己的安全策略以及与其他域的信任关系。域管理员只能管理域的内部，除非其他的域赋予他管理权限，他才能够访问或者管理其他的域。域是复制的单位。特定域中的所有域控制器可接收更改内容并将这些内容复制到域中的所有其他域控制器中。

每个域都由一台运行 Windows Server 2008 操作系统的域控制器进行管理，在单域模式中，所有的域控制器都是平等的，如图 8-1 所示。

(2) 域网络的计算模式

在组建微软域网络时，通常按照客户机/服务器模式进行。

客户机/服务器模式又称 C/S(Client/Server，客户机/服务器)模式。这种网络的规模一般比对等网络大。在这种网络中，各计算机节点的地位是不平等的，因此又被称为“主-从式”管理。在这种网络中，通常采用服务器和网络管理员的集中式管理方式，因此，这种模式常常用在大中型网络中，在服务器端使用 Windows Server 2003/Windows 2008

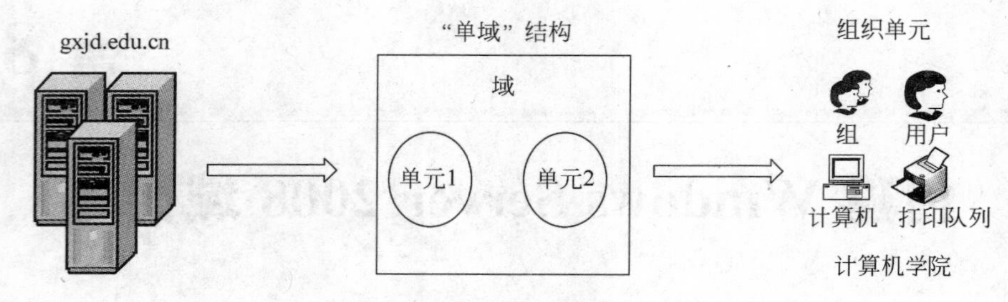


图 8-1 "单域"网络结构

版本，而在客户端可以使用 Windows 操作系统任何一个版本，如 Windows 2000/Windows XP/Windows Vista 等。

(3)"域"中计算机的角色

在"域"结构的网络中，各台计算机的身份是一种不平等的关系，各台计算机的功能及特点都不尽相同，下面分别介绍如下。

① 域控制器(Domain Controllers)。域控制器通常是运行 Windows Server 2003/Windows 2008 的、NTFS 格式的、安装了活动目录的计算机。在域控制器的活动目录中，包括了"域"中所有的对象，如用户、组等信息，以及"域"的安全策略的设置，它是域中活动目录数据库的所在地。一个域至少设置一台域控制器，也可以设置多台域控制器。

② 成员服务器 (Member Server)。域中的成员服务器是指安装了 Windows Server 2000/Windows 2003/Windows 2008 服务器版操作系统，担负着某种任务的，并加入域的计算机。

③ 域的客户机(工作站)。域的客户机是指安装了微软其他操作系统的普通计算机，如安装了 Windows 2000/Windows XP/Windows Vista 等桌面操作系统的计算机。在域网络中，所有的域用户、通过域的客户机，登录到"域控制器"进行验证。通过验证后，才能登录到域，进而使用域中发布的各种资源，并请求和接受网络的各种服务。

(4) 域网络的逻辑组织结构

在微软网络中，工作组网络按照"对等式"模式进行工作，而"域" 网络按照 C/S 模式进行工作。

在域网络中，由管理员统一管理全域的用户账户、服务、各种对象和安全数据，这种域组织方式的网络采用了基于全域目录数据库的统一、集中管理方式。域网络的组织结构如下。

① "单域"网络。"单域"网络的结构如图 8-1 所示，这种网络只有一个域，域中包含多个组织单元，每个组织单元中包含计算机、打印机、组、用户和共享文件夹多种对象。这是中小型域网络最常采用的结构，也是我们将重点介绍的网络。

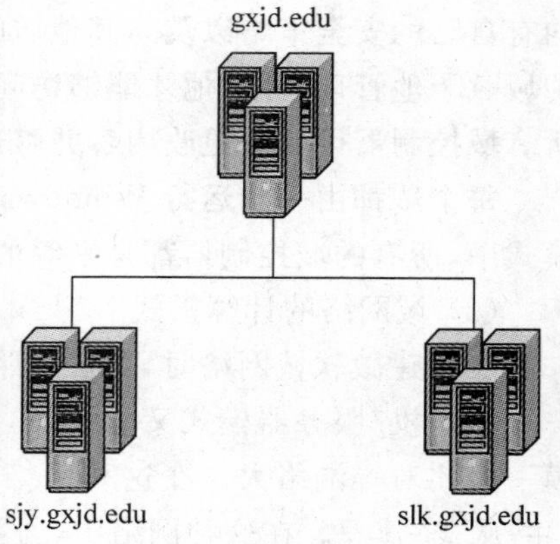


图 8-2 "单域树"网络的结构

② "单域树"网络。"单域树"网络的结构如图 8-2 所示，这种网络由多个域组成，多个域享有共

同的域名空间,如 gxjd. edu; 每个域的组成与“单域”结构相仿,即可以由多个组织单元组成,每个组织单元内又包含多种管理对象。

③ “多域树”网络。“多域树”网络的结构如图 8-3 所示,这种网络由多个“单域树”组成,每棵“单域树”中的各个域享有共同的域名空间, 而不同的“域树”使用的域名空间是不同的,如图 8-3 中的 gxjd. edu 和 gxnn. edu。

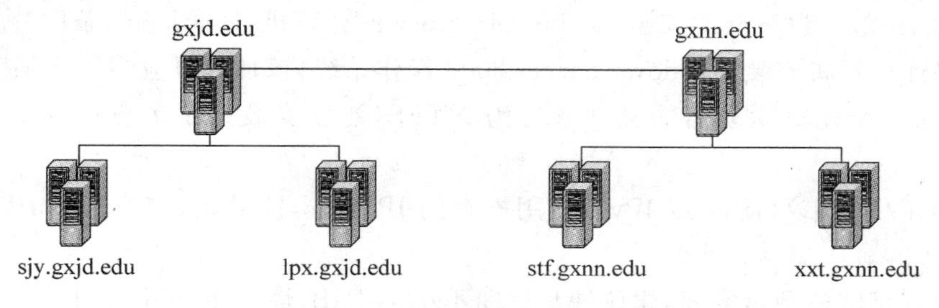


图 8-3　域树和森林的组成

(5) Active Directory 活动目录

Active Directory 的中文名称是“活动目录”。成功安装活动目录的计算机称为域控制器。域网络中最重要的就是活动目录。

① 活动目录是一个活动的数据库。域内所有的对象共享这个集中控制的活动目录数据库,该数据库中包括了域内所有对象(计算机、用户等)的属性信息,例如名称、位置、安全信息等。

② 活动目录是指一种检索服务。Active Directory 就像图书馆中的检索目录,其中保存了各种对象的各种相关信息,这些已经编录的信息便于用户与管理者快速定位各种对象和资源。

③ 活动目录是一种目录服务。网络中的基本服务就是目录服务。利用目录服务,用户或管理者无须知道对象的确切名称和位置,就可以通过对象的一个或多个属性,查找到网络中的各种对象。因此,目录服务是使网络中所有对象及其属性的信息充分发挥作用的服务。利用“活动目录”服务,管理员可以集中组织、管理和控制用户对资源的访问。

**2. 域与工作组网络**

(1) 工作组网络

在对等式的工作组网络中,各个计算机的地位是平等的,其资源和账户的管理是基于本机的分散管理方式。每台计算机上都有由本机管理员管理的本地目录数据库。

(2) 域结构网络

在域结构网络中,网络的工作模式是 C/S 模式,网络中的计算机的地位是不平等的。当用户登录域以后,用户的计算机就被称为客户机。而装有 Windows Server 2008 操作系统的域控制器则被称为服务器。

## 8.2 域控制器的安装

**1. 安装前的准备工作**

目前,企业建立网络通常采用域的组织结构,这样可以使得局域网的管理工作变得更集中、更容易。安装 Windows Server 2008 服务器版操作系统时并未自动生成活动目录，因此，必须通过安装活动目录来建立域控制器，并且通过活动目录的管理来实现对各种对象的动态管理与服务。

要安装 Active Directory，用户必须首先进行选择：为该计算机建立一个新的域目录树还是在已经存在的域中建立其他的域控制器，或者是为该计算机在现有的目录树中创建一个新的子域。以下介绍安装 Active Directory 的计算机必须具备的条件：

① 保证计算机安装 Windows Server 2008 操作系统，该计算机应当位于某工作组中，并且至少有一个逻辑驱动器的文件系统为 NTFS（建立安装系统的分区为 NTFS 文件系统）。

② TCP/IP 协议（IPv4 或 IPv6）使用静态的 IP 地址，即手动指定 TCP/IP 协议的各项参数。

③ 要有足够的硬盘空间，建议硬盘空间不小于 4GB，最好在 8GB 以上。

④ 规划好 DNS 名称空间。在域结构的局域网中，至少要有一台计算机安装成 DNS 服务器，并可以通过该 DNS 服务器查找其他的计算机。所以在安装 Active Directory 前应为该网络分配一个符合 DNS 规格的域名（如 Adomain. com）。应当在安装之前或安装过程中配置 DNS 与 AD 活动目录集成的区域。

**2. 安装 Active Directory 并创建第一个域**

安装第一台域控制器的方法有“命令方式”和“专用工具-服务器管理理器”两种。“命令方式”可以在 Windows 2000/Windows 2003/Windows 2008 的服务器版上使用，而后者在不同版本的服务器中的称谓可能不同。但是，无论采用哪种建立域控制器的方法，在启用活动目录安装向导后的剩余步骤都是相同的，此外，在独立服务器升级为域控制器的同时，不但会生成根 域，还会自动建立起活动目录、DNS 服务器，以及“Active Directory 用户和计算机”等管理工具。

(1)“命令方式”安装第一台域控制器

下面介绍以“命令方式”安装第一台域控制器的步骤。

① 依次选择“开始”→“运行” 命令。

② 弹出图 8-4 所示的 Windows Server 2008 的“运行”对话框，输入升级/降级域控制器的命令“dcpromo”，单击“确定”按钮。

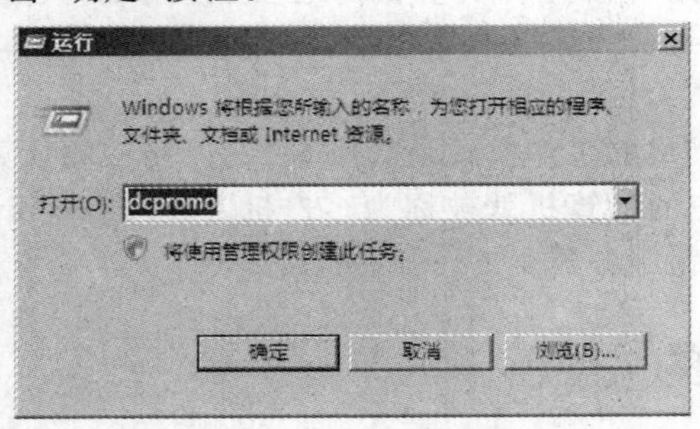


图 8-4 “运行”对话框

③ 弹出如图 8-5 所示的“正在安装 Active Directory 域服务二进制文件”对话框，稍后弹出如图 8-6 所示的“Active Directory 域服务安装向导”页面，对于默认选项的安装，可直接单击“下一步”按钮，而对于有经验的用户则可以选择“使用高级模式安装”，以便于对安装过程的更多控制。在这里单击“下一步”按钮。

图 8-5　“正在安装 Active Directory 域服务二进制文件”对话框

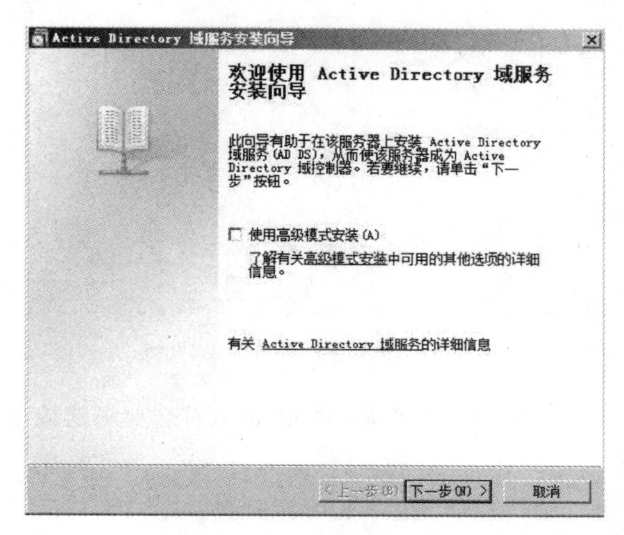


图 8-6　“Active Directory 域服务安装向导”页面

④ 弹出如图 8-7 所示的“操作系统兼容性”页面，单击“下一步” 按钮。

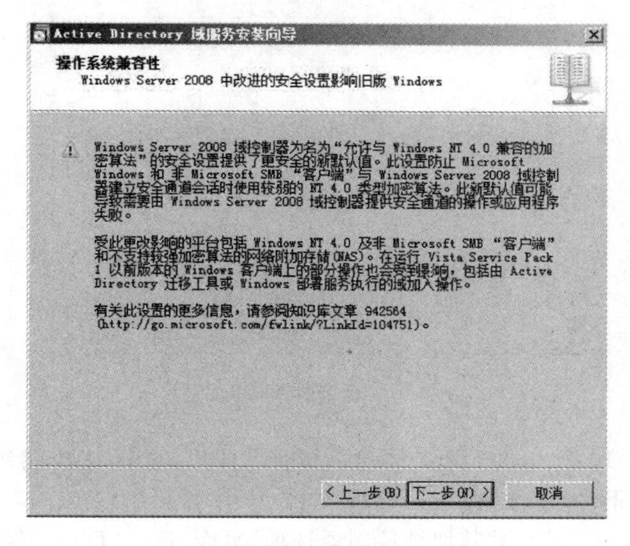


图 8-7　“操作系统兼容性”页面

⑤ 弹出如图 8-8 所示的“选择某一部署配置”页面，当建立的是第一台域控制器时，选择“在新林中新建域”单选按钮后，单击“下一步”按钮。

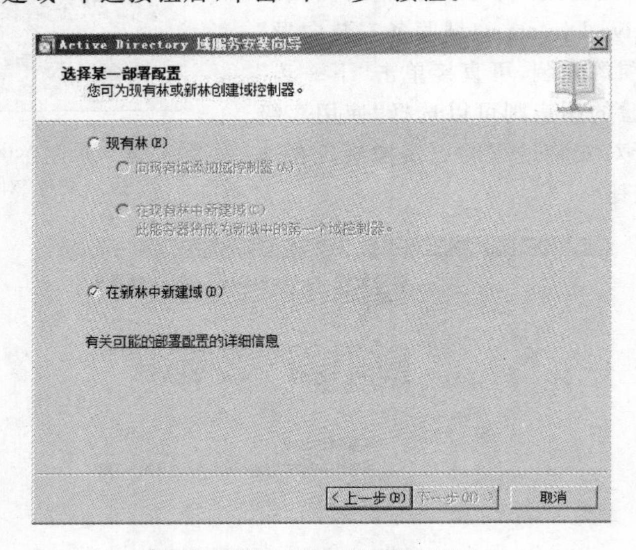


图 8-8 “选择某一部署配置”页面

⑥ 弹出如图 8-9 所示的“命名林根域”页面，输入符合要求的域名，如 gxjd. edu. cn，单击“下一步” 按钮。

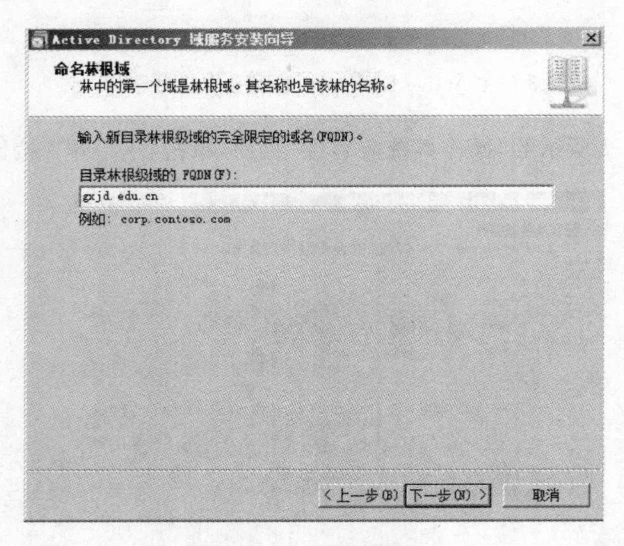


图 8-9 “命名林根域”页面

⑦ 弹出如图 8-10 所示的“设置林功能级别”页面，选择林功能级别，如 Windows Server 2008，单击“下一步”按钮。

⑧ 弹出如图 8-11 所示的“其他域控制器选项”页面，选中“DNS 服务器”复选框，单击“下一步”按钮。

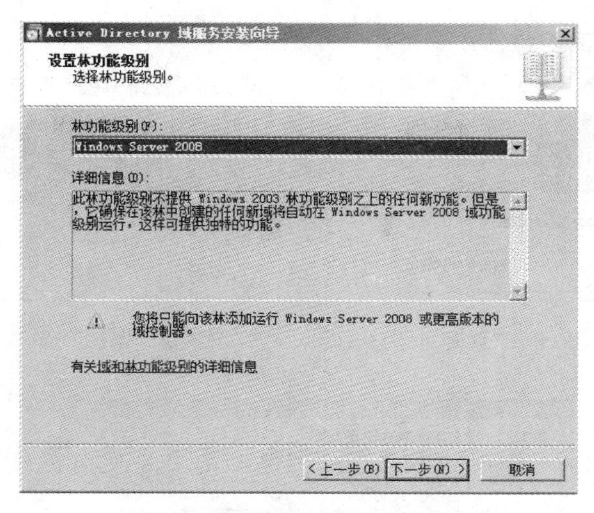


图 8-10　“设置林功能级别”页面

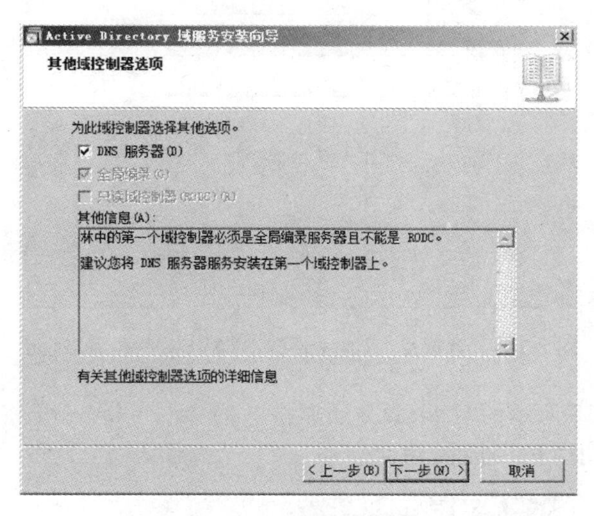


图 8-11　“其他域控制器选项”页面

⑨ 当出现如图 8-12 所示的“静态 IP 分配”页面时，表明系统的网络连接设置有动态 IP 地址。通常会将 TCP/IP 协议（IPv4)设置为静态分配的固定 IP 地址，而忽略 IPv6 协议的设置。因此，如果暂时不用 IPv6 协议，可在“本地连接属性”对话框中，取消选中“Internet 协议版本 6(TCP/IP IPv6)”复选框，这里选择“否，将静态 IP 地址分配给所有物理网络适配器”选项。

⑩ 弹出如图 8-13 所示的创建 DNS 服务器的委派页面，通常要创建委派记录，因为委派记录将传给名称解析机构和提供授权管理新区域的新服务器，以便其他 DNS 服务器和客户端对其正确引用。创建 DNS 委派记录的方法为：打开“DNS 管理器”，右击父域，然后单击“新建委派”按钮，按照“新建委派向导”中的步骤创建委派。

⑪ 在图 8-13 中单击“是”按钮，弹出如图 8-14 所示的“数据库、日志文件和 SYSVOL 的位置”页面，通常接受默认的存储位置，直接单击“下一步”按钮。

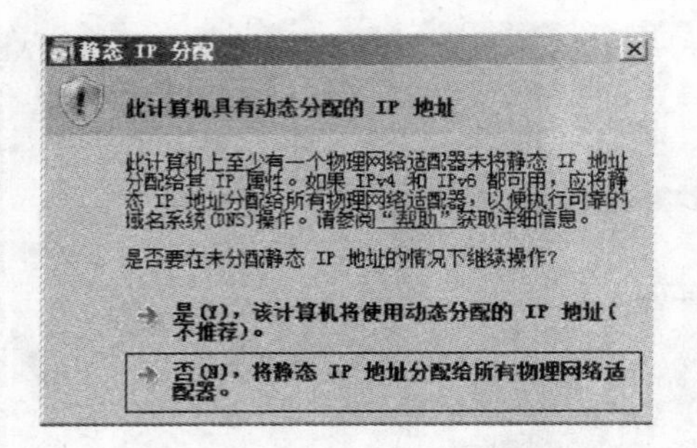


图 8-12 “静态 IP 分配”页面

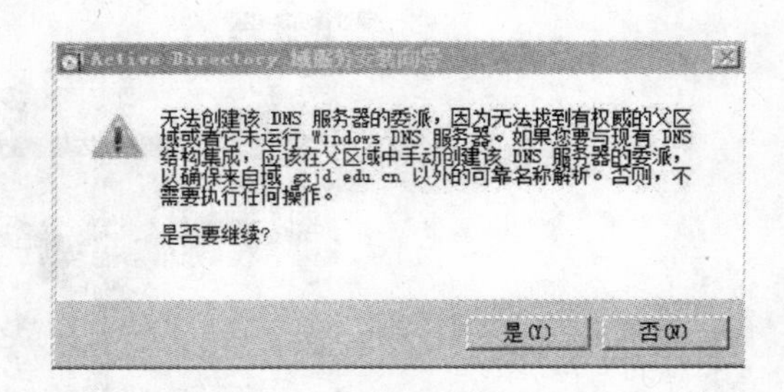


图 8-13 创建 DNS 服务器的委派页面

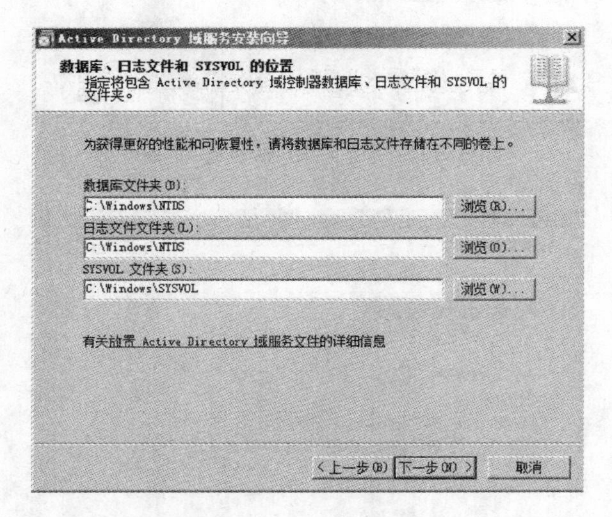


图 8-14 “数据库、日志文件和 SYSVOL 的位置”页面

⑫ 弹出如图 8-15 所示的“目录服务还原模式的 Administrator 密码”页面，输入目录服务还原的密码，单击“下一步”按钮。

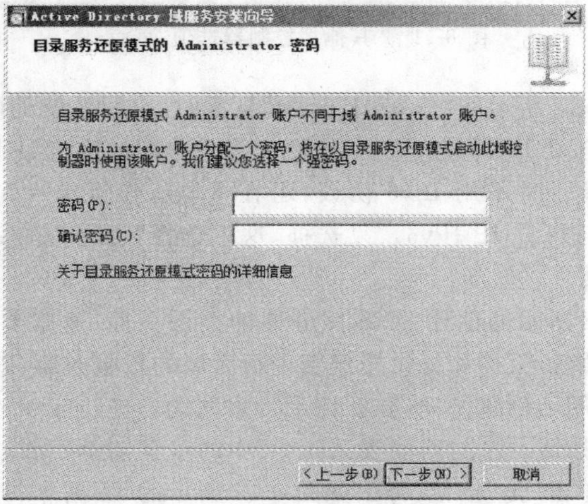

图 8-15 “目录服务还原模式的 Administrator 密码”页面

⑬ 弹出如图 8-16 所示的"摘要"页面，核对设置的信息。如果要修改，单击"下一步"按钮，返回前面的页面，没有问题时，单击"下一步"按钮。

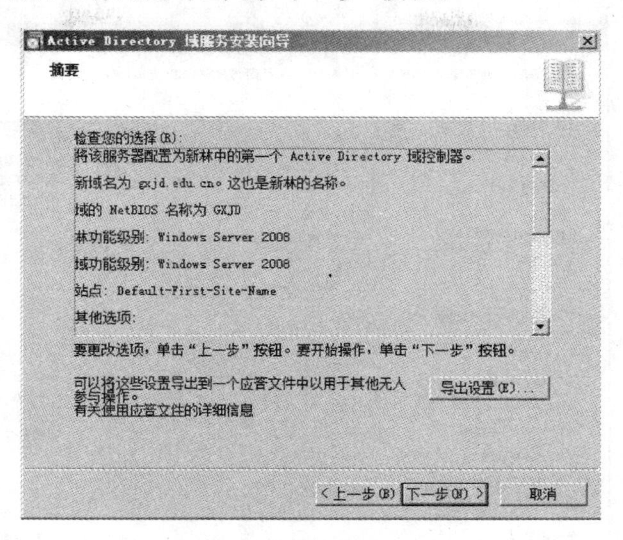


图 8-16　"摘要"页面

⑭ 弹出如图 8-17 所示的"等待 DNS 安装完成"页面，耐心等待域服务安装向导完成安装任务。如果长时间没有反应，需要中断时，则单击"取消"按钮。

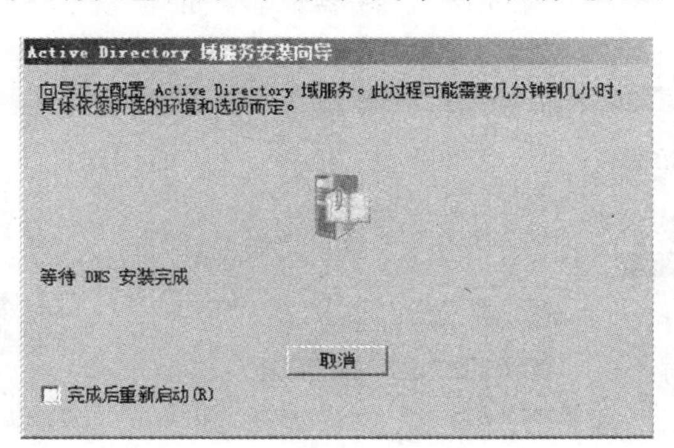


图 8-17　"等待 DNS 安装完成"页面

(2) 利用"服务器管理器"工具建立域控制器

通过 Windows Server 2008 独立服务器中的"服务器管理器"工具，建立域控制器步骤如下：

① 依次选择"开始"→"管理工具"→"服务器管理器"命令。

② 打开如图 8-18 所示的"服务器管理器"窗口，在右侧窗口的"角色摘要帮助"组中，单击"添加角色"选项。

③ 弹出如图 8-19 所示的"选择服务器角色"页面，选中与 Active Directory（活动目录）有关的选项，以及"DHCP 服务器"。

④ 弹出"Active Directory 域服务"页面，单击"下一步"按钮。

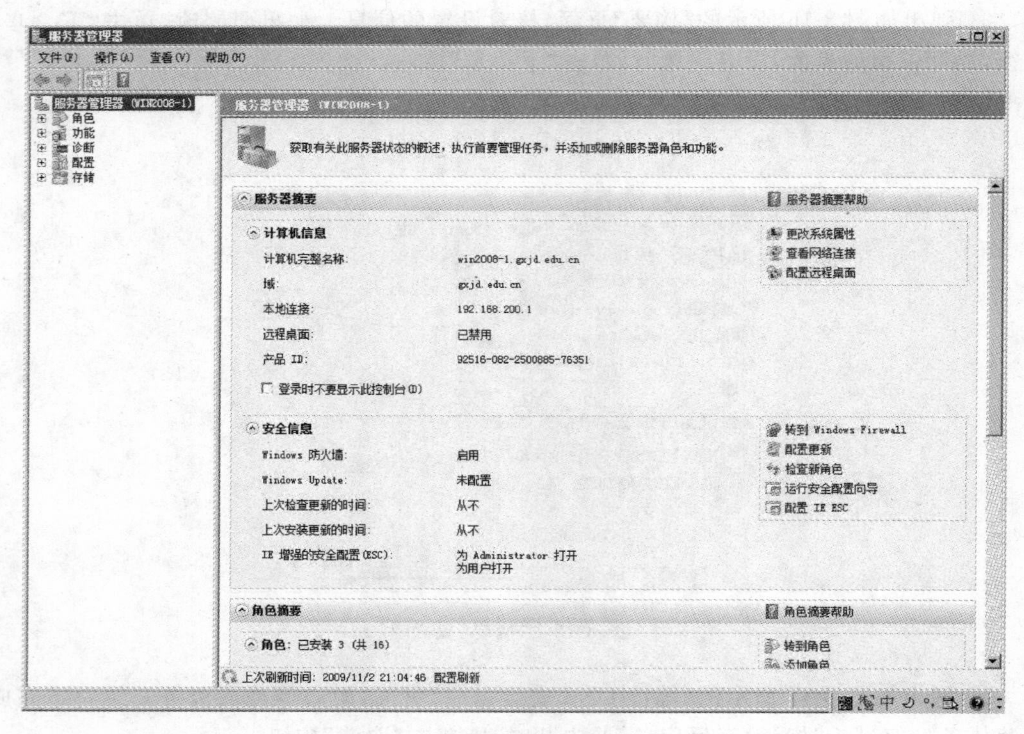


图 8-18 “服务器管理器”窗口

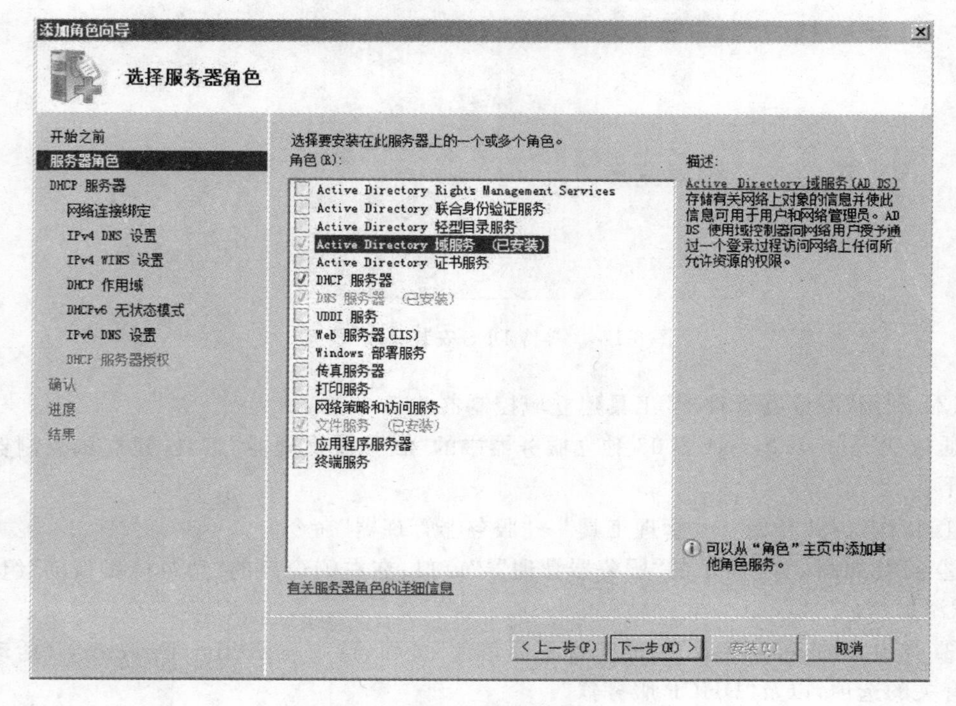


图 8-19 “选择服务器角色”页面

⑤ 弹出“确认安装选择”页面，单击“安装”按钮。

⑥ 弹出“安装结果”页面，系统提示单击“关闭”按钮，运行“dcpromo”命令。

⑦ 执行与“命令方式”安装的步骤，跟随 Active Directory 安装向导页面，即可完成剩余的安装与设置任务。

**3. 降级域控制器**

在活动目录安装好以后，用户若想为该服务器重新配置另外一个角色，可将该服务器上的活动目录删除。使其降级为成员服务器或独立服务器。具体的操作方法和安装过程相似，以管理员的身份(或具有管理员的权限)登录计算机：选择“开始”→“运行”命令，然后输入“dcpromo. exe”命令，启动 Active Directory 安装向导，按照向导的提示操作，即可将 Active Directory 删除，将该服务器降级为成员服务器或独立服务器。

## 8.3 创建和管理组织单位

**1. 创建和管理组织单位**

在实现“单域”网络时，首先应建立对应的各个目录对象的组织单位。

(1) 组织单位 (OU)

在 Windows Server 2003/Windows Server 2008 的域中，最有用的目录对象类型就是组织单位(Organizational Unit，OU)，OU 是活动目录中特有的一种目录对象类型。组织单位是一种目录容器，它可以包含用户、组、计算机、打印机和其他组织单位。组织单位只能包含本域的对象。但是，它不能包括来自其他域的对象。

(2) 组和组织单位的区别

组和组织单位的最大不同在于，前者是用户账户或其他组账户的集合，主要用于用户账户的组织管理，以及资源权限的访问控制，而后者是多种对象的集合，主要着眼于网络系统的构建。因此，组织单位更适宜与企业网络的具体部门相对应，例如，一个企业网络可以组成一个域，其中，市场部、供应部、人力资源、动力车间等部门，可以分别对应多个域中的组织单位，每个组织单位，再包含自己部门的用户账户、组账户、打印机、共享文件夹等多种对象。

(3) 建立组织单位

建立组织单位比较简单，其操作步骤如下：

① 依次选择“开始”→“服务器管理器”命令。

② 打开如图 8-20 所示的“服务器管理器” 窗口，在左侧窗口选中“Active Directory 用户和计算机”选项，选中拟建立组织单位的位置，如域 gxjd. edu. cn，然后右击，在弹出的下拉菜单中依次选择“新建”→“组织单位”命令。

③ 弹出如图 8-21 所示的 “新建对象-组织单位”页面，输入组织单位的名称，单击“确定”按钮，完成一个组织单位的创建工作。

(4) 移动用户到指定的组织单位

① 依次选择“开始”→“服务器管理器”命令。

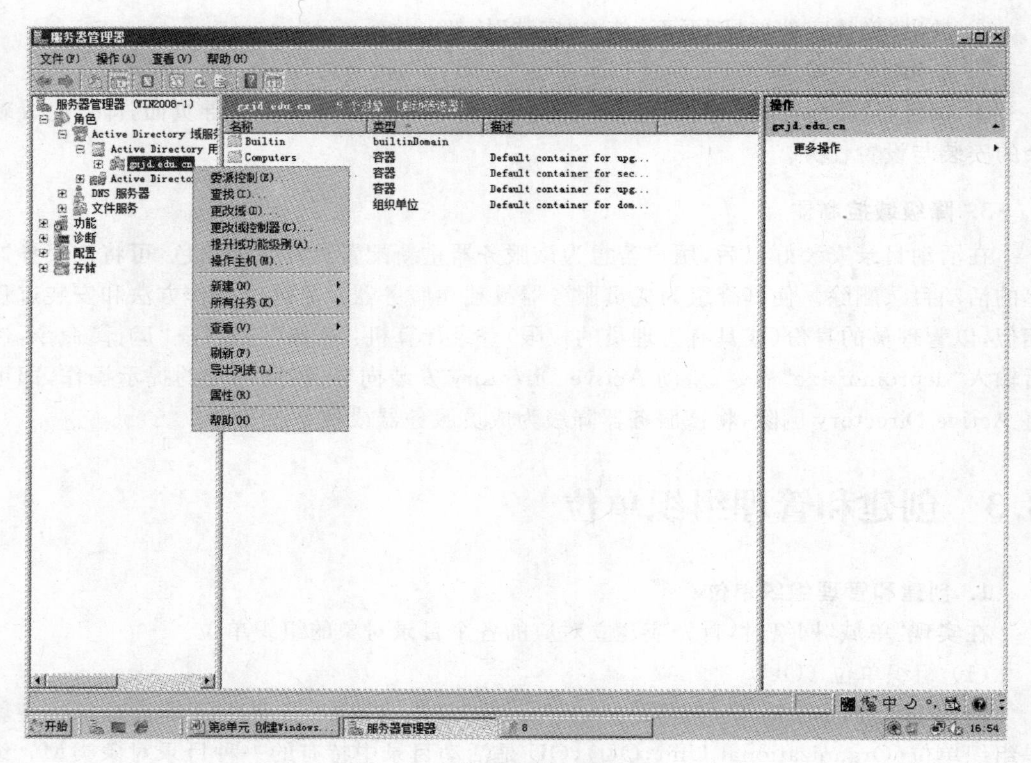

图 8-20 “服务器管理器”窗口

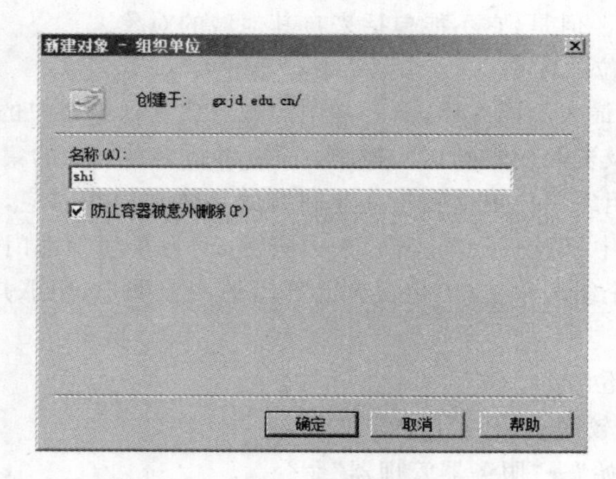

图 8-21 “新建对象-组织单位”页面

② 在如图 8-22 所示窗口左侧的目录树中，依次选择“Active Directory 用户和计算机”→“gxjd. edu. cn”→“Users”选项，然后选中需要移动到组织单位的“用户”对象，如 shijy，右击，在打开的快捷菜单中选择“移动”命令。

③ 弹出如图 8-23 所示的“移动”对话框，定位移动的目标位置，如 Users 中的“shijy”后，单击“确定”按钮。完成将选定“用户”移动到指定部门 shi 的管理任务。

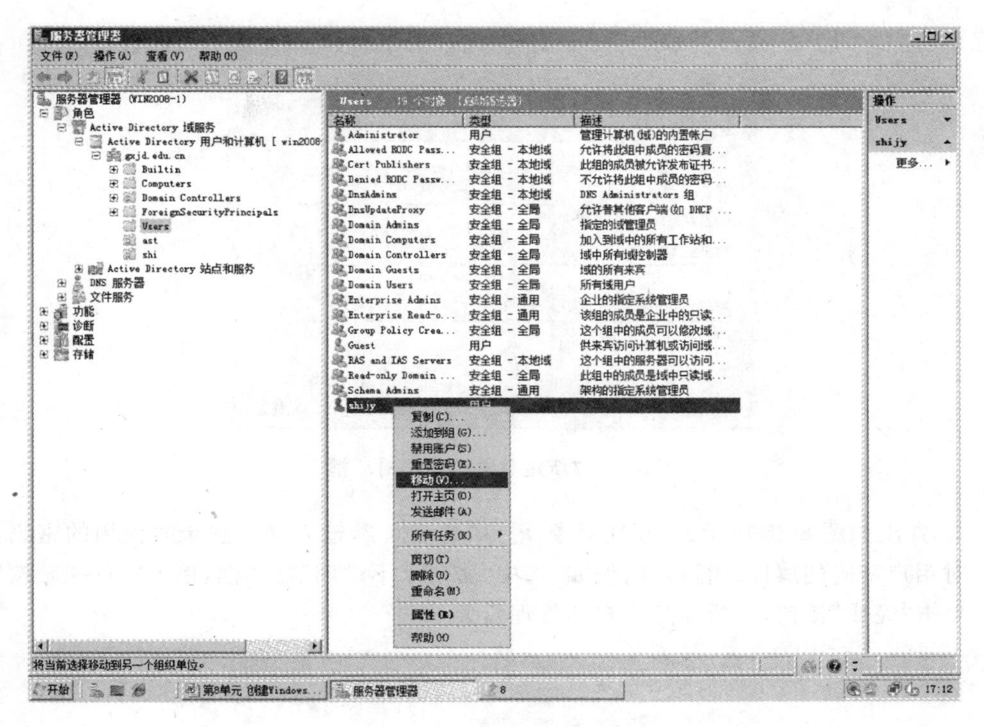


图 8-22　选择“移动”命令

图 8-23　“移动”对话框

**2. 建立“域用户”账户**

在指定组织单位中创建“域用户”的操作步骤如下：

① 使用具有管理账户权限的账户登录 Windows Server 2003/Windows Server 2008 域控制器。

② 依次选择“开始”→“服务器管理器” 命令。

③ 在“服务器管理器”窗口左侧的目录树中，选中创建用户的位置并右击，在弹出的快捷菜单中，选择“新建”→“用户”命令。

④ 弹出如图 8-24 所示的“新建对象-用户” 对话框 1，应输入用户的一些必要信息，单击“下一步”按钮。

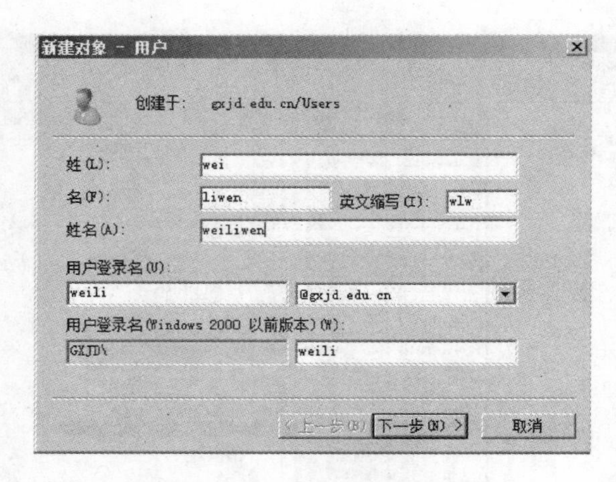


图 8-24 “新建对象-用户”对话框 1

⑤ 弹出如图 8-25 所示的“新建对象-用户”对话框 2，输入用户登录时使用的密码，还可以对用户密码的属性进行设置，例如，选中“密码永不过期”复选框，单击“下一步”按钮，然后单击“完成”按钮，完成新建用户的管理任务。

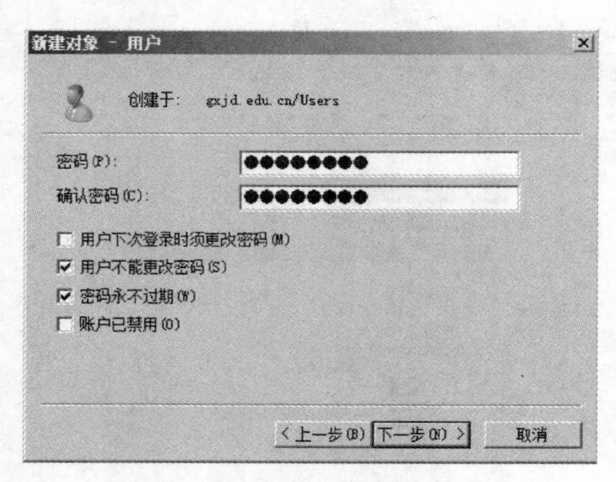


图 8-25 “新建对象-用户”对话框 2

**3. 创建与管理组**

在组账户的管理中，管理员除了应掌握创建、修改组账户的基本操作外，还应理解组的特点，并逐步掌握组的性质、类型与应用策略。

(1) 什么是组

组(group)即组账户，它是用户账户的集合。在进行资源或服务管理时，为组分配了资源访问的权限后，同一组中的所有用户都会拥有相同的访问权限。同理，在为用户进行权力管理时，为组指定了某项权力后，组中的所有用户账户都会拥有相同的权力。

总之，管理员应熟练掌握利用组进行各种资源、权力、服务、安全管理。利用好组，可以简化操作的复杂程度，降低管理的难度。

(2) 组的特点

① 加入某个组的用户账户，将自动继承该组拥有的权限和权力。因为，赋予组的权

限和许可时，对于组中的所有账户的成员都会生效。

② 一个账户可以不隶属于任何组，也可以同时隶属于多个组，若加入了多个组，则同时拥有这多个组的权限与权力。

③ 一个组账户还可以加入到另一个组账户。

(3) 活动目录中内置的本地域组(Built-in)

所谓"内置"就是指未建立就存在的对象，如内置组 Administrators 和内置账户 Guest。查看具有完全管理权的内置组和内置账户的步骤如下：

① 依次选择"开始"→"服务器管理器"命令。

② 打开"服务器管理器"窗口，在左侧窗口选中"Active Directory 用户和计算机"选项，在窗口左侧展开"Builtin(内置)"选项，右侧窗口将列出所有内置组对象的清单。从中找到"Administrators"组，可见到其类型为"安全组-本地域"，以及其权限的描述，对计算机/域有不受限制的完全访问权。如将建立的域用户账户加入到组中，则该账户就拥有了管理计算机和域的完全权限。

(4) 创建组账户

由系统创建的组主要有两类：第一，域控制器安装后内置的组账户(位于 Builtin 目录)；第二，系统自身根据管理生成的预定义组(位于 Users 目录)。管理员根据管理的需要，往往要创建很多组，这些组被称为自定义组账户。

(5) 新建全局组

在指定的组织单位中创建全局组，并添加组成员。在组织单位中创建全局组的步骤如下：

① 使用活动目录中具有管理员的权限的账户登录域控制器，如 Administrator 账户。

② 依次选择"开始"→"服务器管理器"命令。

③ 打开"服务器管理器"窗口，在左侧窗口选中"Active Directory 用户和计算机"选项，在窗口左侧列表中，选中要创建组的位置并右击，在弹出的快捷菜单中依次选择"新建"→"组"命令。

④ 弹出如图 8-26 所示的"新建对象-组"对话框，输入组名，选择组作用域、组类型。最后单击"确定"按钮，完成全局组的创建。

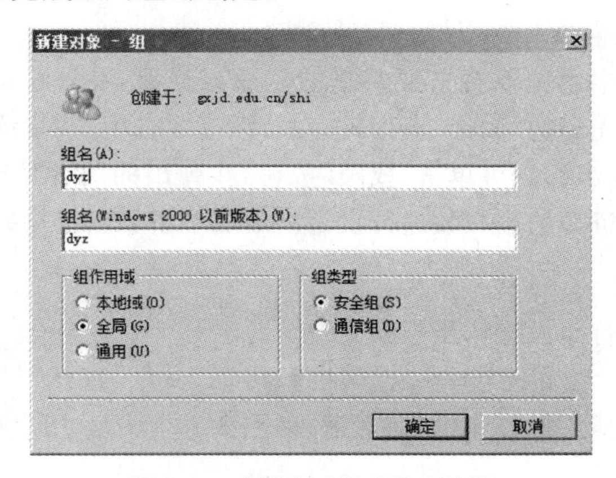


图 8-26　"新建对象-组"对话框

## 8.4 共享和保护网络资源

计算机的资源有硬件资源和软件资源。硬件资源主要是硬盘、光驱、软驱、打印机和扫描仪等设备，以下是常用外部设备的共享操作过程。

**1. 硬盘的共享**

① 用鼠标右击“我的电脑”后选择并打开“资源管理器”项，在文件夹栏用鼠标右击选择要共享的逻辑驱动器，选择“共享”项，弹出共享逻辑驱动器的“属性”对话框，如图 8-27 所示。

② 单击“高级共享”按钮，弹出“高级共享”对话框，如图 8-28 所示，选择“共享此文件夹”选项。如果需要设置访问权限，可单击“权限”按钮进行设置，到此，硬盘的共享设置操作已完成。

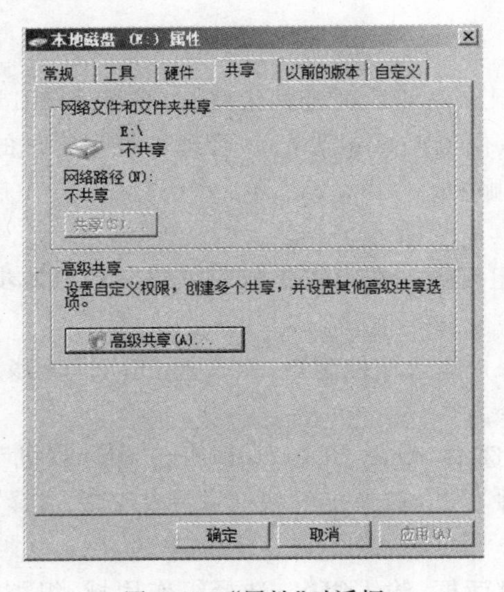


图 8-27 “属性”对话框

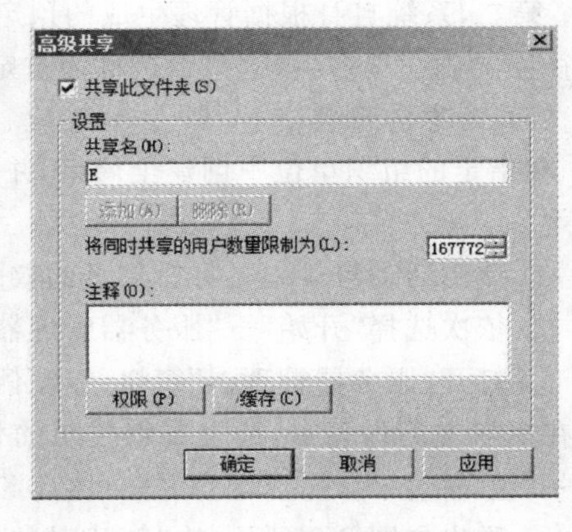


图 8-28 “高级共享”对话框

**2. 软驱和光驱的共享**

在“资源管理器”中用鼠标右击要共享的软驱或光驱，在弹出的快捷菜单中选择“共享”命令，弹出软驱或光驱的“属性”对话框，在对话框中选中“共享此文件夹”选项，输入共享名。若要设置访问权限，则可单击“权限”按钮，在弹出的“权限”对话框中进行设置，用户也可以对连接到该资源的用户数进行设定。最后单击“确定”按钮即可。

**3. 打印机的配置**

安装与共享本地打印机操作步骤如下：

① 选择“开始”→“控制面板”→“打印机和传真”命令，打开“打印机和传真”窗口，双击“添加打印机”，弹出“添加打印机”对话框，如图 8-29 所示。用户根据该界面提示，即可进行安装。

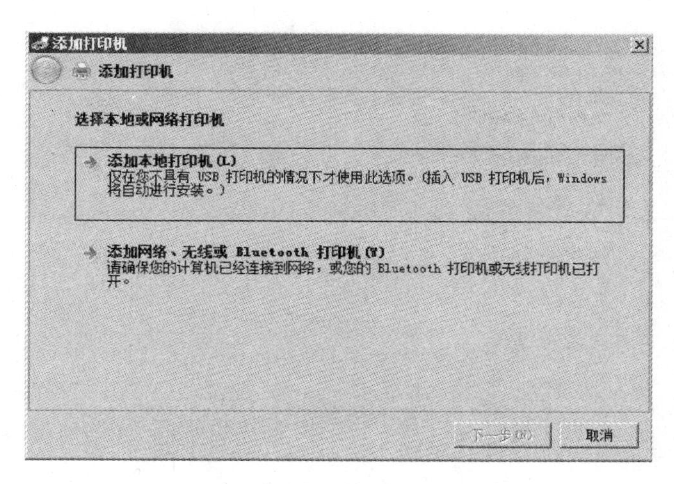


图 8-29 “添加打印机”对话框

② 选择“添加本地打印机”选项，再单击“下一步”按钮，打开安装向导中的“安装打印机驱动程序”对话框，如图 8-30 所示。在此可以从磁盘安装，也可以选择厂商和打印机型号，单击“下一步”按钮。

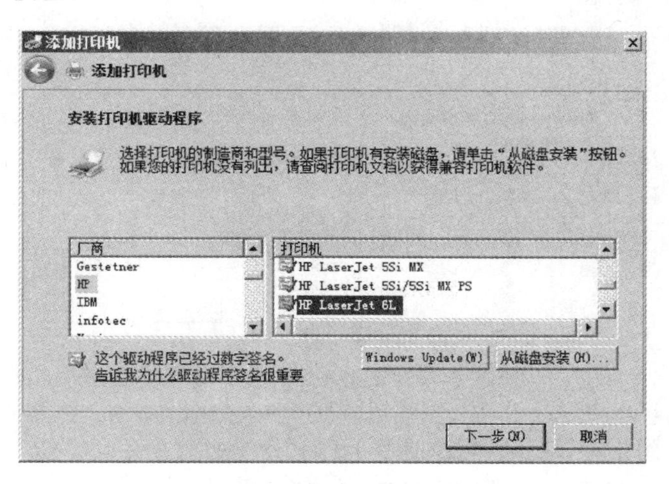


图 8-30 “安装打印机驱动程序”对话框

③ 弹出“输入打印机名称”对话框，在该对话框中可为打印机提交名称，如图 8-31 所示。

④ 单击“下一步”按钮，弹出“打印机共享”对话框，如图 8-32 所示，单击“下一步”按钮即可完成本地打印机的安装。

**4. 访问已发布的“共享文件夹”**

在域中各计算机上，不但可以通过活动目录来查找网络资源，也可以通过活动目录来使用网络资源，下面介绍在活动目录中查找和搜索对象的步骤：

① 重新启动计算机后，使用域控制器的有效账户登录。

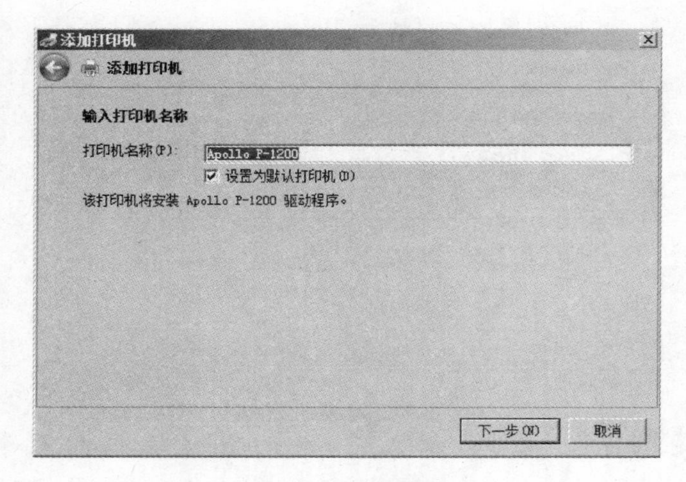


图 8-31 “输入打印机名称”对话框

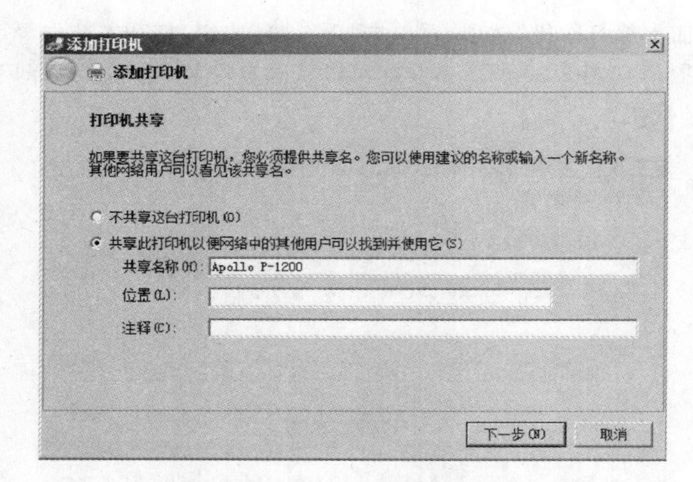


图 8-32 “打印机共享”对话框

② 成功登录到指定“域”后，依次选择“开始”→“网络”命令。

③ 打开如图 8-33 所示的“网络”窗口，单击“搜索 Active Directory”选项。

④ 打开如图 8-34 所示的“查找 共享文件夹”窗口，在“查找”文本框中选择要查找的目录对象的类型，单击“开始查找”按钮，窗口下部将列出搜索到的“共享文件夹”对象列表，选中要访问的对象并右击，在弹出的快捷菜单中选择“浏览”命令，即可浏览到活动目录中已经发布的共享文件夹的内容。

**5. 发布共享打印机**

在活动目录中，发布共享打印机包括共享和发布两个主要步骤。

(1) 打印服务器

打印服务器是指连接了物理打印机的计算机，它负责向其他使用打印机的用户提供打印服务。

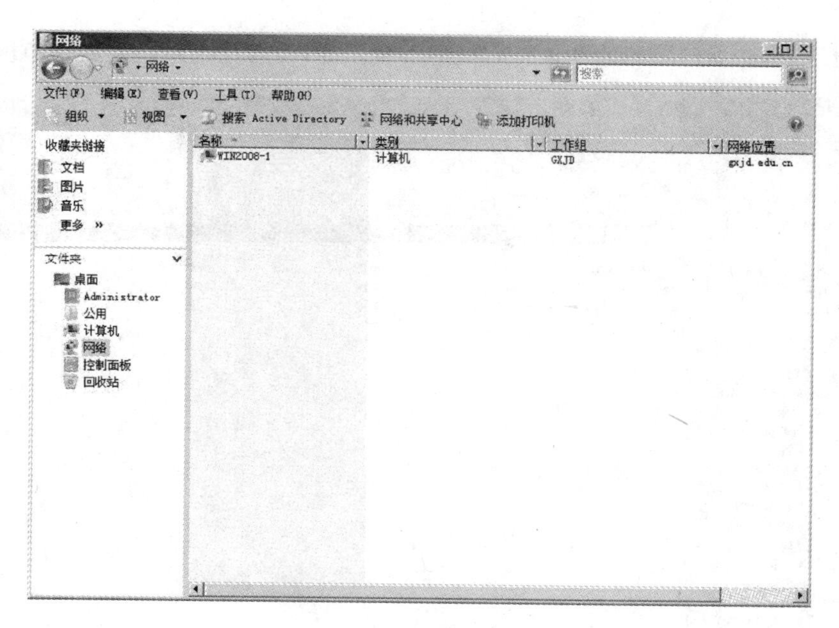


图 8-33　“网络”窗口

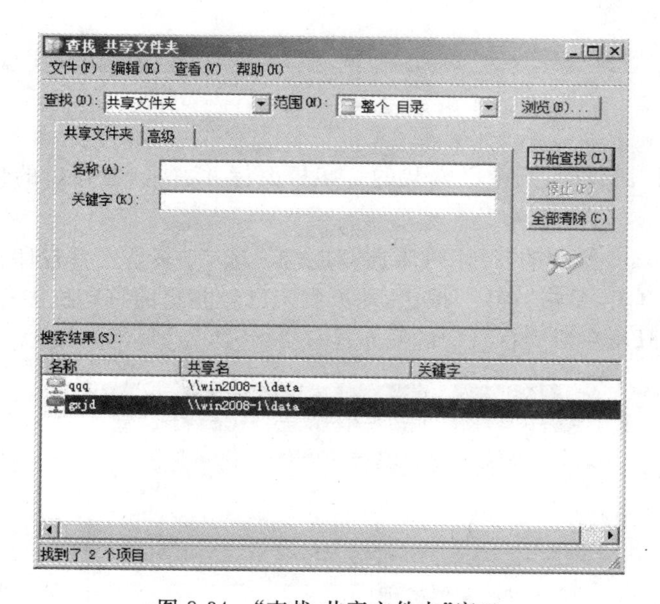


图 8-34　“查找 共享文件夹”窗口

(2) 共享与发布打印机

首先连接物理打印机，并设置为共享，然后将共享的打印机属性信息发布到活动目录中。基本步骤如下：

① 在打印机所在的计算机上(即打印服务器)，依次选择“开始”→“控制面板”→“打印机”命令。

② 打开如图 8-35 所示的“打印机”窗口，单击“添加打印机”选项，启动打印机安装向

导。跟随打印机安装向导完成本地打印机的安装任务,即可见到新建立的打印机图标。

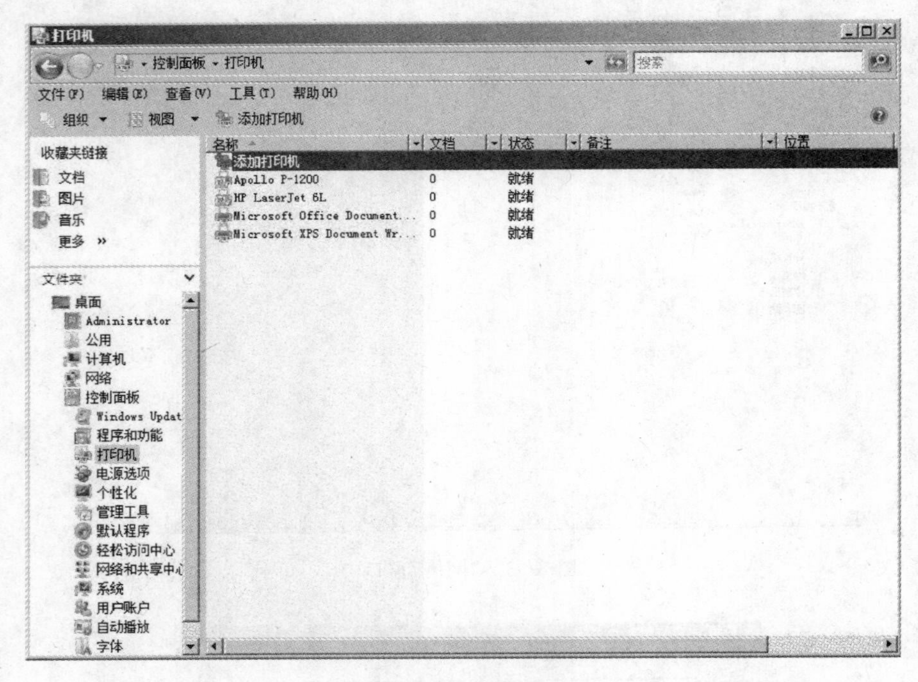


图 8-35 “打印机”窗口

③ 在“打印机”窗口中,选中已安装的打印机图标并右击,在弹出的快捷菜单中选择“属性”命令。

④ 弹出如图 8-36 所示的“打印机属性”对话框,选中“共享这台打印机”、“列入目录”等复选框,输入共享名,单击“确定”按钮,即可看到已经共享的打印机图标。至此,完成打印机的添加、共享以及在活动目录中的发布等任务。

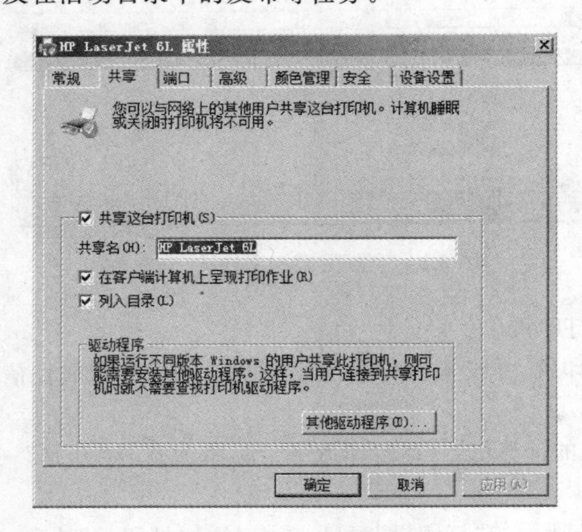


图 8-36 “打印机属性”对话框

# 习题

## 一、填空题

1. 在组建网络时，首要任务就是选择网络计算模式；其次是选择网络操作系统；最后是确定网络系统的管理与组织方式。微软对应的组织方式有工作组和________两种。

2. 活动目录中最基本的分组是________。

3. 在单域模式中，所有的域控制器都是________。

4. 在对等式的工作组网络中，各个计算机的地位是平等的，其资源和账户的管理是基于本机的________管理方式。

## 二、选择题

1. 客户机/服务器模式又称________模式。

A. 客户机/服务端　　B. C/S　　C. WWW　　D. FTP

2. Active Directory 的中文名称是________。

A. 活动目录　　B. 活动　　C. 目录　　D. 目录数据库

3. 在域结构网络中，网络的工作模式是 C/S 模式，网络中的计算机的地位是________。

A. 平等的　　B. 相等的　　C. 不相等的　　D. 不平等的

4. 在安装域控制器时，在"运行"对话框中输入升级/降级域控制器的命令是________。

A. dcprono　　B. dcpromo

C. ping　　D. cmd

## 三、问答题

1. 什么是域?
2. 在微软网络中，域网络的组织结构有哪几种?
3. 使用什么命令可以将独立服务器升级为域控制器? 升级的条件是什么?
4. 域网络的计算模式有哪几种? 各有什么特点?
5. 域与工作组的特点各有什么不同?
6. 简述新建组织单位的步骤。
7. 简述共享文件夹设置的具体步骤。

# 第 9 章

# DHCP 服务器的配置与管理

**内容提要：**

- DHCP 服务器概述；
- DHCP 服务器的安装和授权；
- DHCP 管理；
- DHCP 客户机的设置。

## 9.1 DHCP 服务器概述

**1. DHCP 服务器简介**

在 Windows Server 2008 网络管理中，如果以手动方式设置 IP 地址，不仅非常费时、费力，而且也非常容易出错，因此，通常采用 DHCP 服务器实现网络的 TCP/IP 动态配置与管理，这是网络管理任务中应用最多、最普遍的一项管理技术。

DHCP 是 Dynamic Host Configuration Protocol 的缩写，即动态主机分配协议。DHCP 可以分为两个部分：一个是服务器端；另一个是客户端。所有的 IP 网络设定数据都由 DHCP 服务器集中管理。DHCP 基于 C/S 模式，它允许 DHCP 服务器向客户端动态分配 IP 地址和配置信息。所谓 DHCP 客户机是指通过 DHCP 来获得网络配置参数的主机（普通用户的工作站）。DHCP 使用“租约”的机制，有效且动态地分配客户端的 TCP/IP 设定，DHCP 提供了安全、可靠、简便的 TCP/IP 网络配置，能避免地址冲突，并且有助于保留网络上客户端 IP 地址的使用。通常 DHCP 服务器至少向客户端提供以下基本信息：IP 地址；子网掩码；默认网关。

它还可以提供其他信息，如域名（DNS）服务器的地址等。

**2. 使用 DHCP 的主要目的**

在使用 TCP/IP 协议的网络中，每个工作站在访问网络资源之前，都必须有一个 IP 地址。分配 IP 地址有两种方法：第一种是静态分配 IP 地址；第二种是动态分配 IP 地址。所谓静态 IP 地址是指手动为网络中的每台主机设置至少一个长期使用的固定 IP 地址，在大型网络中，确保每台主机都拥有正确的 IP 配置是一项相当困难的管理任务，手动配置数量庞大的主机需要很长时间，而且在配置过程中的错误可能导致该主机无法与网络中的其他主机通信。第二种动态分配 IP 地址，是由网络中的 DHCP 服务器给运行 DHCP 的客户机自动分配 IP 地址和相关 TCP/IP 的配置信息，该 IP 地址是 DHCP 客户机向 DHCP 服务器租借的，不是永久分配的。

动态分配 IP 地址的一个好处，就是可以解决 IP 地址不够用的问题。因为 IP 地址是动态分配的，而不是固定给某个客户机使用的，所以，只要有空闲的 IP 地址可用，DHCP 客户机就可以从 DHCP 服务器获取 IP 地址。当客户机不需要使用此地址时，就由 DHCP 服务器收回，并提供给其他的 DHCP 客户机使用。

动态分配 IP 地址的另一个好处，是用户不必自己设置 IP 地址、子网掩码、网关地址、DNS 服务器地址、WINS 服务器地址等网络属性，甚至可以绑定 IP 地址与 MAC 地址，防止盗用 IP 地址，因此，可以减少管理员的维护工作量，普通用户也不必关心网络地址的概念和配置。

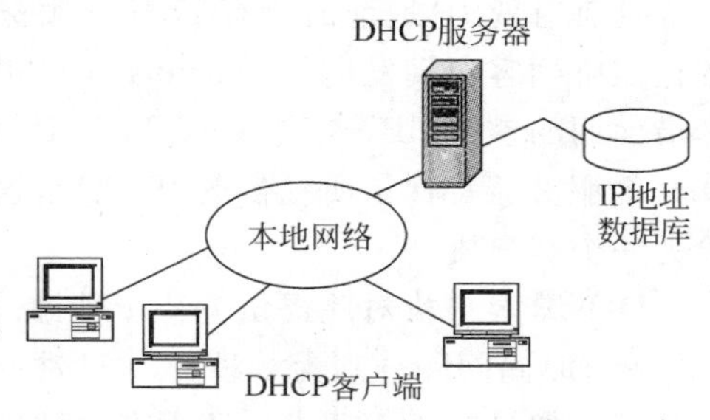

图 9-1　基本 DHCP 模型

DHCP 的基本工作模型如图 9-1 所示。

**3. DHCP 服务器的主要功能**

DHCP 采用客户机/服务器的方式，允许 DHCP 服务器将 IP 地址分配给启用了 DHCP 客户端的计算机和其他设备，也允许服务器租用 IP 地址。其主要功能如下。

① 在特定的时间内将 IP 地址租用给 DHCP 客户端。

② 当客户端请求续订租用的 IP 地址时，DHCP 服务器自动给予续订。

③ 可以在 DHCP 服务器上集中执行参数设定，即可自动作用到 DHCP 客户端。

④ 为特定的网络设备保留 IP 地址，以使它们总是获取到相同的 IP 地址。

⑤ 可以从 DHCP 服务器分发中排除 IP 地址或地址范围，以便避开已经使用的静态 IP 地址。

⑥ 可以为众多子网提供 DHCP 服务。

⑦ 可以为 DHCP 客户机执行 DNS 名称注册服务。

**4. DHCP 租借 IP 地址的过程**

DHCP 客户机第一次启动并试图加入网络时，它执行以下初始化步骤，以便从 DHCP 服务机获得 IP 地址。租借过程如图 9-2 所示。

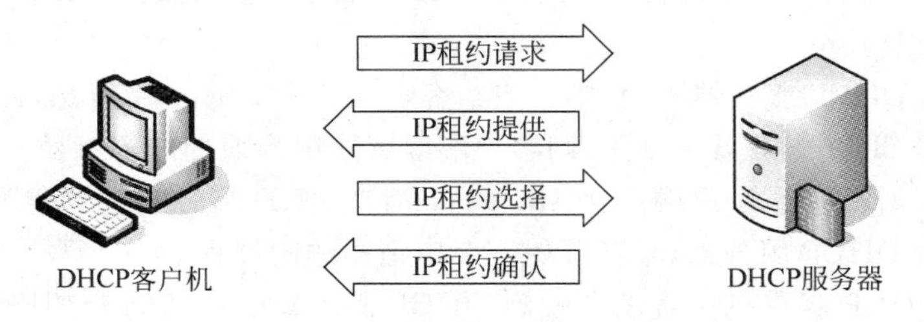

图 9-2　DHCP IP 租借过程

(1) IP 租约请求

当 DHCP 客户机第一次登录网络的时候，也就是客户机发现本机上没有任何 IP 资料设定，它会向网络发出一个 Dhcpdiscover 包。因为客户机此时还没有 IP 地址，所以该包的源地址为 0.0.0.0；又因为客户机不知道 DHCP 服务器的 IP 地址，所以使用 255.255.255.255 作为目的地址，将 IP 寻址消息广播到整个子网。

(2) IP 租约提供

拥有有效 IP 地址的所有 DHCP 服务器都用 Dhcpoffer 消息作为应答，当 DHCP 服务器监听到客户端发出的 Dhcpdiscover 广播后，它会从那些还没有租出的地址范围内选择最前面的空置 IP，连同其他 TCP/IP 设定，回应给客户端一个 Dhcpoffer 包。每个 DHCP 服务器都保留所提供的 IP 地址，这样就不会在请求的客户端接受前将此地址提供给另一个客户机。

DHCP 客户机对此提供等待 1 秒钟，如果它没有收到提供，则重新广播请求 4 次，这 4 次请求时间间隔分别为 2 秒钟、4 秒钟、8 秒钟、16 秒钟，再加上一个 0～1000 毫秒的随机时间。如果在 4 次请求后还没有收到应答，则使用 169.254.0.1～169.254.255.254 保留范围内的一个 IP 地址。DHCP 客户机每隔 5 分钟继续重新寻找 DHCP 服务器。

(3) IP 租约选择

如果客户端收到网络上多台 DHCP 服务器的应答，只会挑选其中一个 Dhcpoffer 而已(通常是最先抵达的那个)，并且会向网络发送一个 Dhcprequest 广播包，告诉所有 DHCP 服务器它将指定接受哪一台服务器提供的 IP 地址。

同时，客户端还会向网络发送一个 ARP 包，查询网络上有没有其他机器使用该 IP 地址，如果发现该 IP 已经被占用，客户端则会送出一个 Dhcpdecline 包给 DHCP 服务器拒绝接受其 Dhcpoffer，并重新发送 Dhcpdiscover 信息。

(4) IP 租约确认

当 DHCP 服务器接收到客户端的 Dhcprequest 之后，会向客户端发出一个 Dhcpack 应答，以确认该租用成功，这个消息包括对此 IP 地址的有效租约以及其他配置信息。DHCP 客户机收到确认后，TCP/IP 开始使用 DHCP 服务器提供的配置信息进行初始化，也就结束了一个完整的 DHCP 工作过程。

**5. DHCP 续订租约的过程**

① DHCP 客户机使用 IP 地址达到租约持续时间的 50％时，客户端会试图向服务器续订租约。因此它会向其原先获得租约的 DHCP 服务器直接发送 Dhcprequest 消息，请求服务器更新租约。

② 如果该 DHCP 服务器可用，则回应给客户端一个 Dhcpack 消息，此消息包括新的租约期限；若 DHCP 服务器不可用，则客户端继续使用当前的配置参数；若 DHCP 服务器不同意续租，则回应给客户端一个 Dhcpnak 消息，客户端必须立即停止使用该 IP 地址，并另找一台 DHCP 服务器，重新开始一个申请租约的过程。

③ 如果 DHCP 客户机一直没有收到 DHCP 服务器的任何响应，则客户机在到达当前租约持续时间的 87.5％时广播 Dhcpdiscover 信息，更新地址租约，此时的客户机将接受任一 DHCP 服务器发布的租约。如果依然没有收到任何 DHCP 服务器的回应，则持

续等待，直到租约期满，客户机释放当前 IP 地址，然后启动 DHCP 租用过程，尝试租用新的 IP 地址。

## 9.2　DHCP 服务器的安装和授权

通常网络操作系统都内置了 DHCP 服务器软件，如 Windows NT、Windows 2003、Windows Server 2008 等，本书以 Windows Server 2008 为例讲解 DHCP 服务器的安装、授权、配置和管理等操作。

运行 Windows Server 2008 并作为 DHCP 服务器的计算机需要以下条件：

- 安装 DHCP 服务器。
- 具有静态 IP 地址、子网掩码和默认网关。
- 具有一组有效的 IP 地址用于分配给客户机。

Windows Server 2008 默认安装方式下不安装 DHCP 服务，需要在 Windows Server 2008 安装完毕后单独安装。具体安装步骤如下。

① 选择“开始”→“管理工具”→“服务器管理器”菜单命令，弹出如图 9-3 所示的“服务器管理器”窗口。

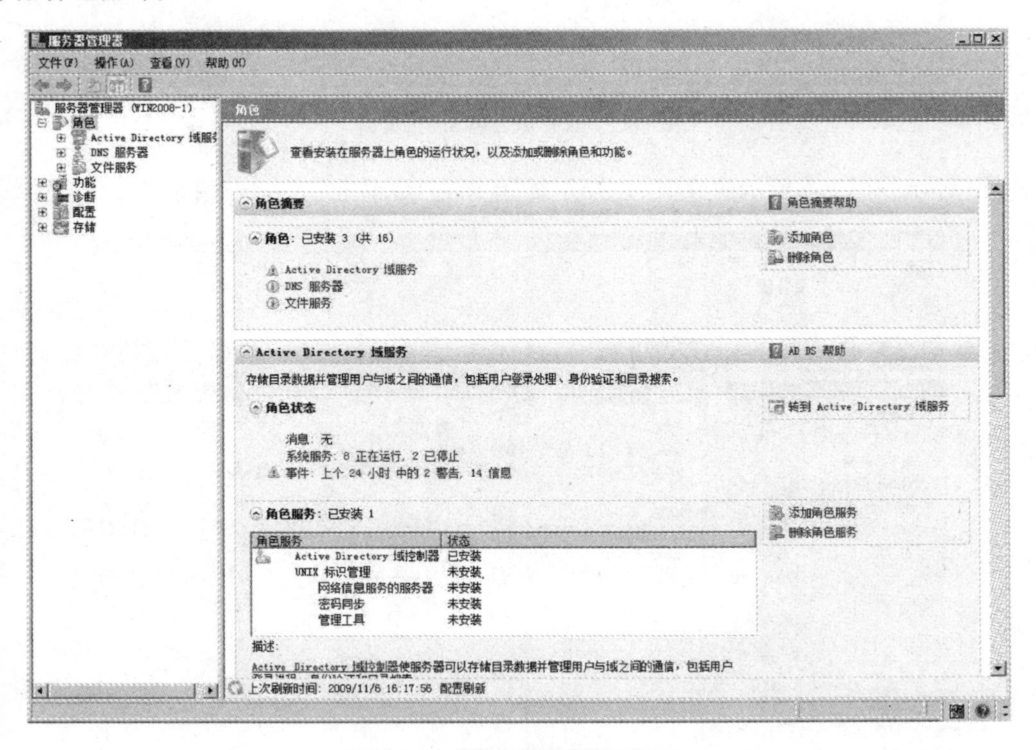


图 9-3　“服务器管理器”窗口

② 在如图 9-3 所示的窗口左侧选择“角色”选项，在右侧窗口中选择“添加角色”选项，之后弹出添加角色向导页面，单击“下一步”按钮。

③ 进入如图 9-4 所示的“选择服务器角色”页面。在该页面中，选择“DHCP 服务”选项，之后单击“下一步”按钮。

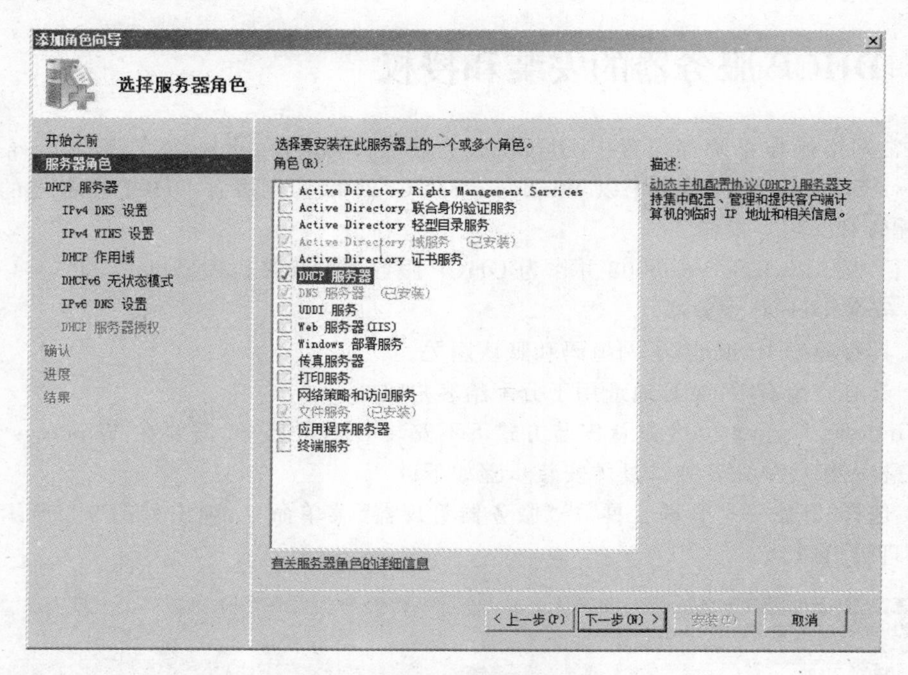


图 9-4 “选择服务器角色”页面

④ 弹出如图 9-5 所示的“DHCP 服务器”页面，然后单击“下一步”按钮。

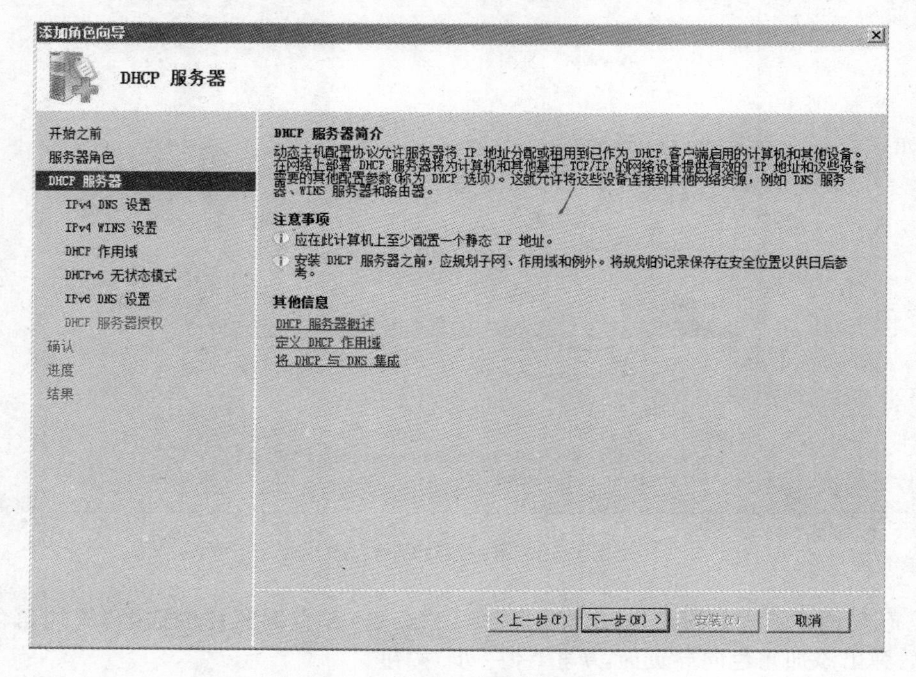


图 9-5 “DHCP 服务器”页面

⑤ 弹出如图9-6所示的页面。在左侧依次选择DHCP服务器要设置的项目，例如，选择“选择网络连接绑定”命令，之后，单击“下一步”按钮。安装向导会自动探测当前计算机上的IP地址。如果有多个网络连接，向导也会自动检测并列在“网络连接”栏中。选择需要向用户提供DHCP服务的网络连接之后单击“下一步”按钮。

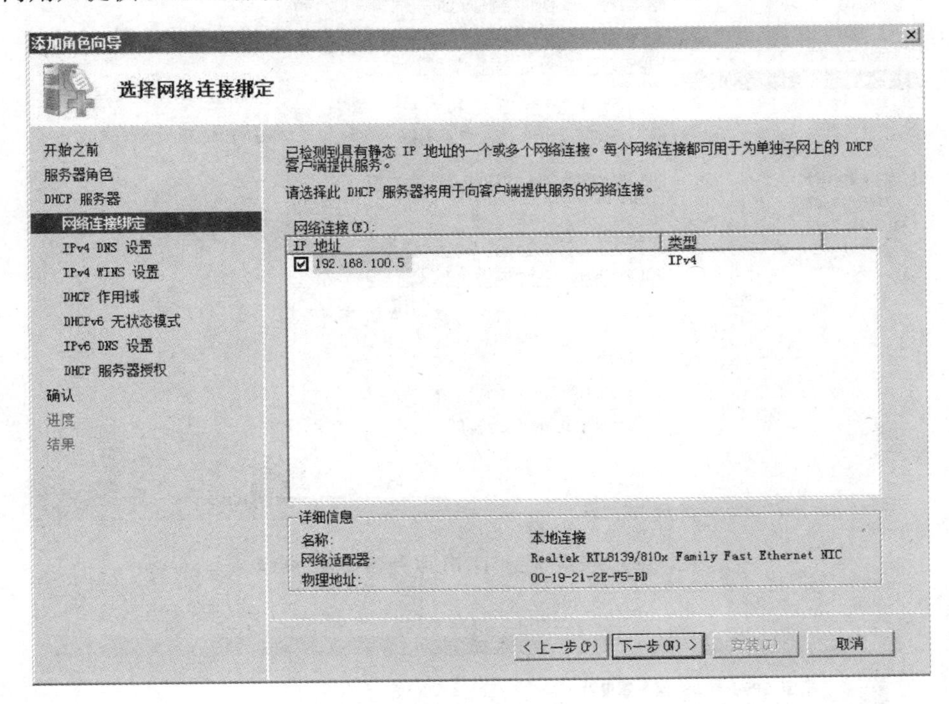


图9-6　“选择网络连接绑定”页面

⑥ 进入如图9-7所示的“指定IPv4 DNS服务器设置”页面。在该页面中输入父域的域名，如果所在服务器中有域控制器，则向导自动检测出父域的域名。之后在“首选DNS服务器IPv4地址”一栏中输入一个DNS服务器的IP地址。在“备用DNS服务期IPv4地址”栏中输入另外一个备用的DNS服务器地址。输入完毕后可以单击“首选DNS服务器IPv4地址”后面的“验证”按钮来验证DNS服务器是否有效。之后单击“下一步”按钮。

⑦ 进入如图9-8所示的“指定IPv4 WINS服务器设置”页面。根据实际需要选择设置WINS服务器的设置。WINS主要支持运行早期版本Windows的客户端和使用NetBIOS的应用程序。Windows 2000、Windows XP、Windows Vista、Windows Server 2003和Windows Server 2008使用DNS名称和NetBIOS名称。某些环境如果包含使用NetBIOS的某些计算机和使用域名的其他计算机，则必须同时包含WINS服务器和DNS服务器。目前大多数网络中已经不再使用WINS服务器，因此向导默认选择了“此网络上的应用程序不需要WINS”，之后单击“下一步”按钮。

⑧ 进入如图9-9所示的“添加或编辑DHCP作用域”页面。在该页面中，设置在网络中可用的IP地址范围，以便给客户端自动分配IP地址。单击该页面上的“添加”按钮，即可弹出如图9-10所示的“添加作用域”页面。在该页面中输入作用域的名称，然后输入一

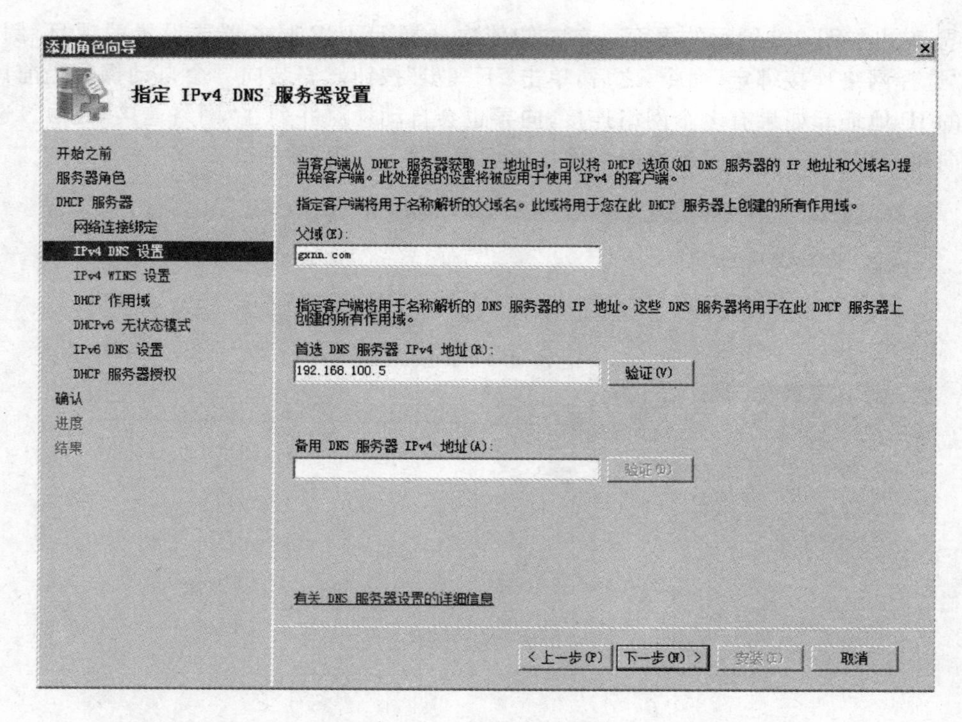


图 9-7 “指定 IPv4 DNS 服务器设置”页面

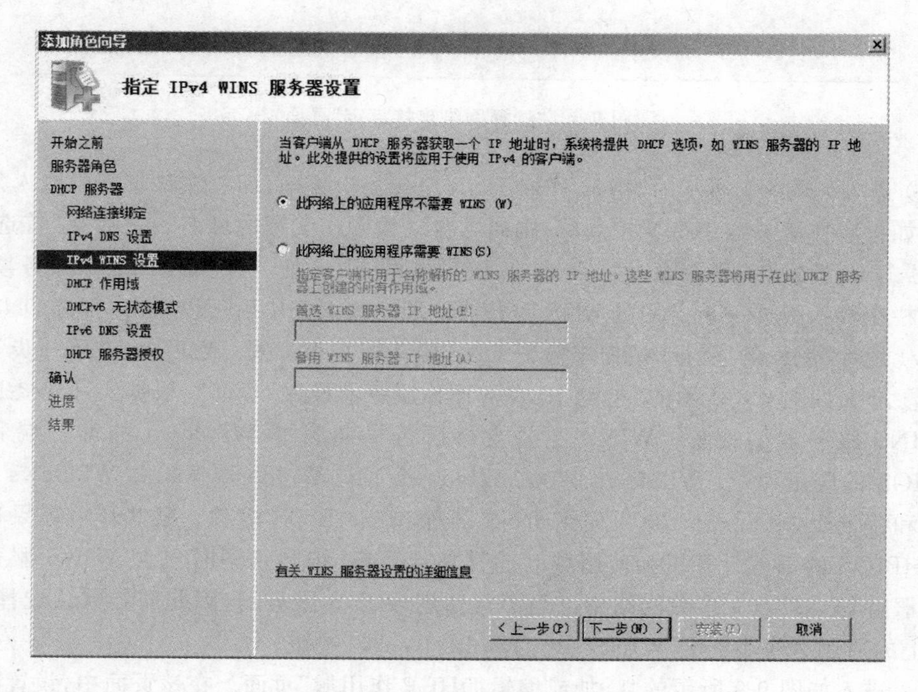


图 9-8 “指定 IPv4 WINS 服务器设置”页面

个 IP 地址段及其子网掩码和默认网关，并选择子网类型。输入选择完毕后单击“确定”按钮，之后单击“下一步”按钮。

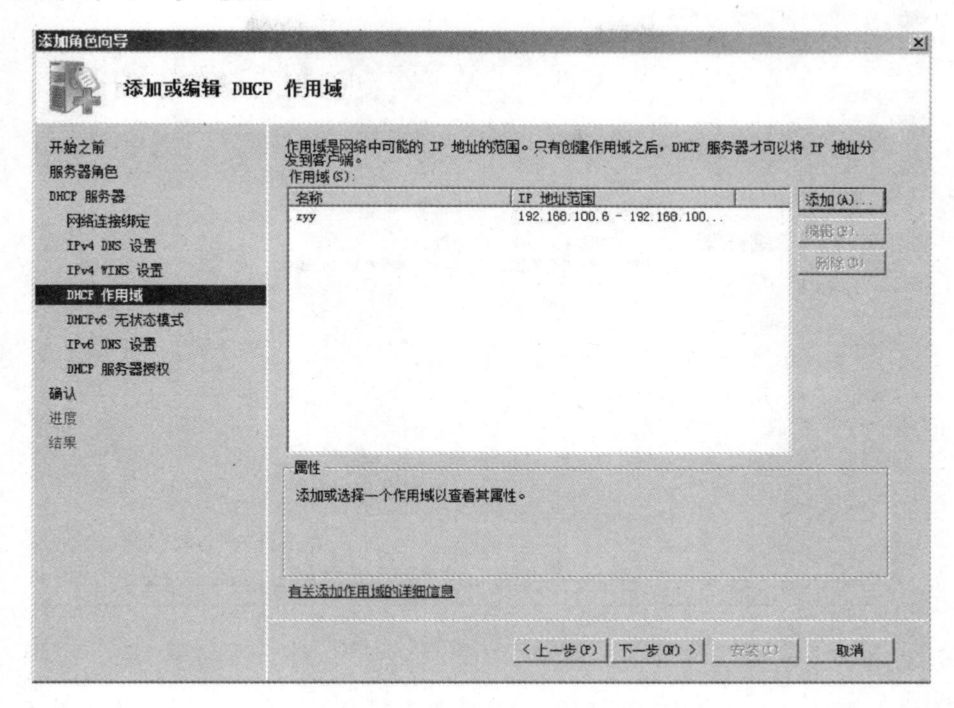


图 9-9　“添加或编辑 DHCP 作用域”页面

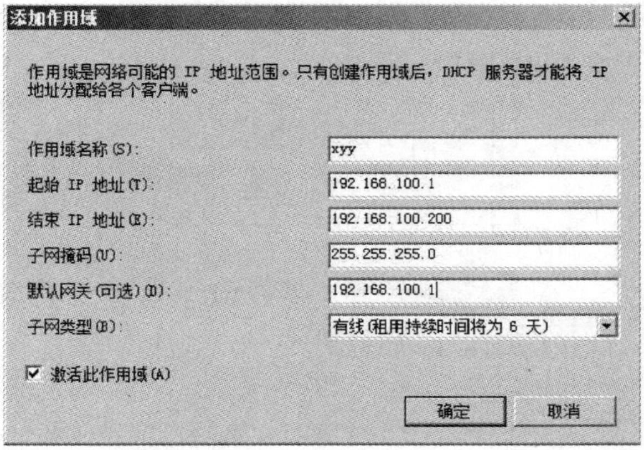

图 9-10　“添加作用域”页面

⑨ 进入如图 9-11 所示的“配置 DHCPv6 无状态模式”页面。上面几个步骤设置是传统 IPv4 的客户端 IP 地址作用域。在这个步骤中，则设置的是 IPv6 客户端 IP 地址的相关设置，即 DHCPv6 的设置。此处的设置应该与路由器 DHCPv6 的设置相匹配。根据实际需要选择，之后单击“下一步”按钮。

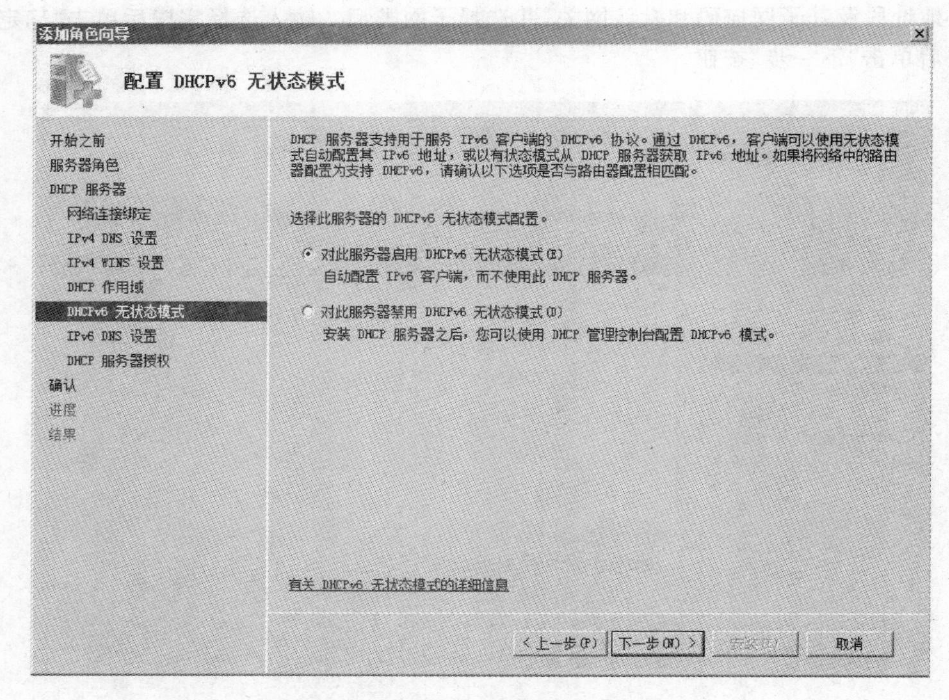


图 9-11 “配置 DHCPv6 无状态模式”页面

⑩ 进入如图 9-12 所示的“指定 IPv6 DNS 服务器设置”页面，在该页面中设置 DNS 的 IPv6 地址。设置完毕后单击“下一步”按钮。

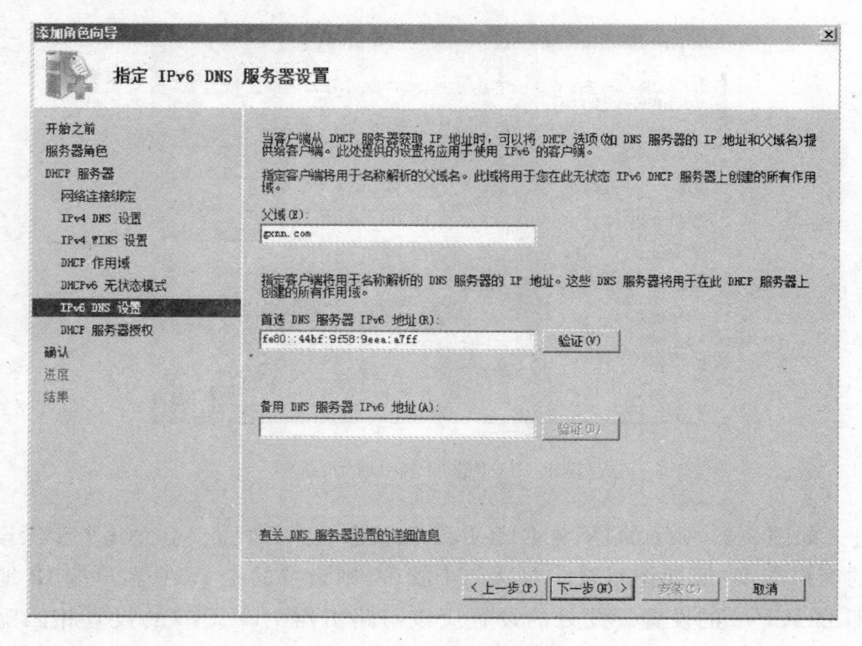


图 9-12 “指定 IPv6 DNS 服务器设置”页面

⑪ 进入如图 9-13 所示的“授权 DHCP 服务器”页面，如果是域控制器，则选择“DHCP 服务器授权”模式，单击“下一步”按钮。

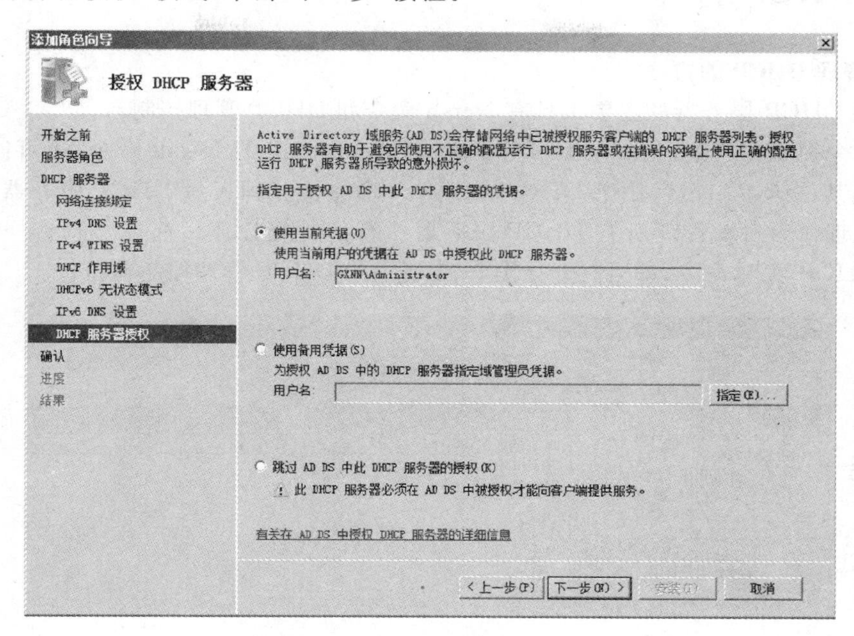


图 9-13　“授权 DHCP 服务器”页面

⑫ 进入如图 9-14 所示的“确认安装选择”页面，检查各种信息配置的是否正确。如果正确，则单击“安装”按钮，直到安装完成。否则单击“上一步”按钮，返回进行修改。

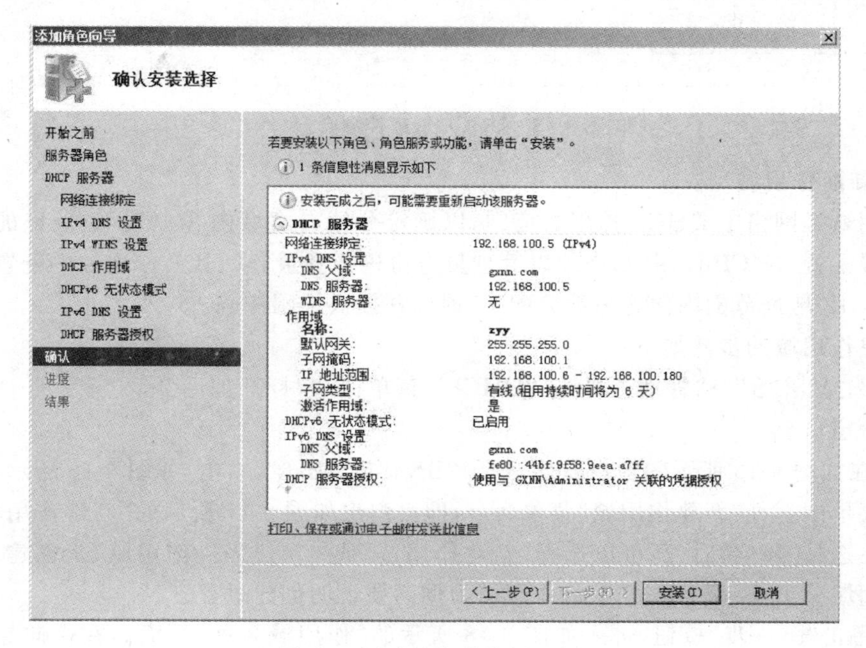


图 9-14　“确认安装选择”页面

## 9.3 DHCP 管理

### 1. 管理 DHCP 的方式

管理 DHCP 服务器的主要工具有 Netsh 命令和 DHCP 管理控制台。

在命令提示窗口中，在命令提示符下输入用于 DHCP 的 Netsh 命令，还可以在批处理文件和其他脚本中运行用于 DHCP 的 Netsh 命令。管理大量 DHCP 服务器时，可以使用批处理命令自动管理所有 DHCP 服务器执行的重复任务。选择"开始"→"管理工具"→"DHCP"菜单命令，即可打开如图 9-15 所示的 DHCP 管理控制台窗口。

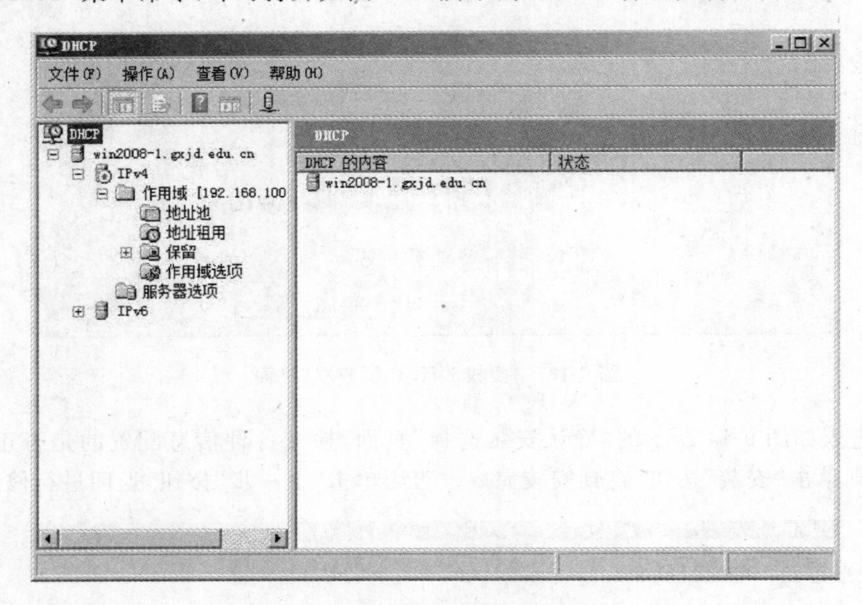


图 9-15 DHCP 管理控制台窗口

### 2. 新建作用域

作用域是网络中 DHCP 作用的范围，以确定分给自己域内客户端 IP 地址的数量与范围。要配置 DHCP 作用域，必须以管理员身份进行登录。DHCP 作用域的配置保证服务器能从 IP 地址范围内向客户端分配 IP 地址并提供子网掩码。

新建作用域的步骤如下：

① 选择"开始"→"管理工具"→"DHCP" 菜单命令，打开如图 9-15 所示的 DHCP 管理控制台窗口。

② 在如图 9-15 所示的窗口左侧，选中"IPv4"或"IPv6"，右击，如图 9-16 所示，在弹出的快捷菜单中选择"新建作用域"菜单命令，即可弹出如图 9-17 所示的"新建作用域向导"页面。在选择"IPv4"时，还可以选择"新建作用域"或 "新建多播作用域"来创建 IPv4 支持的作用域。下面以创建 IPv4 的作用域为例简要说明创建过程。

③ 单击"下一步"按钮，进入如图 9-18 所示的"作用域名称"页面。在该向导页面的"名称"栏中输入作用域的一个名称，在"描述"栏中输入创建作用域的说明，之后单击"下

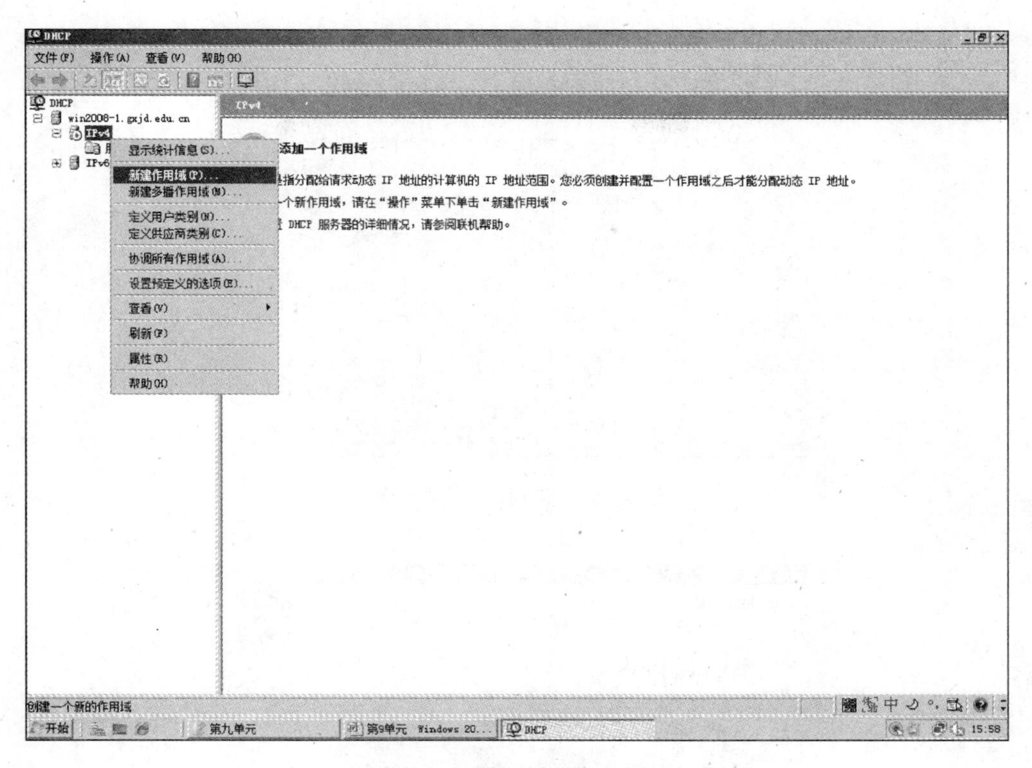


图 9-16 选择“新建作用域”页面

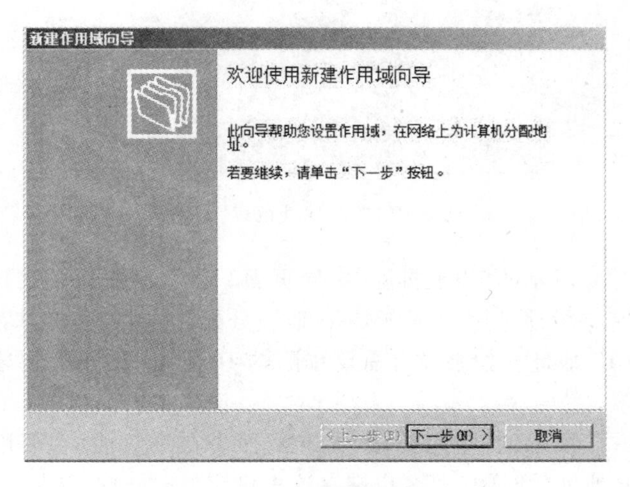


图 9-17 “新建作用域向导”页面

一步”按钮。

④ 进入如图 9-19 所示的“IP 地址范围”向导页面。在该页面中的“起始 IP 地址”栏和“结束 IP 地址”栏中，输入 IP 地址段以定义作用域的一段地址范围。在“长度”栏和“子网掩码”栏中，输入子网掩码，以确定作用域中 IP 地址有多少位用于标识网络，之后单击“下一步”按钮。

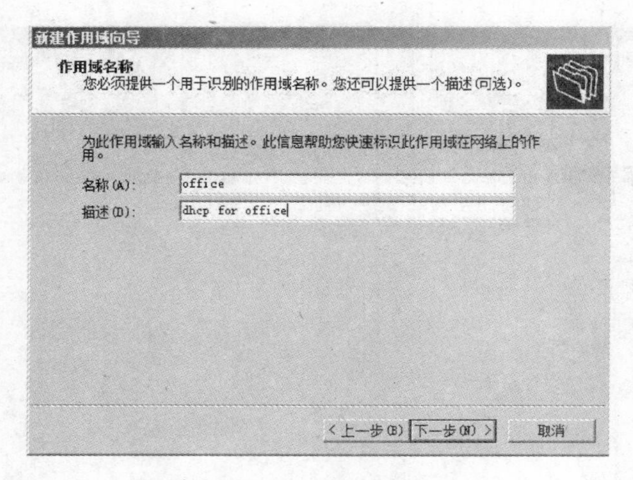


图 9-18 “作用域名称”页面

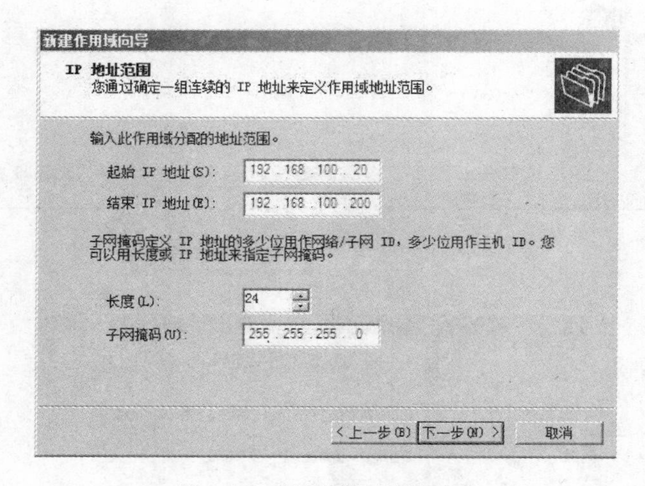


图 9-19 “IP 地址范围”页面

⑤ 进入如图 9-20 所示的“添加排除”向导页面。该页面提供了在该作用域中剔除的 IP 地址，这样便于将整段地址用于客户端 IP 地址分配时，剔除已经被某些网络设备占用的同一子网当中的 IP 地址。如果没有需要排除的 IP 地址，则不需要输入，然后单击“下一步”按钮。

⑥ 进入如图 9-21 所示的“租用期限”向导页面。在该页面中，可以设置客户端租用 DHCP 服务器上 IP 地址的时间，即客户端在这里设定的时间内，如果再次向 DHCP 服务器申请 IP 地址时，DHCP 再次分配给该客户端与之前同样的 IP 地址。默认设置是 8 天，可以根据实际需要进行设置，然后单击“下一步”按钮。

⑦ 进入如图 9-22 所示的“配置 DHCP 选项”页面。该页面提示用户是否继续配置 DHCP 服务的相关配置。如果选择“是，我想现在配置这些选项”，则继续配置；如果选择“否，我想稍后配置这些选项”则完成新建向导。这里选择“是，我想现在配置这些选项”，然后单击 “下一步”按钮。

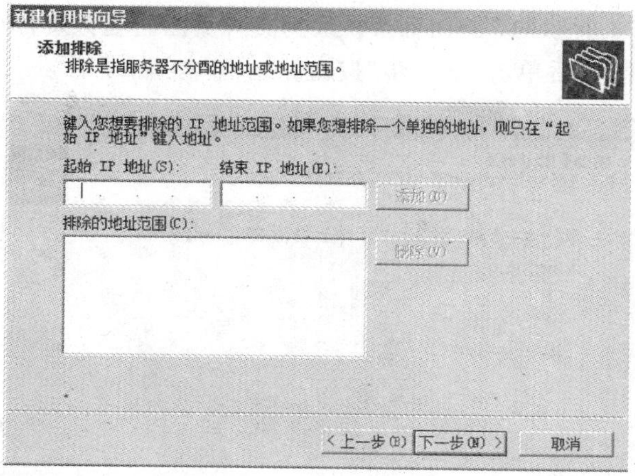

新建作用域向导

添加排除

排除是指服务器不分配的地址或地址范围。

键入您想要排除的 IP 地址范围。如果您想排除一个单独的地址，则只在"起始 IP 地址"键入地址。

起始 IP 地址(S):　结束 IP 地址(E):

添加(D)

排除的地址范围(C):

删除(V)

< 上一步(B)　下一步(N) >　取消

图 9-20　"添加排除"页面

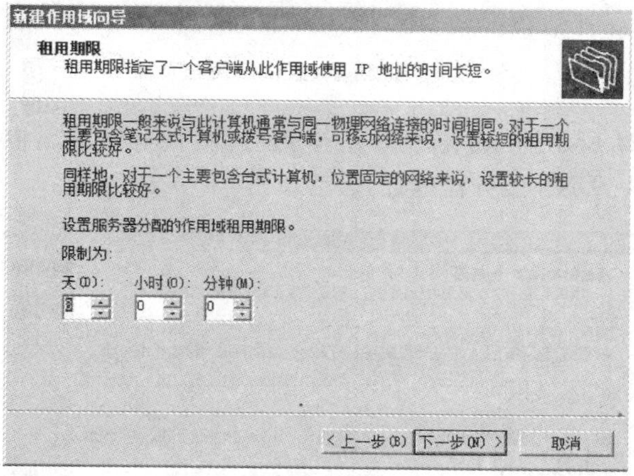

新建作用域向导

租用期限

租用期限指定了一个客户端从此作用域使用 IP 地址的时间长短。

租用期限一般来说与此计算机通常与同一物理网络连接的时间相同。对于一个主要包含笔记本式计算机或拨号客户端，可移动网络来说，设置较短的租用期限比较好。

同样地，对于一个主要包含台式计算机，位置固定的网络来说，设置较长的租用期限比较好。

设置服务器分配的作用域租用期限。

限制为:

天(D):　小时(O):　分钟(M):

8　0　0

< 上一步(B)　下一步(N) >　取消

图 9-21　"租用期限"页面

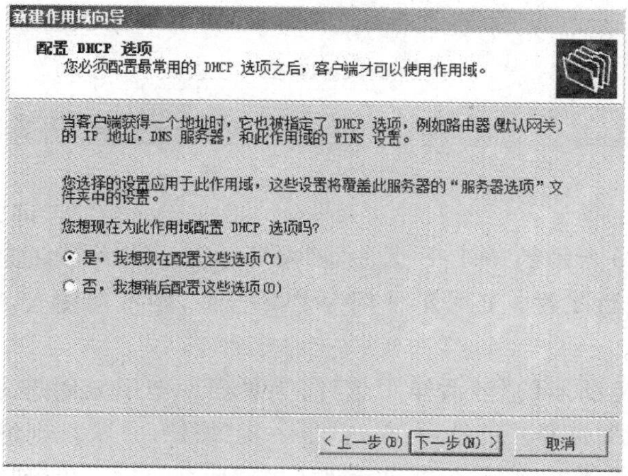

新建作用域向导

配置 DHCP 选项

您必须配置最常用的 DHCP 选项之后，客户端才可以使用作用域。

当客户端获得一个地址时，它也被指定了 DHCP 选项，例如路由器(默认网关)的 IP 地址，DNS 服务器，和此作用域的 WINS 设置。

您选择的设置应用于此作用域，这些设置将覆盖此服务器的"服务器选项"文件夹中的设置。

您想现在为此作用域配置 DHCP 选项吗?

是，我想现在配置这些选项(Y)

否，我想稍后配置这些选项(O)

< 上一步(B)　下一步(N) >　取消

图 9-22　"配置 DHCP 选项"页面

⑧ 进入如图 9-23 所示的“路由器（默认网关）”页面。在该页面中，可以设置默认网关地址或路由器地址，然后单击“下一步”按钮。

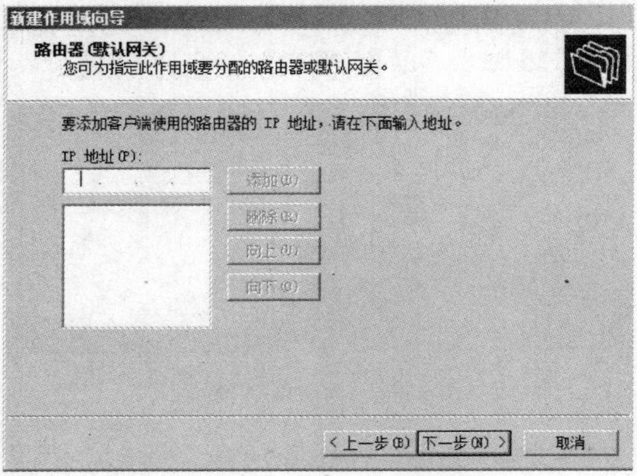

图 9-23 “路由器(默认网关)”页面

⑨ 进入如图 9-24 所示的“域名称和 DNS 服务器”向导页面。根据向导页面中的提示输入相应的域名称、DNS 服务器地址，然后单击“下一步”按钮。

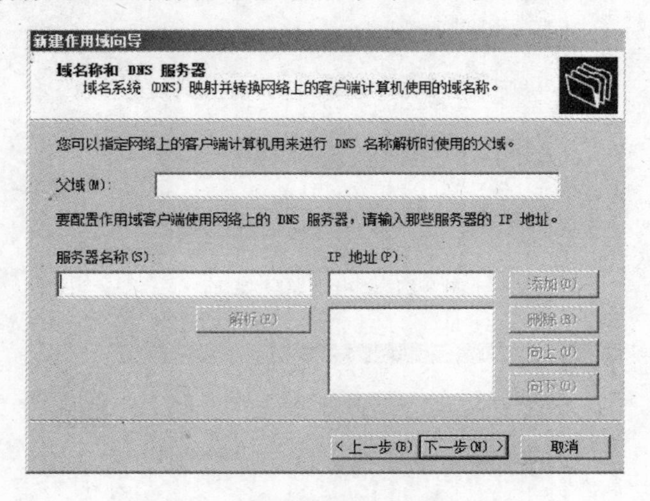


图 9-24 “域名称和 DNS 服务器”页面

⑩ 进入如图 9-25 所示的“WINS 服务器”向导页面。该页面主要为早期使用 WINS 服务器的网络环境进行配置。如果不使用 WINS 服务，则不用输入，然后单击“下一步”按钮。

⑪ 进入如图 9-26 所示的“激活作用域”向导页面。作用域创建完毕后，应激活才可起作用。根据实际需要选择相应选项，单击“下一步”按钮。

⑫ 进入如图 9-27 所示的“正在完成新建作用域向导”页面，单击“完成”按钮即可。

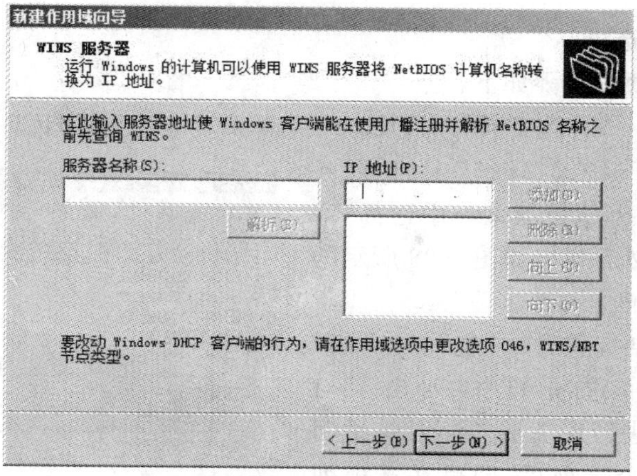

新建作用域向导
WINS 服务器
运行 Windows 的计算机可以使用 WINS 服务器将 NetBIOS 计算机名称转换为 IP 地址。
在此输入服务器地址使 Windows 客户端能在使用广播注册并解析 NetBIOS 名称之前先查询 WINS。
服务器名称(S):
IP 地址(P):
添加(D)
解析(E)
删除(R)
向上(U)
向下(O)
要改动 Windows DHCP 客户端的行为，请在作用域选项中更改选项 046，WINS/NBT 节点类型。
< 上一步(B)
下一步(N) >
取消

图 9-25　“WINS 服务器”页面

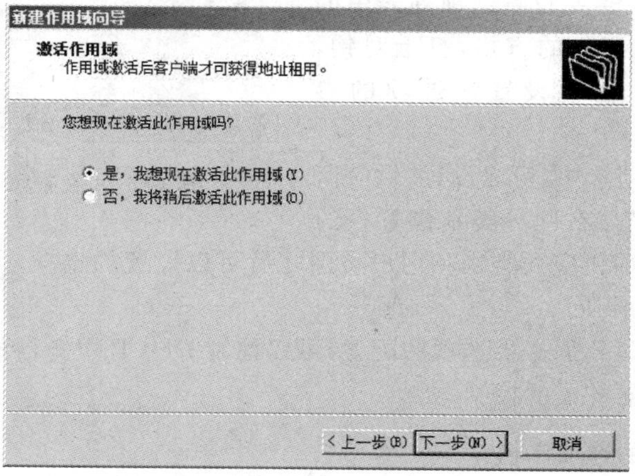

新建作用域向导
激活作用域
作用域激活后客户端才可获得地址租用。
您想现在激活此作用域吗?
是，我想现在激活此作用域(Y)
否，我将稍后激活此作用域(O)
< 上一步(B)
下一步(N) >
取消

图 9-26　“激活作用域”页面

新建作用域向导
正在完成新建作用域向导
您已成功地完成了新建作用域向导。
客户端可以接受地址前，您需要做以下事情:
1. 添加任何作用域特定的选项（可选）。
2. 激活作用域。
若要关闭该向导，请单击“完成”按钮。
< 上一步(B)
完成
取消

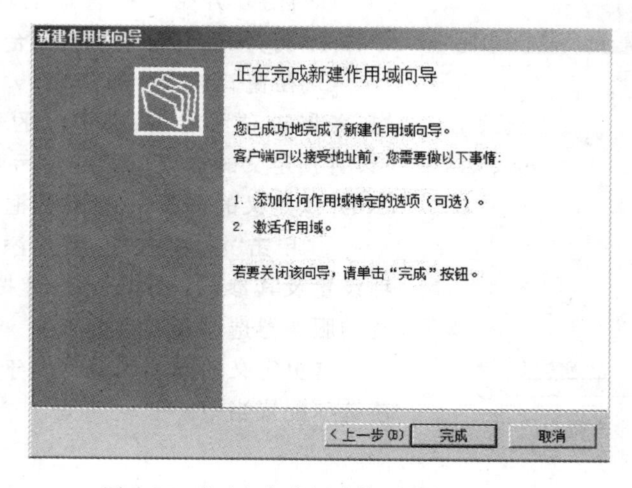

图 9-27　“正在完成新建作用域向导”页面

**3. 配置服务器选项**

配置服务器选项的步骤如下：

① 选择“开始”→“管理工具”→“DHCP”菜单命令，打开“DHCP 管理控制台”窗口。在窗口左侧选择“IPv4”或“IPv6”中的“服务器选项”，右击，在弹出的快捷菜单中选择“配置选项”菜单命令，然后弹出如图 9-28 所示的“服务器 选项”对话框。

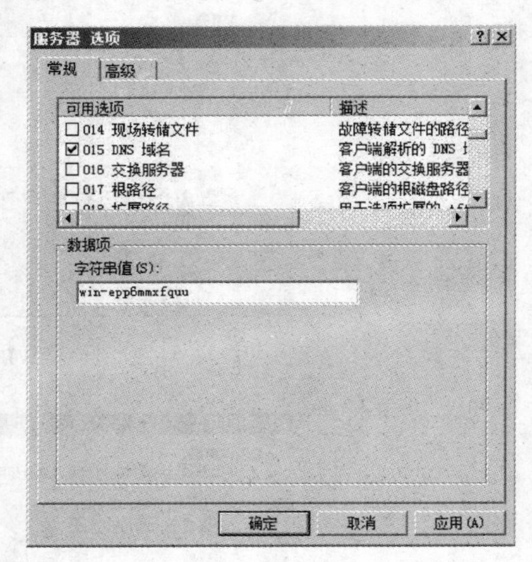

图 9-28 “服务器 选项”对话框

② 在该对话框中，包含“常规”和“高级”选项卡。在“常规”选项卡中，列出了对 DHCP 服务器可以进行设置的选项及其说明信息。选中其中一个选项后，即可在选项列表栏下方的“数据项”栏中显示该选项的相关参数及其设置。如果需要设置选项列表中的某项设置，单击选项前面的方格，打上对钩，即可在“数据项”一栏中设置该选项的参数值。

③ 在“高级”选项卡中，可以设置“供应商类别”和“用户类别”。在两种类别设置栏的下面，列出了选择当前供应商类别和用户类别之后可以设置的选项。这些选项的选择与设置方法与步骤②中相同。

通过对上述 DHCP 服务器选项的配置，可以控制 DHCP 服务器的各种行为动作，以实现对 DHCP 服务器的灵活控制。

**4. 配置预定义的选项和值**

配置预定义的选项和值的步骤如下：

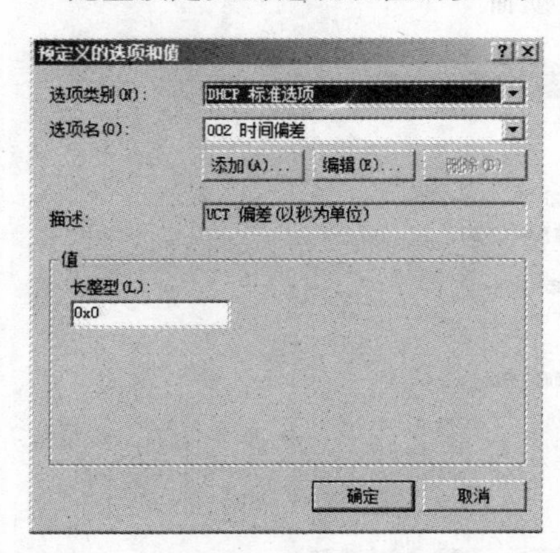

图 9-29 “预定义的选项和值”对话框

① 选择“开始”→“管理工具”→“DHCP”菜单命令，打开“DHCP 管理控制台”窗口。

② 在窗口左侧，选择“IPv4”或“IPv6”中的“服务器选项”，右击，在弹出的快捷菜单中选择“设置预定义的选项”命令，然后弹出如图 9-29 所示的“预定义的选项和值”对话框。

③ 单击“添加”按钮，即可添加新的服务器选项设置及其参数。单击“编辑”按钮，即可编辑现有的服务器选项及其参数值。

这里定义的选项和值将用于前面所述的服务器选项配置当中。

**5. 为客户端计算机保留 IP 地址**

配置"保留",为 DHCP 客户机计算机保留特定 IP 地址,从而使此客户端计算机总是具有同样的 IP 地址。为客户端保留 IP 地址的操作步骤如下:

① 在客户端用命令"winipcfg(Windows 9x)"或命令"ipconfig/all(Windows XP/Windows 2000/Windows 2003)"查出客户端的 MAC 地址。如图 9-30 所示,其中 Physical Address 即为该客户端网卡物理地址(MAC 地址)。

```
管理员: C:\Windows\system32\cmd.exe
C:\Users\Administrator>ipconfig/all

Windows IP 配置

   主机名  . . . . . . . . . . . . . : win2008-1
   主 DNS 后缀 . . . . . . . . . . . : gxjd.edu.cn
   节点类型  . . . . . . . . . . . . : 混合
   IP 路由已启用 . . . . . . . . . . : 否
   WINS 代理已启用 . . . . . . . . . : 否
   DNS 后缀搜索列表  . . . . . . . . : gxjd.edu.cn
                                       gst.sina.com
                                       edu.cn

以太网适配器 本地连接:

   连接特定的 DNS 后缀 . . . . . . . : gst.sina.com
   描述. . . . . . . . . . . . . . . : Realtek RTL8139/810x Family Fast Ethernet
 NIC
   物理地址. . . . . . . . . . . . . : 00-19-21-2A-19-21
   DHCP 已启用 . . . . . . . . . . . : 是
   自动配置已启用. . . . . . . . . . : 是
   IPv4 地址 . . . . . . . . . . . . : 192.168.100.1(首选)
   子网掩码  . . . . . . . . . . . . : 255.255.255.0
   获得租约的时间  . . . . . . . . . : 2009年11月7日 15:31:44
   租约过期的时间  . . . . . . . . . : 2009年11月15日 15:31:44
   默认网关. . . . . . . . . . . . . :
   DHCP 服务器 . . . . . . . . . . . : 192.168.100.5
   DNS 服务器  . . . . . . . . . . . : 192.168.200.8
   TCPIP 上的 NetBIOS  . . . . . . . : 已启用
```

图 9-30　查看 Windows 2000 网络属性设置信息

② 在 DHCP 管理控制台窗口中,单击要建立保留的作用域,右击"保留",在弹出的快捷菜单中选择"新建保留"命令,打开"新建保留"对话框,如图 9-31 所示。

③ 在"保留名称"文本框中输入用来标识 DHCP 客户机的名称,在"IP 地址"栏中输入要保留给客户端的 IP 地址,在"MAC 地址"栏中输入客户端的网卡的物理地址,也就是 MAC 地址。在"支持的类型"选项组中选择客户端是否必须为 DHCP 客户机,还是较旧型的 BOOTP 客户端,或者两者都支持。

④ 输入完成后单击"添加"按钮,再单击"关闭"按钮,即可完成设置。

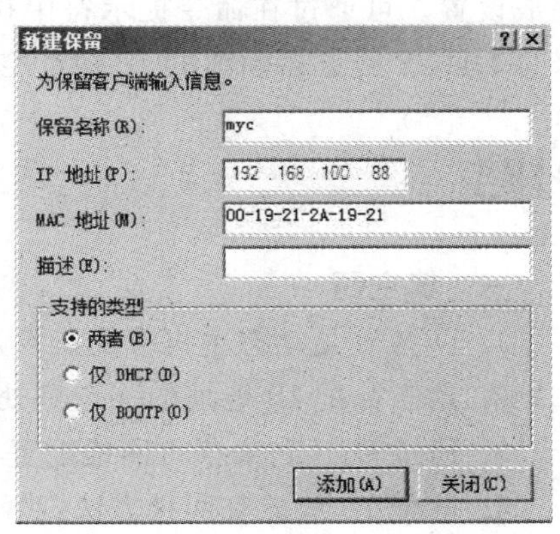


图 9-31　"新建保留"对话框

# 9.4　DHCP 客户机的设置

当 DHCP 服务器配置完成后,客户机就可以向服务器请求租约,可以通过设置网络属性中的 TCP/IP 协议属性,设置采用"自动获取 IP 地址"方式获取 IP 地址;设置"自动获取 DNS 服务器地址”获取 DNS 服务器地址，无须为每台客户机设置 IP 地址、网关地址、子网掩码等属性。以下是运行 Windows 2008 操作系统的 DHCP 客户机的设置方法：

① 打开“控制面板”，双击打开“网络连接”窗口。依次右击“本地连接”→“属性”→“Internet 协议(TCP/IP)”→“属性”，打开如图 9-32 所示“Internet 协议(TCP/IP)属性”对话框。

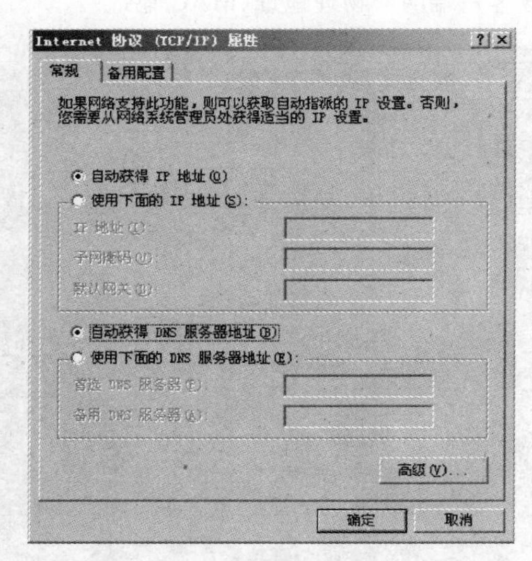


图 9-32 “Internet 协议(TCP/IP)属性”对话框

② 选择“自动获得 IP 地址”及“自动获得 DNS 服务器地址”选项，单击“确定”按钮，完成设置。可通过在命令提示符中执行 ipconfig/all 命令查看客户机的 IP 地址，此地址来自 DHCP 服务器预留的 IP 地址空间。

# 习题

## 一、填空题

1. DHCP 是动态主机分配协议，其英文全称是____________。

2. 动态分配 IP 地址的一个好处，就是可以解决________不够用的问题。

3. 通过 DHCP 来获得网络配置参数的主机(普通用户的工作站)通常称为________。

4. 分配 IP 地址有两种方法：第一种是静态分配 IP 地址；第二种是________。

## 二、选择题

1. DHCP 可以分为两个部份：一个是客户端；另一个是________。

A. 客户群　　B. 服务器端　　C. 服务器　　D. 服务端

2. DHCP 基于________模式，它允许 DHCP 服务器向客户端动态分配 IP 址和配置信息。

A. C/S　　B. WWW　　C. 域　　D. 工作组

3. 通常DHCP服务器至少向客户端提供：IP地址、子网掩码和________3种基本信息。

A. 计算机名称　　B. 工作组名称　　C. 网络情况　　D. 默认网关

4. DHCP租借IP地址的过程有IP租约请求、IP租约提供、IP租约选择和________。

A. IP租约确认　　B. IP的传输　　C. IP的分配　　D. IP的测试

**三、问答题**

1. 简要说明使用DHCP服务器的必要性。
2. DHCP服务器的安装有哪些步骤？
3. 简述DHCP的工作过程。
4. 在什么情况下，需要进行DHCP服务器的授权？
5. 如何设置DHCP客户机？
6. 什么是DHCP的“保留客户”功能？它与排除地址有什么不同？
7. 在使用DHCP服务器的网络中，DHCP断电后，DHCP客户机是否还能够进行资源共享？此时，它们获得的IP地址是什么网段？

# 第 10 章

# DNS 服务器的配置与管理

**内容提要：**

- DNS 概述；
- 建立 DNS 服务器；
- 管理 DNS 服务器；
- 设置 DNS 客户机；
- 安装与配置终端服务器；
- 客户端使用终端服务。

## 10.1 DNS 概述

**1. DNS 服务器的新特性**

DNS (Domain Name System) 即域名系统，是一种组织成层次结构的分布式数据库，里面包含从 DNS 域名到各种数据类型（如 IP 地址）的映射。这通常需要建立一种 A(Address)记录，意为“主机记录”或“主机地址记录”，是所有 DNS 记录中最常见的一种。通过 DNS，用户可以使用友好的名称查找计算机和服务在网络上的位置。DNS 名称分为多个部分，各部分之间用点分隔。最左边的是主机名，其余部分是该主机所属的 DNS 域。因此，一个 DNS 名称应该表示为“主机名＋DNS 域”的形式，如 www.sina.com。用户就用这个域名来访问新浪网服务器中的资源，而不是用难以记住的 IP 地址来访问。

Windows Server 2008 中的 DNS 服务器角色既能支持标准 DNS 协议，同时又具备可与 Active Directory 域服务（AD DS）及其他 Windows 联网的功能和安全功能。这些安全功能包括 DNS 记录安全动态更新等高级功能集成的优点。

DNS 服务器角色具有以下新特性。

(1) 增强 AD DS 中 DNS 区域存储功能

DNS 区域可以存储于 AD DS 的域或应用程序目录分区中。应用程序目录分区是 AD DS 中的一个数据结构，它针对不同的复制目的对数据进行区分。可以指定将区域存储在 AD DS 应用程序目录分区中，并指定将在其间复制区域数据的域控制器组。DNS

服务器服务维护两个应用程序目录分区：DNS域和DNS林，这两个分区在每个域和林中用于存储区域以进行标准复制。

(2) 条件转发器

DNS服务器服务通过提供条件转发器扩展了标准转发器的功能。条件转发器是网络上的一个DNS服务器，它按照查询中的DNS域名转发DNS查询。例如，可以将DNS服务器配置为将它所接收到的以www.gxjd.com结尾的名称的所有查询转发到特定DNS服务器的IP地址或到多个DNS服务器的IP地址。

(3) 存根区域

DNS支持一种称为存根区域的区域类型。存根区域是区域的一个副本，它仅包含标识该区域的权威DNS服务器所必需的资源记录。存根区域中保留的DNS服务器承载使用子区域的权威DNS服务器更新的父区域。这有助于维护DNS名称解析的效率。

(4) 增强的DNS安全功能

DNS为DNS服务器服务、DNS客户机服务和DNS数据提供增强的安全管理。

(5) 更易于管理

DNS管理控制台提供了一个用于管理DNS服务器的图形用户界面，可以使用多个配置向导来执行常见的服务器管理任务。除DNS管理单元之外，还提供了其他工具来管理网络上的DNS服务器和客户机。

(6) 符合RFC的动态更新协议支持

DNS服务器服务使客户端能够基于动态更新协议，以动态方式更新资源记录。通过减少管理这些记录所需的时间，从而改善DNS管理。运行DNS客户机服务的计算机可以动态方式注册其DNS名称和IP地址。

(7) 支持在服务器之间进行增量区域传送

在文件中存储DNS数据的DNS服务器使用区域传送来复制部分有关DNS命名空间的信息。当它复制未与AD DS集成的区域时，DNS服务器使用增量区域传送功能仅复制区域的已更改部分，这样可以节省网络带宽。

(8) 不带WINS的单标签主机名称解析

Windows Server 2008中的DNS服务器服务支持一个称为GlobalNames区域的特殊区域，以存储单标签主机名称。此区域可以在整个林之间进行复制，因此可以在整个林中解析单标签主机名称，而无须使用WINS协议。

(9) 增强对IPv6的支持

IPv6是一组新的Internet标准协议。使用IPv6的目的在于解决当前IPv4版本存在的多种问题，如地址耗尽、安全性、自动配置和可扩展性需求。

与IPv4相比，IPv6的一个不同之处是它的地址长为128位，而IPv4地址长仅为32位。IPv6地址采用冒号十六进制表示法。每个十六进制数字即为4位IPv6地址。完整表示的IPv6地址是分为8块的32个十六进制数字，用冒号分隔。

(10) 只读域控制器支持

Windows Server 2008还引入了只读域控制器(RODC)，它是一种新型域控制器，包含Active Directory信息的只读副本并可执行Active Directory功能，但无法直接进行配置。RODC不易受到攻击,可以将只读域控制器安装在不能保证物理安全的位置。

**2. DNS域名称空间**

域名称空间是一种类似于目录树的结构,它包括处于顶端的根目录域和从根衍生出来的多层分支。当域被解释为名称时,它由根加上分配给树中每一层单元的名称组成,并由句点隔开。根是以句点表示的,分配给树中每一层单元的名称表示了在DNS分层结构中的特定位置。例如,在域名sohu.com中,com代表树根下的第一层,称为顶级域;sohu是二级域,它在com之下,位于树的第二层。向DNS层次结构中加入更多的域时,每个子域的名称将被添加到它的父域的名称前面。因此,域的名称标示了它在DNS树中的位置。主机名是位于域名之前的单个名称,并且也用句点与域名分隔。主机名和从它到根的所有域名的组合称为完全合格域名(FQDN),或更通俗地称为DNS名称。DNS的分层结构如图10-1所示。

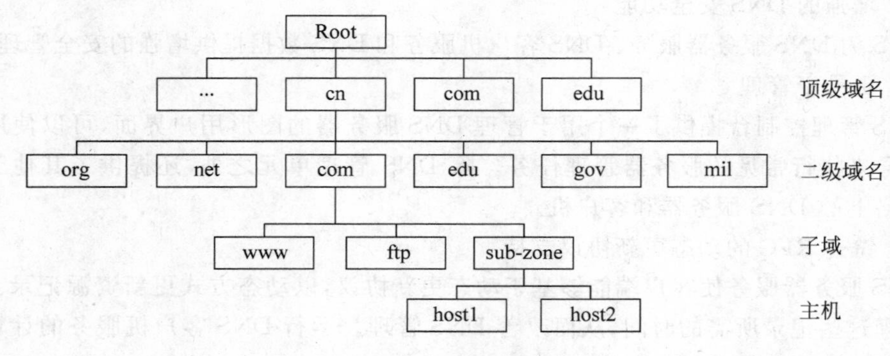


图10-1　DNS的分层结构

在分层结构中,根目录域位于DNS层次结构的顶部,由FQDN右边的句点(.)表示。FQDN右边的第一个单词是顶级域名。顶级域名包括2个、3个或4个字符的代码。这些代码表明了域包括的资源类型或域的位置。最初的7个顶级域和它们表示的资源如下:

- com　商业机构
- edu　教育机构
- gov　政府机构
- int　根据国际条约建立的机构
- mil　军事机构
- net　网络机构
- org　非商业机构

除了这7个顶级域,世界上大多数国家/地区用两个字母的顶级域表示。如cn代表中国。此外还有一个称为in-addr.arpa的特殊二级域,这个二级域专门用于反向名称查询。

二级域是FQDN右边的第二个单词,表示属于特定个人、企业或其他机构的网络。二级域可以包括主机和子域。如斯那.com域可以包括像ftp.斯那.com这样的计算机和

sales.斯那.com 这样的子域。

主机名是指在 Internet 或私有网络中特定的计算机或其他 TCP/IP 设备。主机名是 FQDN 最左边的单词。

**3. 域的命名规则**

在自己的二级域中创建子域和主机时，可以参考以下规则和标准命名：

- 限制域等级的数量。一般来说，DNS 主机应处于 DNS 分层结构下的第三级或第四级，不多于 5 级。随着层次数的增加，管理任务会变得繁重。
- 使用唯一的名称。每个子域必须在父域中有唯一的名称，以确保在整个 DNS 命名空间内名称的唯一性。
- 使用简单的名称。简单和精确的域名更方便用户记忆，能使用户在 Internet 或内部网络中凭直觉搜索和定位 Web 站点或其他计算机。
- 避免冗长的域名。在某一特定层次的域名中最多可以达到 63 个字符(包括后面的句点)，FQDN 的总长度不能超过 255 个字符。
- 使用标准 DNS 字符。DNS 名称不区分大小写，可以包括字母、数字和连字符“-”，但不能包括空格和其他标点符号。

**4. DNS 服务器的区域**

域名系统(DNS)允许 DNS 名称空间分成几个区域，区域必须覆盖域名空间的临近区域。区域从名称到 IP 地址的映射存储在区域数据库文件中。

Windows Server 2008 的 DNS 服务器内有两种方向的搜索区域。

- 正向查找区域。在大部分的 DNS 搜索中，客户机一般执行正向搜索，正向搜索后是基于存储在地址(A)资源记录中的另一台计算机的 DNS 名称的搜索。也就是说，当用户输入一台服务器域名时，借助于该记录可以将域名解析为 IP 地址，从而实现对服务器的访问。
- 反向查找区域。DNS 也提供反向搜索过程，允许客户机在名称查询期间使用已知的 IP 地址，并根据它的地址查找计算机名。反向查找采取问答方式进行，例如，“您能告诉我使用 IP 地址 192.168.0.1 的计算机的 DNS 名称吗”?

**5. 查询方式**

当客户机需要访问 Internet 上某一台主机时，首先向本地 DNS 服务器查询对方 IP 地址，往往本地 DNS 服务器继续向另外一台 DNS 服务器查询，直到解析出所需访问主机的 IP 地址。这一过程称为“查询”。DNS 客户机利用自己的 IP 地址查询它的主机名称，称为反向查询(Reverse Query)。当 DNS 客户机向 DNS 服务器查询 IP 地址时，或当 DNS 服务器向另外一台 DNS 服务器查询 IP 地址时，称为正向查询，查询模式有两种。

- 递归查询(Recursive Query)。客户机送出查询请求后，DNS 服务器必须告诉客户机正确的数据(IP 地址)或通知客户机找不到其所需数据。如果 DNS 服务器数据库内没有所需要的数据，则 DNS 服务器会代替客户机向其他的 DNS 服务器查询。客户机只需接触一次 DNS 服务器系统，就可得到所需的节点地址。

• 迭代查询(Iterative Query)。客户机送出查询请求后,若该 DNS 服务器中不包含所需数据,它会告诉客户机另外一台 DNS 服务器的 IP 地址,使客户机自动转向另外一台 DNS 服务器查询,依此类推,直到查到数据,否则由最后一台 DNS 服务器通知客户机查询失败。

**6. DNS 查询过程**

客户机一般向 DNS 服务器发送递归查询,然后,DNS 服务器使用迭代查询向客户机提供响应。如果客户机向 DNS 服务器发出解析地址 www. gxjd. com 的请求,将发生以下过程:

① 客户机产生对于 www. gxjd. com 的 IP 地址请求,该请求通过向客户机配置使用的 DNS 服务器发送递归查询来完成。

② 收到递归查询的 DNS 服务器,不能为 www. gxjd. com 在数据库中定位项,所以向根目录域的权威 DNS 服务器发送迭代查询。

③ 根目录域的权威 DNS 服务器不能为 www. gxjd. com 在数据库中定位项,所以向发出查询请求的 DNS 服务器发送 com 域的权威 DNS 服务器的 IP 地址作为响应。

④ 收到递归查询的 DNS 服务器向 com 域的权威 DNS 服务器发送迭代查询。

⑤ com 域的权威 DNS 服务器不能为 www. gxjd. com 在数据库中定位项,所以向发出查询请求的 DNS 服务器发送 gxjd. com 域的权威 DNS 服务器的 IP 地址作为响应。

⑥ 收到递归查询的 DNS 服务器向 gxjd. com 域的权威 DNS 服务器发送迭代查询。

⑦ gxjd. com 域的权威 DNS 服务器为 www. gxjd. com 在数据库中定位项,以向发出查询请求的 DNS 服务器发送 www. gxjd. com 的 IP 地址作为响应。

⑧ 收到递归查询的 DNS 服务器向客户机发送 www. gxjd. com 的 IP 地址。

## 10.2 建立 DNS 服务器

**1. DNS 服务器安装准备条件**

在安装 DNS 服务器之前,必须设置好本地网络,其设置步骤如下:

① 依次选择“开始”→“网络”命令,在打开的窗口中单击“网络和共享中心”选项,打开如图 10-2 所示的“网络和共享中心”页面。

② 在如图 10-2 所示的“网络和共享中心”页面的“本地连接”右侧,单击“查看状态”选项。

③ 弹出如图 10-3 所示的“本地连接 状态”对话框,单击“属性”按钮。

④ 弹出如图 10-4 所示的“本地连接 属性”对话框,选中“Internet 协议版本 4(TCP/IPv4)”复选框,单击“属性”按钮。

⑤ 弹出如图 10-5 所示的“Internet 协议版本 4(TCP/IPv4)属性”对话框,输入本机使用的 IP 地址、子网掩码和默认网关。选中“使用下面的 DNS 服务器地址”前的单选按钮,并选择“首选 DNS 服务器”选项,输入其对应的 IP 地址“192. 168. 100. 1”后,单击“确定”按钮即可完成 DNS 服务器本机的基本参数设置任务。

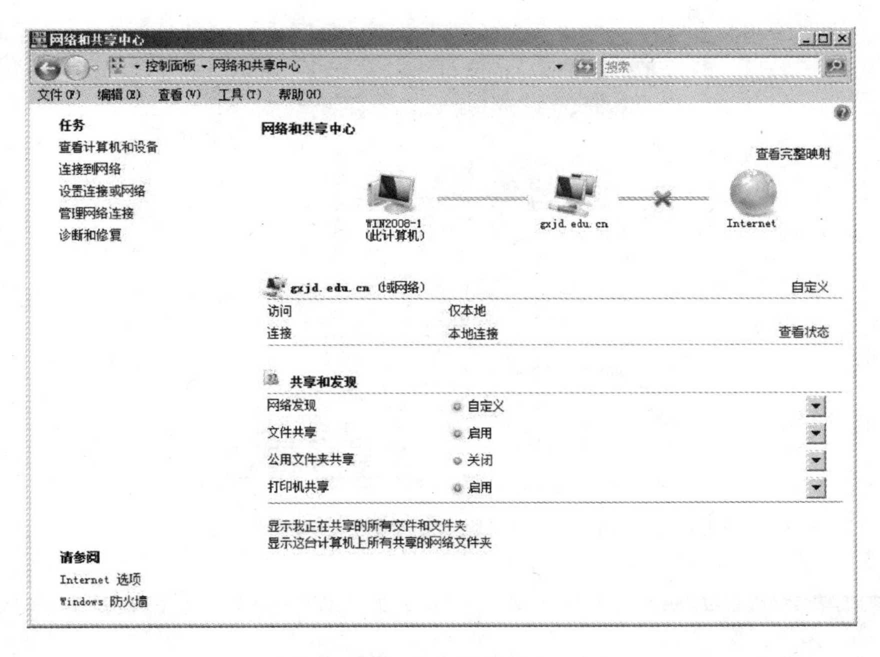

图 10-2 “网络和共享中心”页面

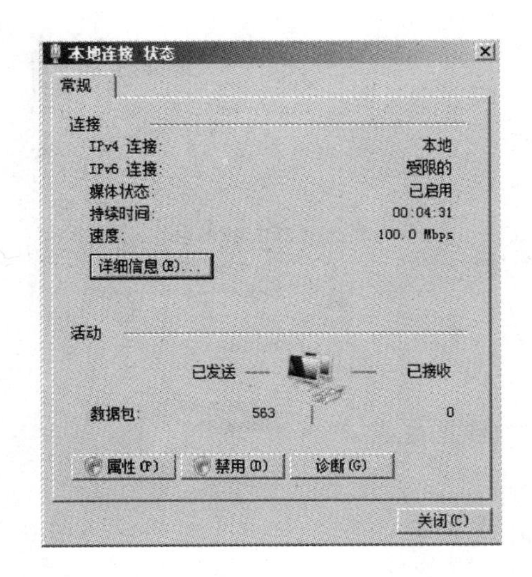

图 10-3 “本地连接 状态”对话框

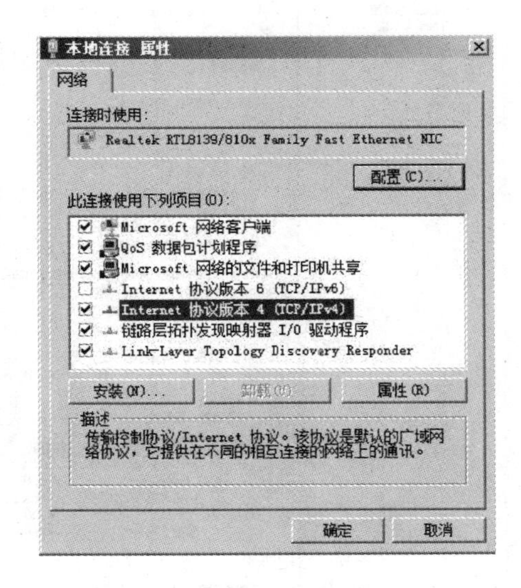

图 10-4 “本地连接 属性”对话框

**2. 通过服务器管理器安装 DNS 服务器**

安装步骤介绍如下：

① 依次选择“开始”→“管理工具”→“服务器管理器”命令，打开“服务器管理器”窗口，如图 10-6 所示。在服务器管理器窗口左侧，单击“角色”选项，然后在右侧单击“添加角色”选项。

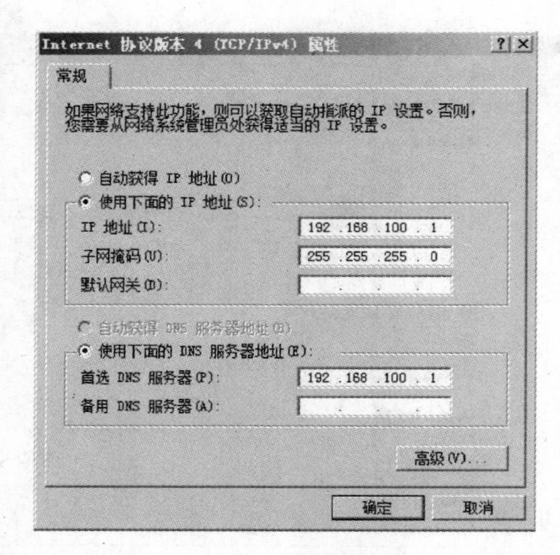


图 10-5 “Internet 协议版本 4(TCP/IPv4)属性”对话框

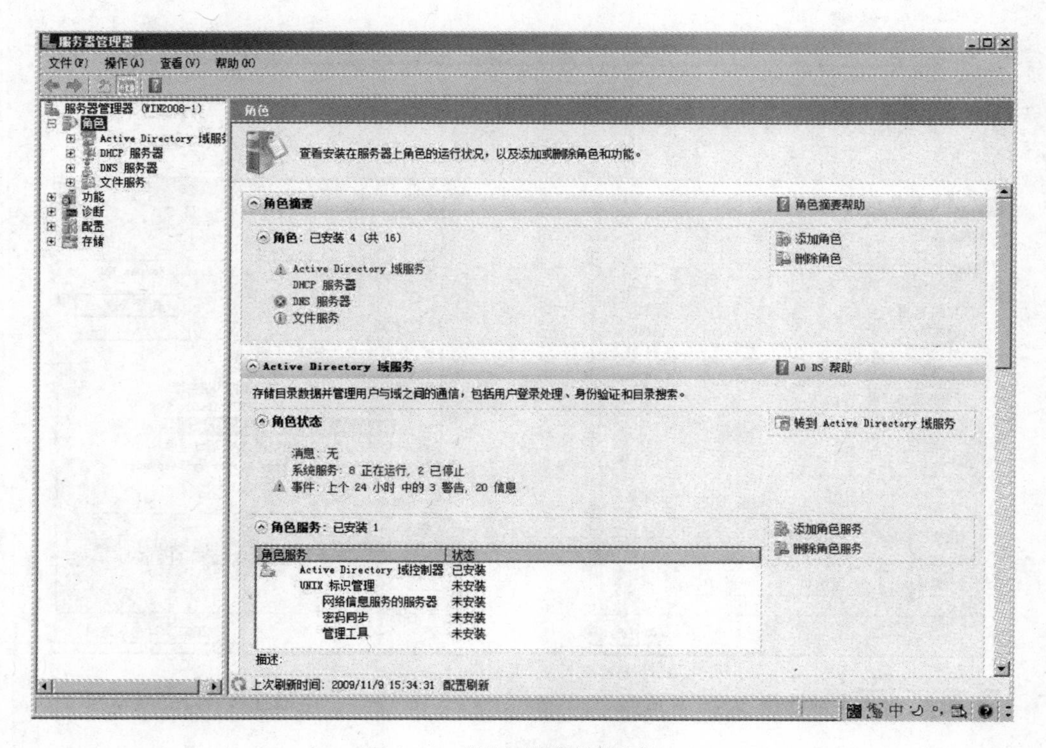


图 10-6 “服务器管理器”窗口

② 在弹出如图 10-7 所示的“选择服务器角色”对话框中，选中要安装的服务器，例如，DNS 服务器，单击“下一步”按钮。

③ 然后在弹出的“确认安装”对话框中选择“安装”，稍后出现如图 10-8 所示的“安装结果”对话框，单击“关闭”按钮即可完成 DNS 服务器的安装。

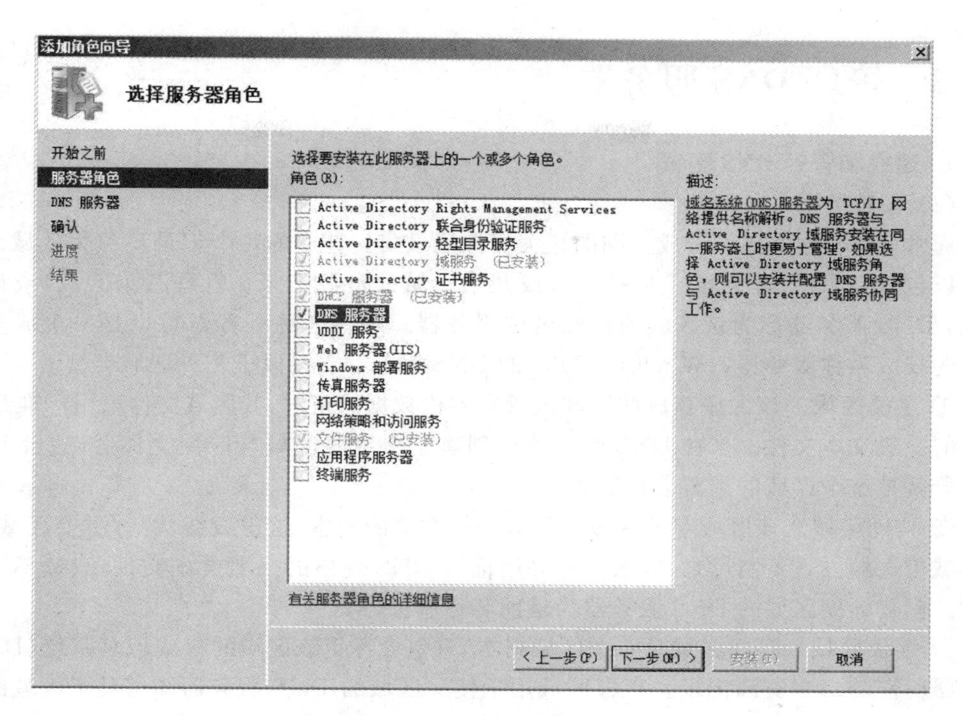


图 10-7　“选择服务器角色”对话框

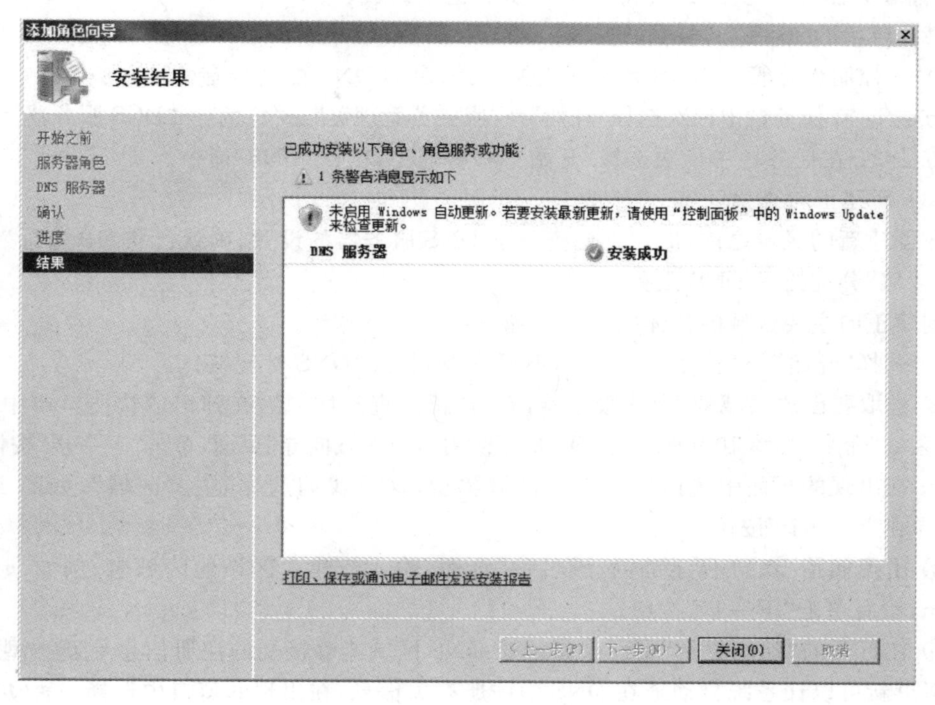


图 10-8　“安装结果”对话框

## 10.3 管理 DNS 服务器

**1. 建立和管理 DNS 区域**

(1) 区域类型

通常,DNS 数据库可分成不同的相关资源记录集。其中的每个记录集称为区域。区域可以包含整个域、部分域或只是一个或几个子域的资源记录。管理某个区域(或记录集)的 DNS 服务器称为该区域的权威名称服务器。每台名称服务器可以是一个或多个区域的权威名称服务器。Windows 2003 的 DNS 服务器支持以下三种区域类型。

① 主要区域。该区域存放此区域内所有主机数据的正本,其区域文件采用标准 DNS 规格的一般文本文件。当在 DNS 服务器内创建一个主要区域与区域文件后,这台 DNS 服务器就是这个区域的主要名称服务器。

② 辅助区域。该区域存放区域内所有主机数据的副本,这份数据从其"主要区域"利用区域传送的方式复制过来,区域文件采用标准 DNS 规格的一般文本文件,只读不可以修改。创建辅助区域的 DNS 服务器为辅助名称服务器。

③ 存根区域。存根区域是一个区域副本,只包含标识该区域的权威域名系统(DNS)服务器所需的那些资源记录。存根区域用于使父区域的 DNS 服务器知道其子区域的权威 DNS 服务器,从而保持 DNS 名称解析效率。存根区域由起始授权机构(SOA)资源记录、名称服务器(NS)资源记录和黏附 A 资源记录组成。

(2) 启用 DNS 服务器的管理工具

DNS 控制台是管理 DNS 系统的主要工具,启动 DNS 控制台有两种方法。

方法 1:在任务栏中依次选择"开始"→"服务器管理器"→"角色"→"DNS 服务器"命令。

方法 2:在任务栏中依次选择"开始"→"管理工具"→"DNS"命令。

(3) 新建正向查找区域

在创建新的区域之前,应首先检查一下 DNS 服务器的设置,确认已将"IP 地址"、"主机名"、"域"分配给了 DNS 服务器。

创建正向主要区域的具体操作步骤如下:

① 选择"开始"→"管理工具"→"DNS"命令,打开"DNS 管理"窗口。

② 选取要创建区域的 DNS 服务器,右击"正向查找区域",在弹出的快捷菜单中选择"新建区域"命令,如图 10-9 所示,出现"欢迎使用新建区域向导"页面,单击"下一步"按钮。

③ 在出现的页面中选择要建立的区域类型,这里我们选择"主要区域",如图 10-10 所示,单击"下一步"按钮。

④ 出现如图 10-11 所示的"区域名称"页面,输入新建主区域的区域名,例如,gxnn.edu.cn,然后单击"下一步"按钮。

⑤ 在打开的"动态更新"页面中指定该 DNS 区域能够接受的注册信息更新类型。允许动态更新可以让系统自动地在 DNS 中注册有关信息,在出现的窗口中选择一种动态更新类型,如图 10-12 所示,然后单击"下一步"按钮。

⑥ 在出现的对话框中单击"完成"按钮,结束区域添加。

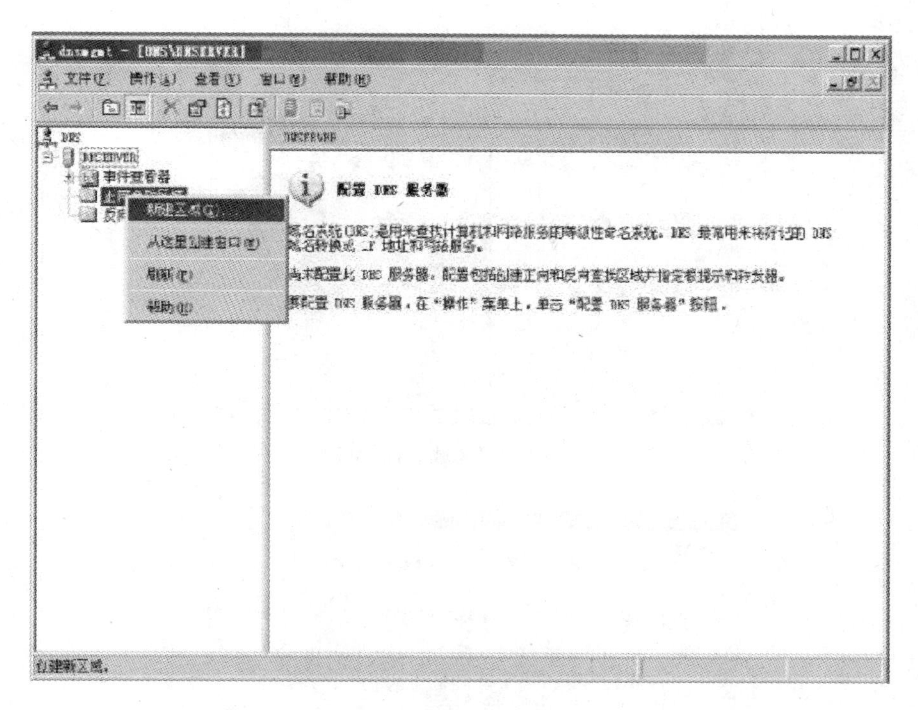


图 10-9　新建区域

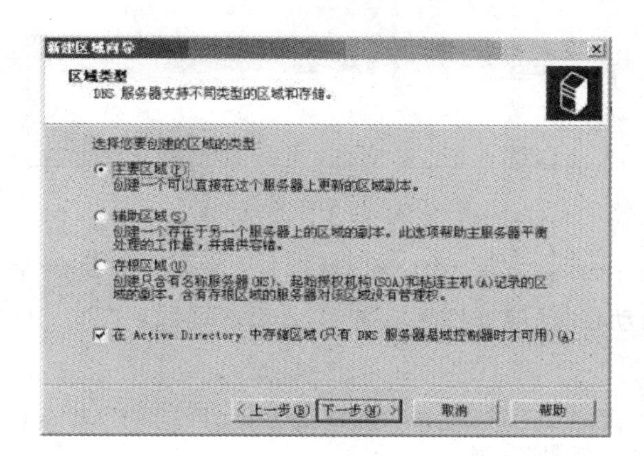


图 10-10　“区域类型”页面

(4) 新建反向查找区域

创建正向查找区域的目的是将完全合格域名(FQDN)解析为 IP 地址，也可以创建反向查找区域，便于将 IP 地址解析成相应的 FQDN，创建方法和正向搜索区域的创建相似。创建反向查找区域的操作步骤如下：

① 选择“开始”→“管理工具”→“DNS”命令，打开“DNS 管理”窗口。

② 选取要创建区域的 DNS 服务器，右击“反向查找区域”，在弹出的快捷菜单中选择“新建区域”命令，出现“欢迎使用新建区域向导”页面，单击“下一步”按钮。

③ 在出现的页面中选择要建立的区域类型，这里选择“主要区域”，单击“下一步”按钮。

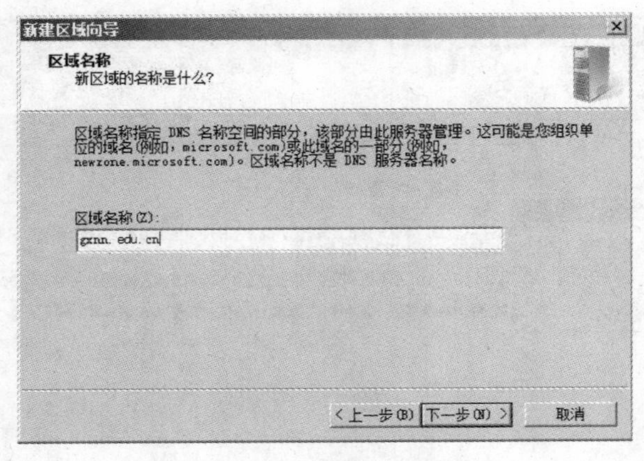


图 10-11 “区域名称”页面

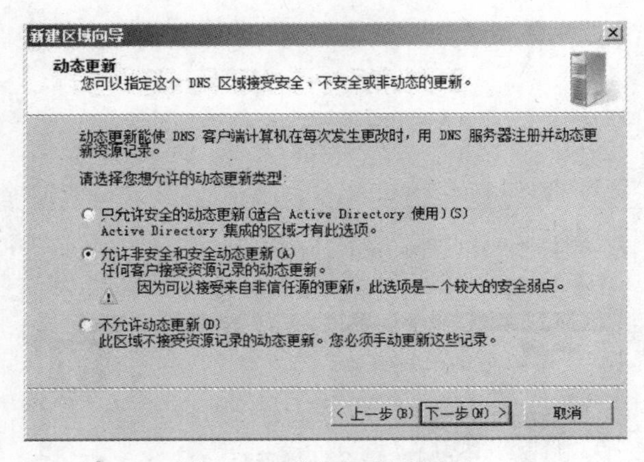


图 10-12 “动态更新”页面

④ 出现如图 10-13 所示页面，直接在“网络 ID”处输入此区域支持的网络 ID，例如，192.168.100，它会自动在“反向查找区域名称”处设置区域名“100.168.192.in-addr.arpa”，单击“下一步”按钮。

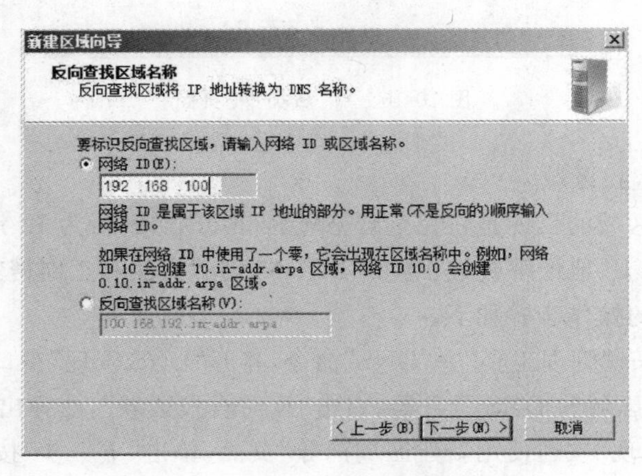


图 10-13 “反向查找区域名称”页面

⑤ 出现如图 10-14 所示页面，选择一种动态更新类型，单击“下一步”按钮。

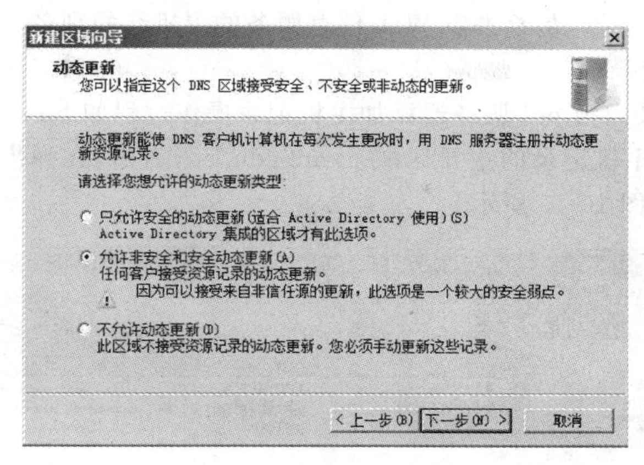


图 10-14　“动态更新”页面

⑥ 在正在完成新建区域向导窗口中单击“完成”按钮，完成反向主要区域的创建。

**2. 建立和管理 DNS 资源记录**

(1) 资源记录类型

DNS 数据库包括 DNS 服务器所使用的一个或多个区域文件。每个区域都拥有一组结构化的资源记录，创建新的主要区域后，“域服务管理器”会自动创建起始授权机构、名称服务器等记录。除此之外，DNS 数据库还包含其他的资源记录，用户可根据需要自行向主区域或域中添加资源记录。其中以下项目是 DNS 服务器服务支持的常见记录类型。

- 起始授权机构，SOA(Start Of Authority)。指示区域的源名称，并包含作为区域主要信息源的服务器的名称，它还表示该区域的其他基本属性，SOA 资源记录在任何标准区域中始终是首位记录，它表示最初创建它的 DNS 服务器或现在是该区域的主服务器的 DNS 服务器。它还用于存储会影响区域更新或过期的其他属性，如版本信息和计时。这些属性会影响在该区域的权威服务器之间进行区域传输的频繁程度。
- 名称服务器，NS(Name Server)。为 DNS 域标识 DNS 名称服务器，该资源记录出现在所有 DNS 区域中。创建新区域时，该资源记录被自动创建。
- 主机地址 A(Address)。将 DNS 域名映射到 Internet 协议(IP)版本 4 的 32 位地址中。
- IPv6 主机地址 (AAAA)资源记录。将 DNS 域名映射到 Internet 协议(IP)版本 6 的 128 位地址中。
- 指针 PTR(Point)。该资源记录与主机记录配对，可将 IP 地址映射到 DNS 反向区域中的主机名。
- 邮件交换器资源记录 MX(Mail Exchange)。为 DNS 域名指定了邮件交换服务器。在网络存在 E-mail 服务器时，需要添加一条 MX 记录对应 E-mail 服务器，以便 DNS 能够解析 E-mail 服务器地址。若未设置此记录，E-mail 服务器无法接收邮件。
- 规范名 CNAME(Canonical Name)。此记录指定标准主机名的别名，将别名或备用的 DNS 域名映射到指定的标准或主要 DNS 域名。此数据中所使用的标准或主要 DNS 域名是必需的，并且必须解析为名称空间中有效的 DNS 域名。如常见的 WWW 服务器，是给提供 Web 信息服务的主机起的别名。

(2) 添加主机记录

在正向主要区域内为 pc1 服务器添加主机记录操作过程如下：

① 选中要添加主机记录的主要区域 gxnn. edu. cn，右击，在弹出的快捷菜单中选择"新建主机"命令，如图 10-15 所示。

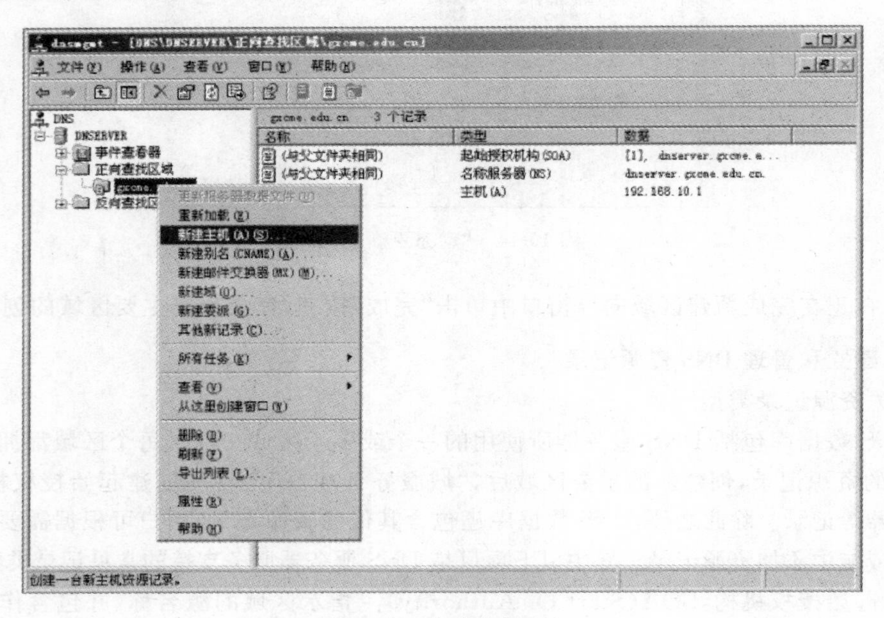

图 10-15 新建主机(A)

② 出现如图 10-16 所示的对话框，在"名称(如果为空则使用其父域名称)"文本框中输入新添加的计算机的名字，在"IP 地址(P)"文本框中输入相应的主机 IP 地址。如果要将新添加的主机 IP 地址与反向查询区域相关联，选中"创建相关的指针(PTR)记录"复选框，将自动生成相关反向查询记录。单击"添加主机"按钮。

③ 出现如图 10-17 所示的对话框，单击"确定"按钮完成一个主机记录的添加。

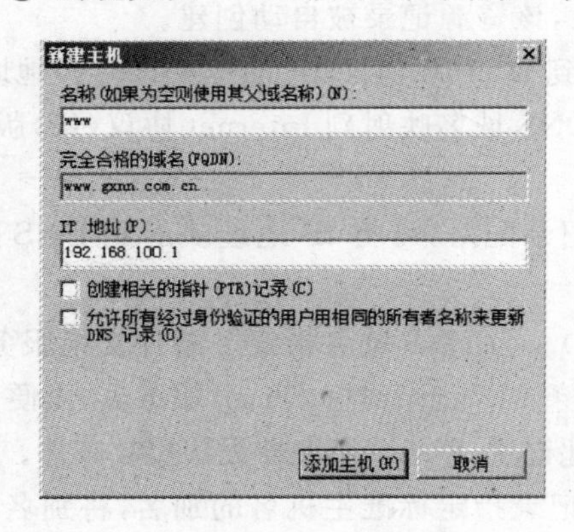

图 10-16 "新建主机"对话框

图 10-17 "确认"对话框

## 10.4　设置 DNS 客户机

### 1. 设置静态 DNS 客户机

设置的基本步骤如下：

① 依次选择“开始”→“网络”命令，在打开的窗口中单击“网络和共享中心”选项。

② 打开如图 10-18 所示的“网络和共享中心”窗口，在“本地连接”右侧单击“查看状态”选项。

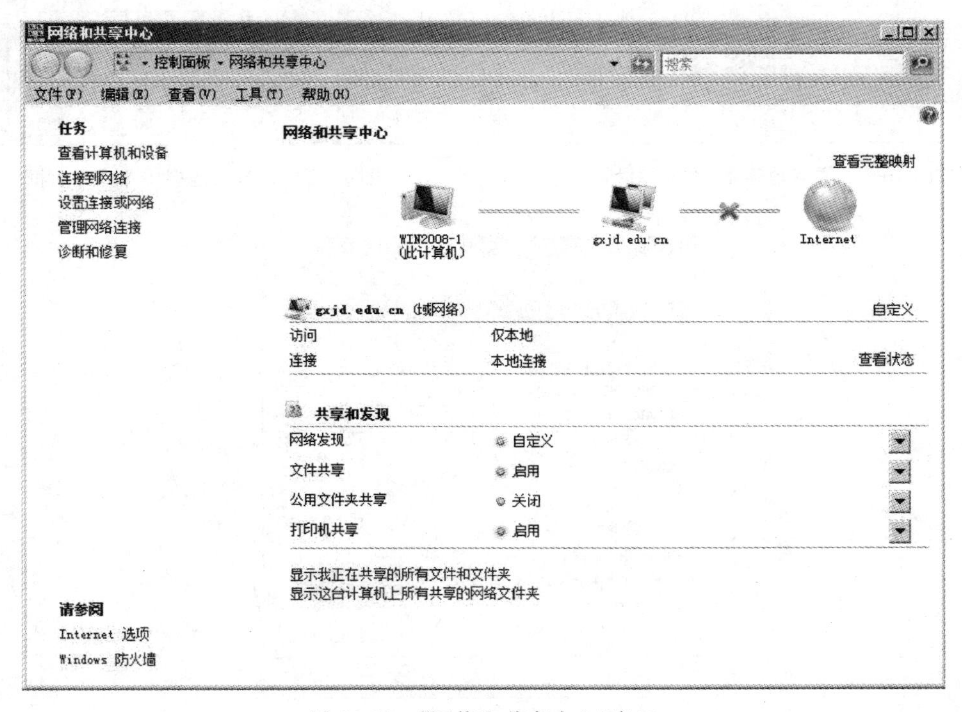


图 10-18　“网络和共享中心”窗口

③ 弹出如图 10-19 所示的“本地连接 状态”对话框，单击“属性”按钮。

④ 弹出如图 10-20 所示的“本地连接 属性”对话框，选中“Internet 协议版本 4(TCP/IPv4)”复选框，之后，单击“属性”按钮弹出如图 10-20 所示的对话框。

⑤ 在“Internet 协议版本 4(TCP/IPv4)属性”对话框中，输入本机使用的 IP 地址、子网掩码和默认网关，如图 10-21 所示。选择“使用下面的 DNS 服务器地址”单选按钮，在其下方的“首选 DNS 服务器”栏中输入其对应的 IP 地址 192.168.100.1，最后单击“确定”按钮。

### 2. DNS 服务器的检测

在各种 DNS 客户机上都可以进行如下操作，以检测 DNS 系统的工作是否正常。

① 依次选择“开始”→“命令提示符”命令。

② 打开如图 10-22 所示的“命令提示符”窗口，使用“ping www.gxjd.edu.cn”命令，可以测试客户机域名解析的工作是否正常，正常的响应如图 10-22 所示。

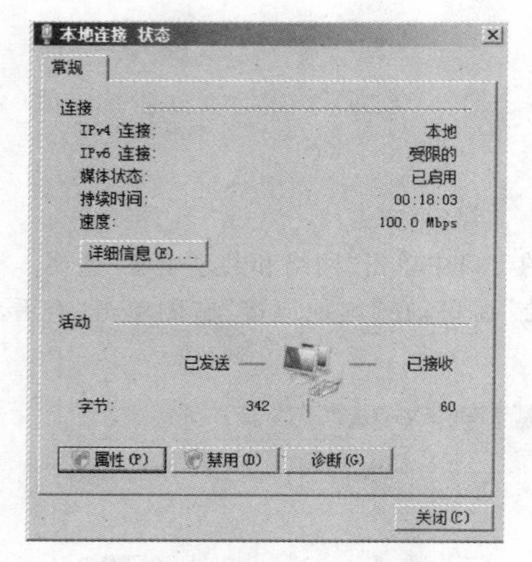


图 10-19 “本地连接 状态”对话框

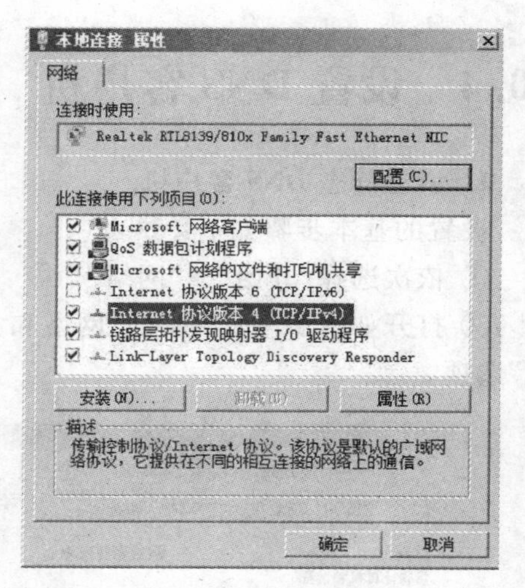


图 10-20 “本地连接 属性”对话框

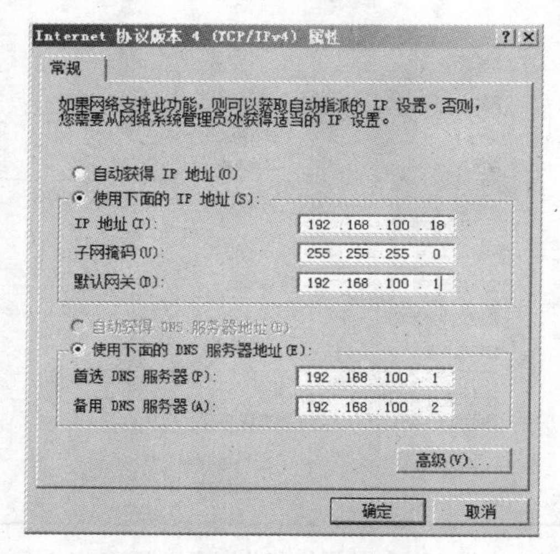


图 10-21 “Internet 协议版本 4(TCP/IPv4)属性”对话框

```
管理员: C:\Windows\system32\cmd.exe
Microsoft Windows [版本 6.0.6001]
版权所有 (C) 2006 Microsoft Corporation。保留所有权利。

C:\Users\Administrator>ping www.gxjd.edu.cn

正在 Ping www.gxjd.edu.cn [192.168.100.1] 具有 32 字节的数据:
来自 192.168.100.1 的回复: 字节=32 时间<1ms TTL=128
来自 192.168.100.1 的回复: 字节=32 时间<1ms TTL=128
来自 192.168.100.1 的回复: 字节=32 时间<1ms TTL=128
来自 192.168.100.1 的回复: 字节=32 时间<1ms TTL=128

192.168.100.1 的 Ping 统计信息:
    数据包: 已发送 = 4, 已接收 = 4, 丢失 = 0 (0% 丢失),
往返行程的估计时间(以毫秒为单位):
    最短 = 0ms, 最长 = 0ms, 平均 = 0ms

C:\Users\Administrator>
```

图 10-22 ping www.gxjd.edu.cn 成功的响应窗口

## 10.5 安装与配置终端服务器

**1. 终端服务简介**

在 Windows Server 2008 中的终端服务，为用户提供了可以远程访问安装在终端服务器上应用程序的功能，还提供了远程访问 Windows 系统桌面的功能。使用终端服务，既可以在企业的内部局域网中访问终端服务器，也可以通过 Internet 在互联网中访问终端服务。

终端服务提供了在 Windows Server 2008 上承载多个并发客户端会话的能力。基于 Windows 的标准应用程序无须做任何修改便可在终端服务器上运行，而且可以使用所有标准的 Windows Server 2008 基础结构和管理客户端桌面系统。通过这种方式，企业能够从当今 Windows 系统环境提供的丰富的应用程序和工具中做出适合自己需要的选择。

**2. Windows Server 2008 终端服务器的新特性**

Windows Server 2008 终端服务器的性能得到了增强和改进，用户可以自主地决定哪些程序可以远程接入，同时用户通过新的远程程序和终端服务网关能够使用 Citrix 公司的程序。用户还可以接入程序，配置程序，虚拟化以及实现随时安全接入的功能。下面逐一介绍终端服务的新特性。

(1) 终端服务网关

在 Windows Server 2008 中终端服务的一个重大改进就是终端服务网关（Terminal Services Gateway），通过这个功能，用户可以在世界各地通过 Internet 上的一个门户来访问终端服务程序。所有的处理过程都是通过安全加密的 HTTPS 通道来完成的。

终端服务网关可以穿过防火墙正确地完成网络地址转换，除此之外，因为数据是通过 HTTPS 协议进行传输的，这就避免了以前通过远程桌面协议(RDP)进行传输时碰到的无法穿透防火墙的问题，因为桌面协议(RDP)使用的 3389 端口在防火墙上往往是会被屏蔽掉的。

(2) 终端服务远程程序

终端服务最大的优势就在于集中管理。通过使用终端服务，企业可确保所有客户端都使用应用程序的最新版本，因为软件只需在服务器计算机上安装一次，而不是在企业的所有桌面计算机上都进行安装。

(3) 使用远程桌面 Web 连接

远程桌面 Web 连接是一个 ActiveX 控件，具有与远程桌面连接的可执行版本完全相同的功能，但是它通过 Web 提供这些功能，并且无须在客户端计算机上安装可执行版本。当在 Web 页面中托管时，该 ActiveX 客户端控件答应用户通过使用 TCP/IP 协议的互联网或内部网连接，登录到终端服务器，并可在 Internet Explorer 内部查看 Windows 桌面，远程桌面 Web 连接是通过 URL 提供终端服务器功能的简单途径，同时这个服务也非常智能。无论加载多少程序只要是由同一用户发起的，那么在终端服务中都只会保存一个会话，这样就使得服务器端的资源治理更加便捷，同时企业还可以将网络访问整合到 SharePoint 站点上，因此用户就可以通过企业的协作平台来访问多种程序。

**3. 终端服务的组成**

在 Windows Server 2008 中，终端服务由以下几个相关服务组成。

① 终端服务器。终端服务器使服务器可以运行基于 Windows 的应用程序和完整的 Windows 桌面。用户可以使用“远程桌面连接”或“远程应用程序”连接到终端服务器上，并在终端服务器上运行应用程序、保存文件及使用网络资源。

② 终端服务 Web 访问。用户可以使用该组件从 Web 网站中连接访问终端服务器并访问 RemoteApp 应用程序。

③ 终端服务授权。管理终端服务客户端访问授权。每个设备或用户连接终端服务器时需要使用这些授权。使用终端服务授权可以安装、颁发及监控终端服务授权服务器上的终端服务客户端访问授权。

④ 终端服务网关。使经过授权的远程用户从任何连接到互联网的设备上连接到企业内部网络中的终端服务器上。

⑤ 终端服务会话代理。支持服务器组中各个终端服务器之间对会话进行负载均衡，同时还支持在负载均衡的终端服务器组中重新连接到已存在的会话。

#### 4. 终端服务器的安装

通常安装了 Windows Server 2008 以后，终端服务是不被安装的。因此，需要在系统安装完毕后选择安装。具体安装步骤如下。

① 单击“开始”→“管理工具”→“服务器管理器”命令，打开如图 10-23 所示的“服务器管理器”窗口，选择“角色”选项。

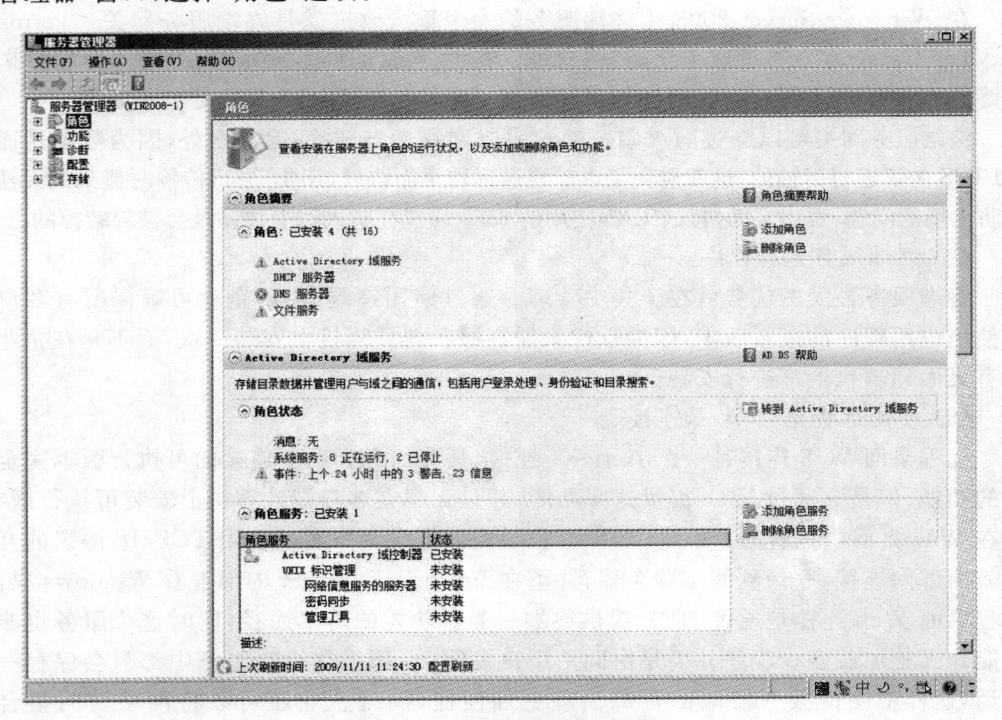


图 10-23 “服务器管理器”窗口

② 单击“服务器管理器”窗口中的“添加角色”选项，弹出“选择服务器角色”页面，单击“下一步”按钮后进入如图 10-24 所示的“选择服务器角色”向导页面。

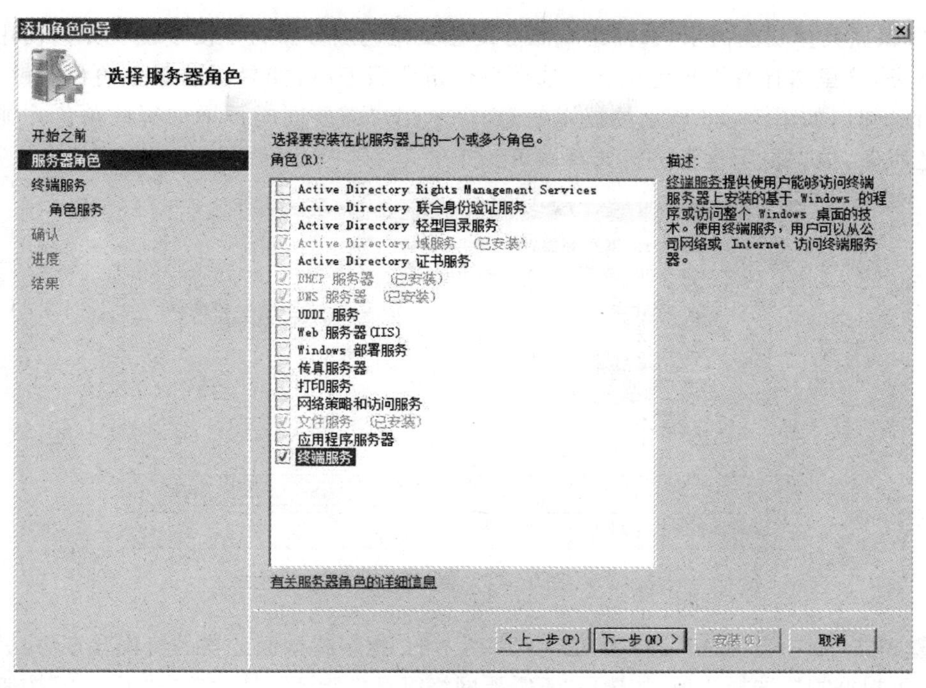


图 10-24　“选择服务器角色”向导页面

③ 在图 10-24 中选择“终端服务”选项后单击“下一步”按钮，进入终端服务说明简介向导页面。单击“下一步”按钮后进入如图 10-25 所示的“选择角色服务”向导页面。

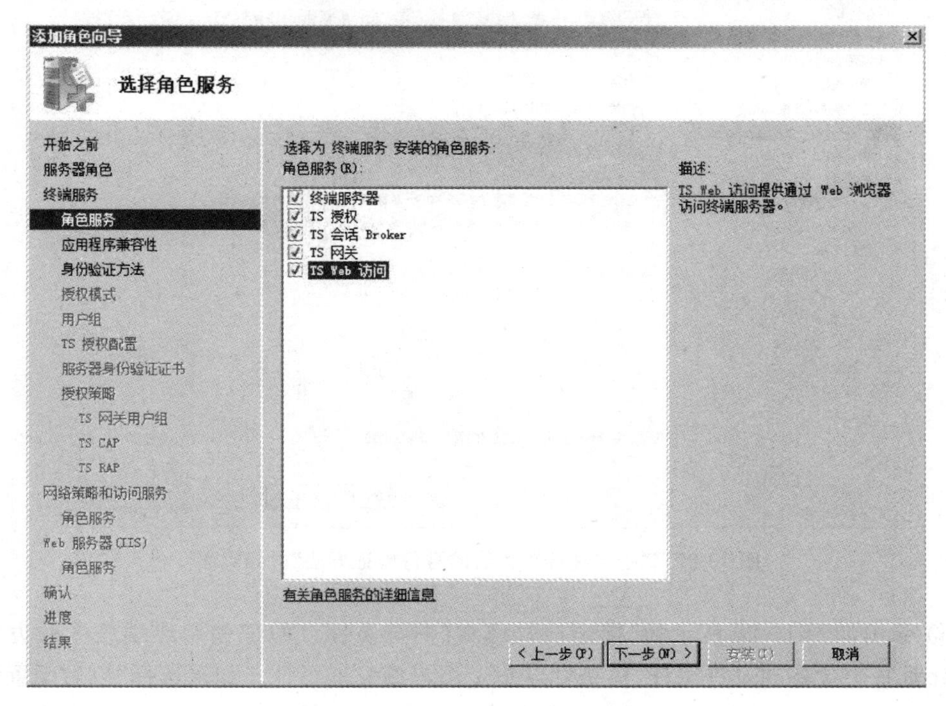


图 10-25　“选择角色服务”向导页面

④ 根据具体功能需求，选择终端服务的相关角色服务。为了便于说明如何使用这些角色服务，这里选择各类角色服务。选择每个角色服务时，如果所选服务角色不够，系统将会自动弹出如图 10-26 所示的提示信息，提示用户需要同时再增加哪些角色才能运行该角色服务，根据提示信息进行选择即可。

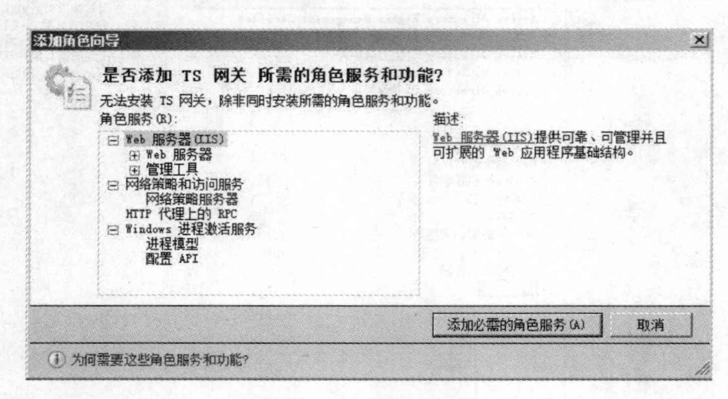


图 10-26 提示信息

⑤ 单击“下一步”按钮，进入如图 10-27 所示的“指定终端服务器的身份验证方法”向导页面。可根据需要选择选项，如选择“不需要网络级身份验证”，然后单击“下一步”按钮。

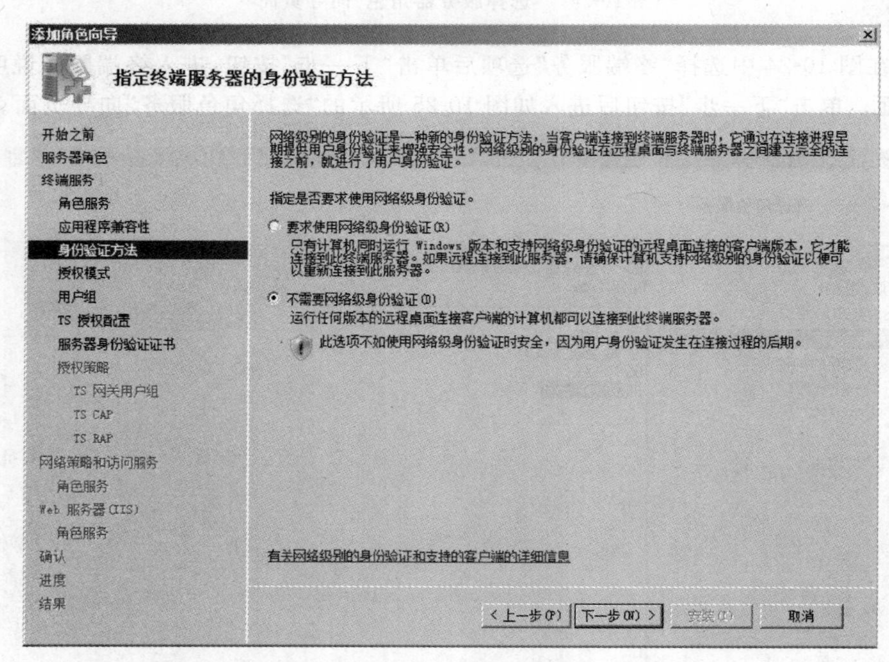


图 10-27 “指定终端服务器的身份验证方法”向导页面

⑥ 弹出如图 10-28 所示的“指定授权模式”向导页面。根据使用终端服务的方式选择是针对每个设备颁发许可证，还是针对每个用户颁发许可证。如果选择“以后配置”，用户则会在之后的 120 天内收到系统的提示信息要求用户配置授权模式。选择完毕后单击

"下一步"按钮。

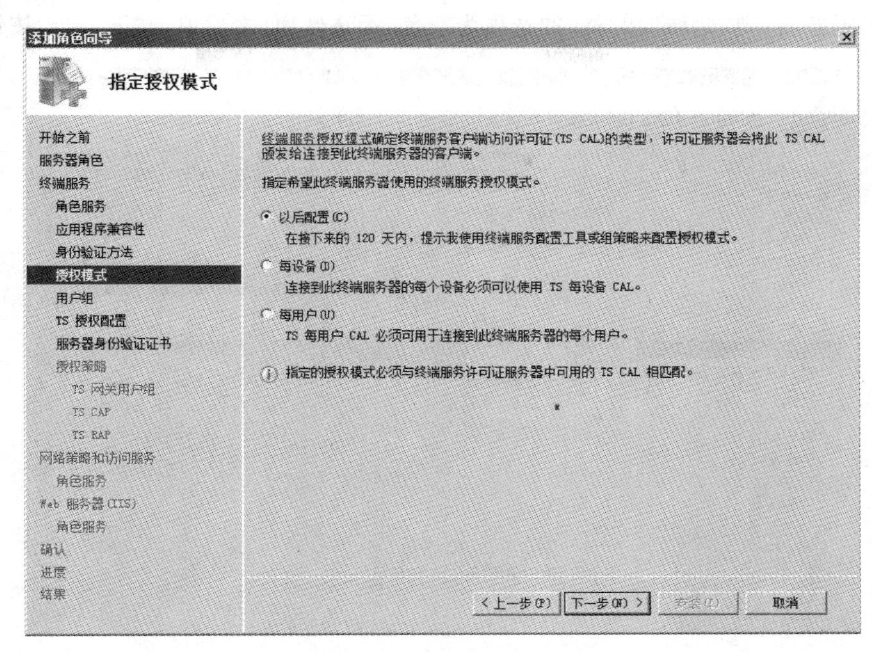


图 10-28　"指定授权模式"向导页面

⑦ 弹出如图 10-29 所示的"选择允许访问此终端服务器的用户组"向导页面。在该页面中默认有管理员组可以访问该终端服务，还可以根据实际需要添加或删除其他用户或用户组，之后单击"下一步"按钮。

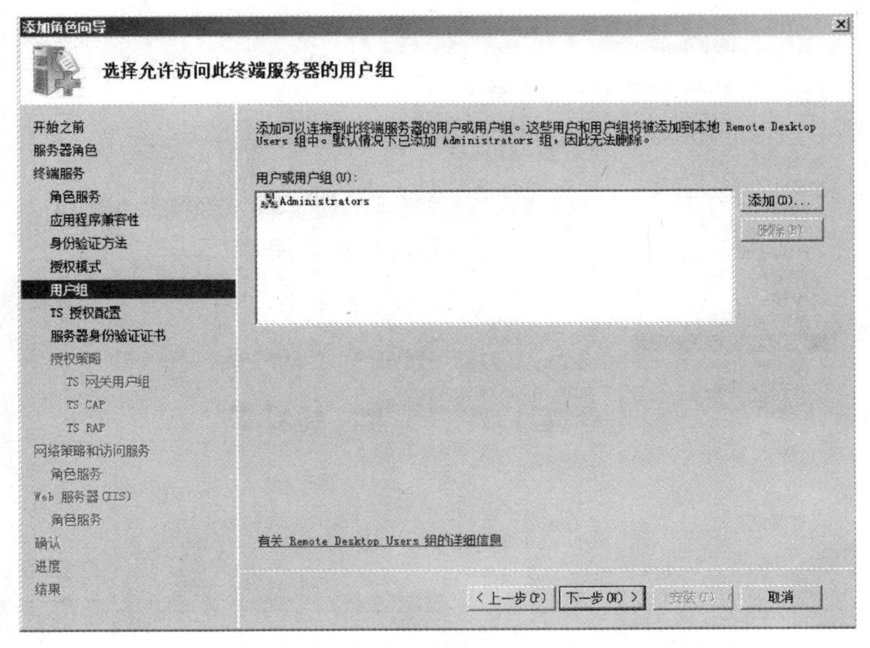


图 10-29　"选择允许访问此终端服务器的用户组"向导页面

⑧ 弹出如图 10-30 所示的“为 TS 授权配置搜索范围”向导页面。如果服务器没有被配置成域服务器，则“此域”和“林”的选项为灰色，无法使用，之后单击“下一步”按钮。

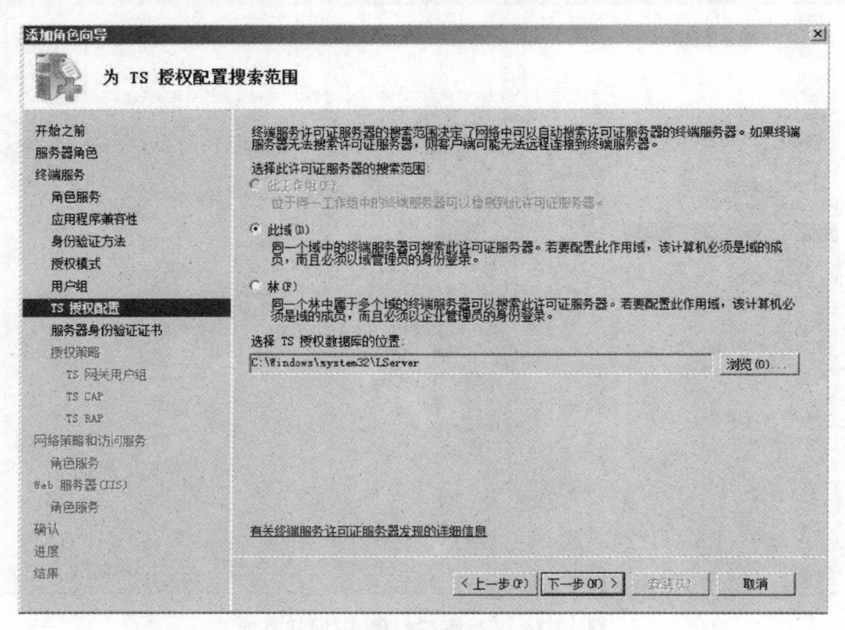


图 10-30 “为 TS 授权配置搜索范围”向导页面

⑨ 弹出如图 10-31 所示的“选择 SSL 加密的服务器身份验证证书”向导页面。根据实际需要及每种证书的说明选择相应的证书方式。比如选择“为 SSL 加密创建自签名证书”，之后单击“下一步”按钮。

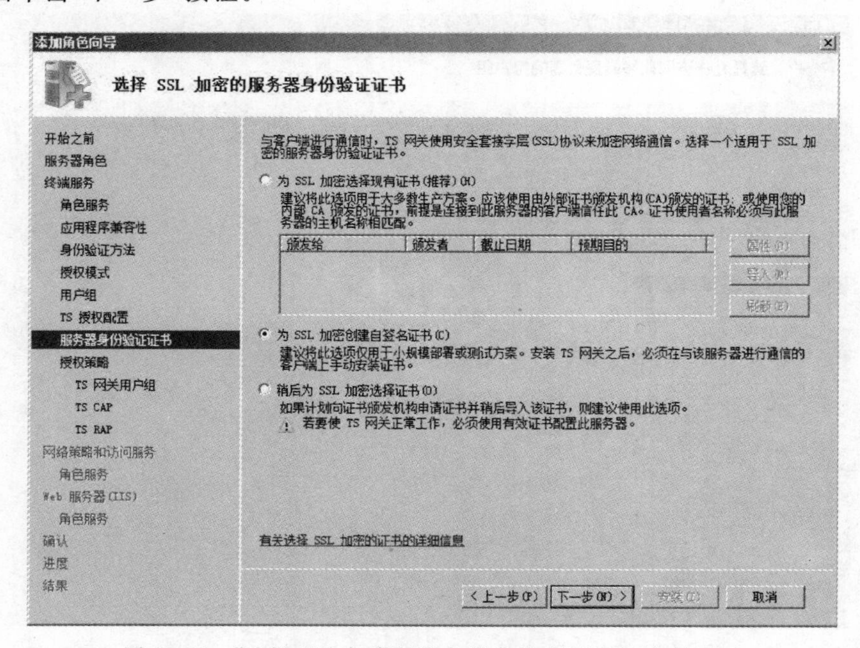


图 10-31 “选择 SSL 加密的服务器身份验证证书”向导页面

⑩ 弹出如图 10-32 所示的“为 TS 网关创建授权策略”向导页面。根据向导页面的说明及实际需要，选择创建授权策略的方式，之后单击“下一步”按钮。

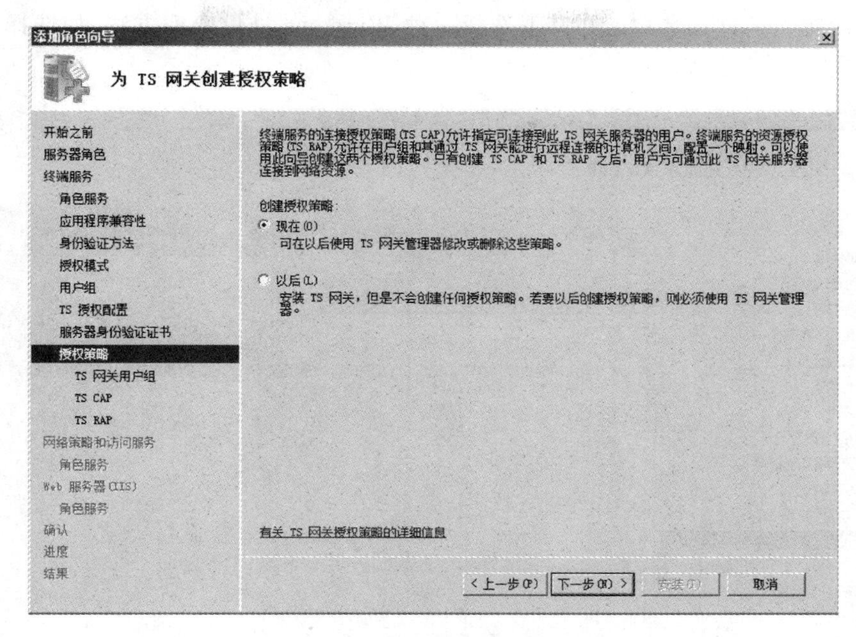


图 10-32　“为 TS 网关创建授权策略”向导页面

⑪ 弹出如图 10-33 所示的“选择可以通过 TS 网关连接的用户组”向导页面。默认情况下管理员组具有该权限，还可以添加或删除其他用户组，之后单击“下一步”按钮。

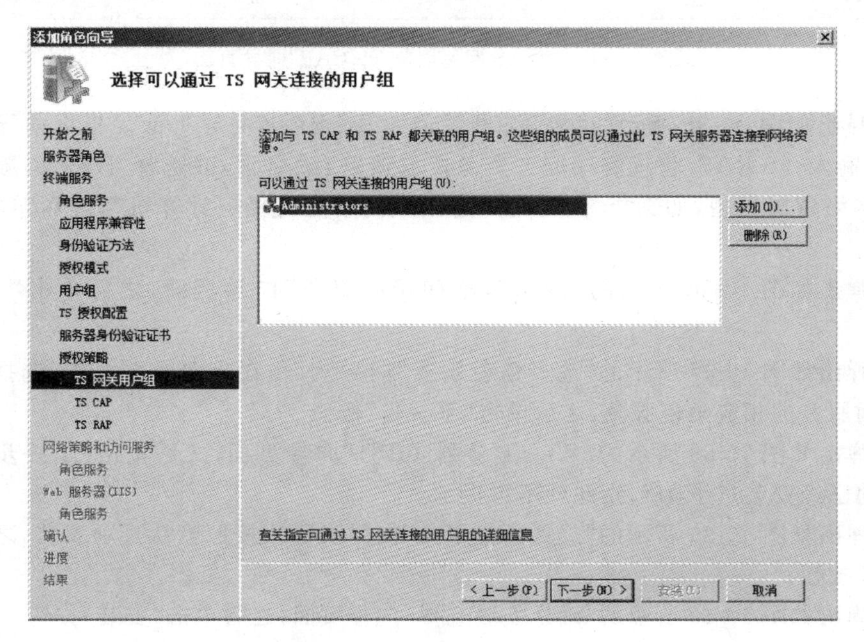


图 10-33　“选择可以通过 TS 网关连接的用户组”向导页面

⑫ 弹出如图10-34所示的“为TS网关创建TS CAP”(管理终端服务连接授权策略)向导页面。在该向导页面的“输入TS CAP的名称”栏中输入TS CM的一个名称,也可以使用系统提供的默认名称。在其下选择一种Windows身份验证方法,如选择“密码”,之后单击“下一步”按钮。

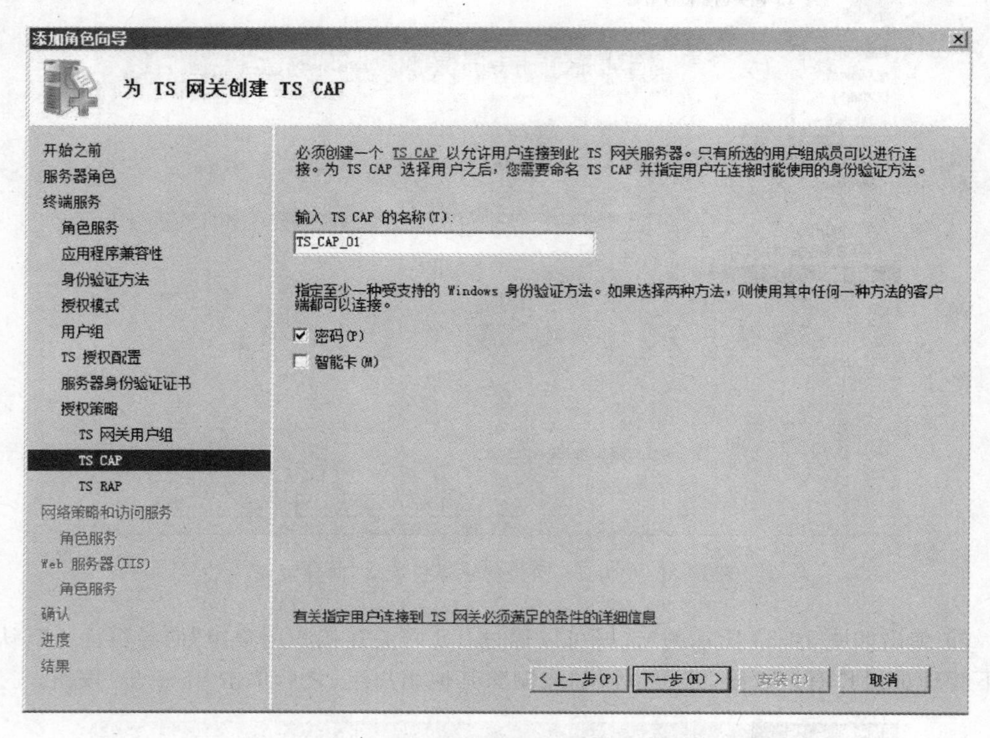

图10-34 “为TS网关创建TS CAP”向导页面

⑬ 弹出如图10-35所示的“为TS网关创建TS RAP”向导页面。根据向导页面中的提示,输入TS RAP(管理终端服务资源授权策路)的名称,并选择TS网关服务器可连接的网络资源类型,如选择“允许用户连接到网络上的任何计算机”,之后单击“下一步”按钮。

⑭ 弹出如图10-36所示的“网络策略和访问服务”向导页面,之后单击“下一步”按钮。

⑮ 弹出如图10-37所示的“选择角色服务”向导页面,在该向导页面中,选择网络策略和访问服务的相应角色服务,之后单击“下一步”按钮。

⑯ 弹出如图10-38所示的“Web服务器(IIS)”向导页面,之后单击“下一步”按钮。如果之前已经安装过了IIS,则此处不再提示。

⑰ 弹出如图10-39所示的“选择角色服务”向导页面。按照默认选项安装,之后单击“下一步”按钮。

⑱ 弹出如图10-40所示的“确认安装选择”向导页面,之后单击“安装”按钮。

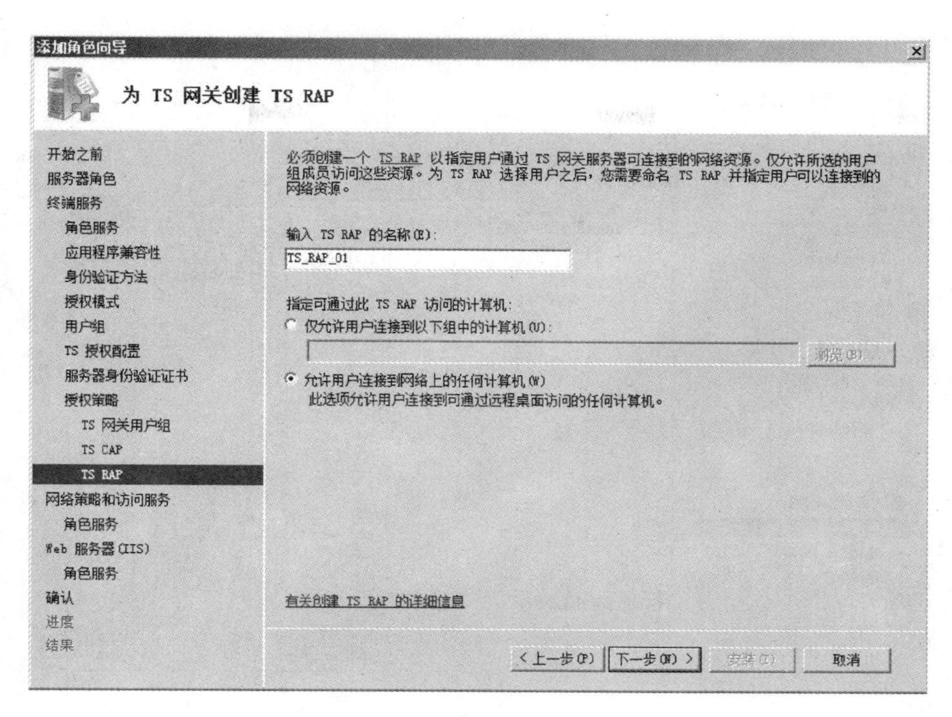


图 10-35 “为 TS 网关创建 TS RAP”向导页面

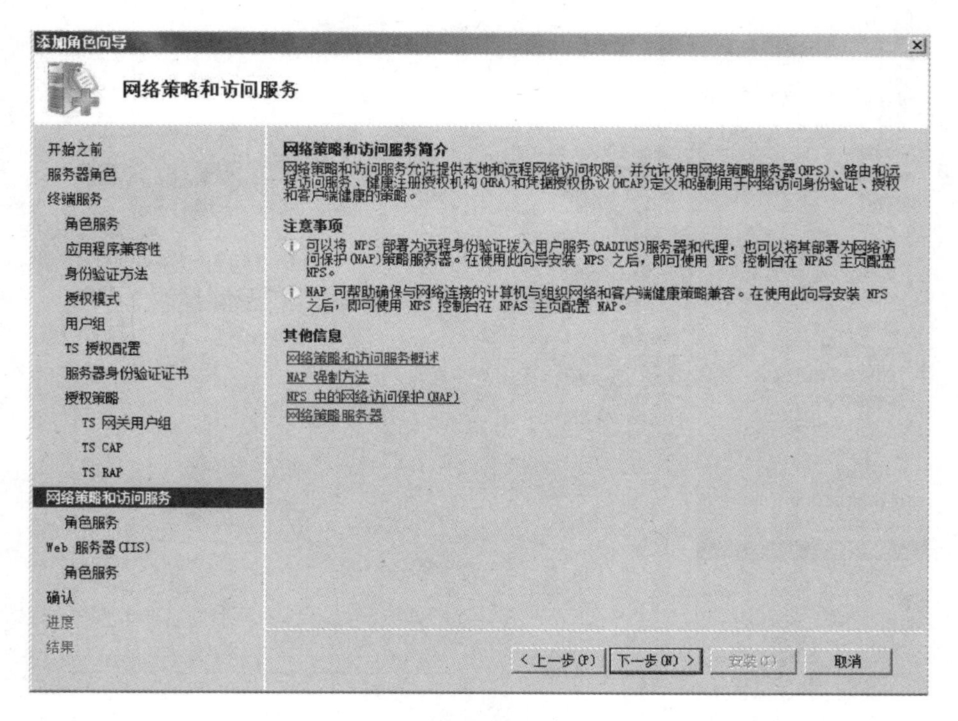


图 10-36 “网络策略和访问服务”向导页面

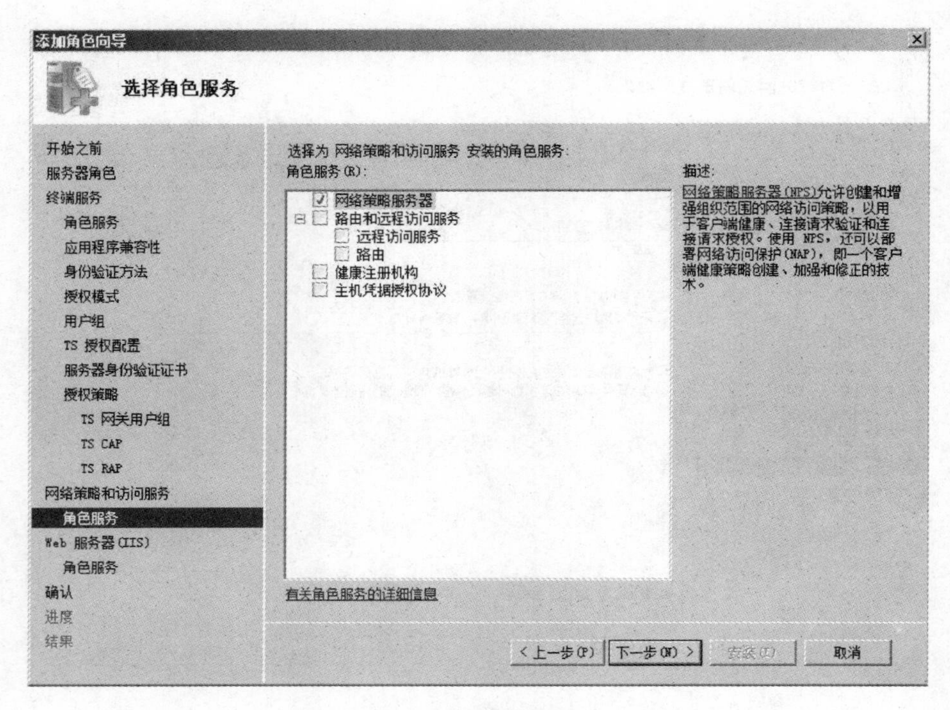


图 10-37 “选择角色服务”向导页面

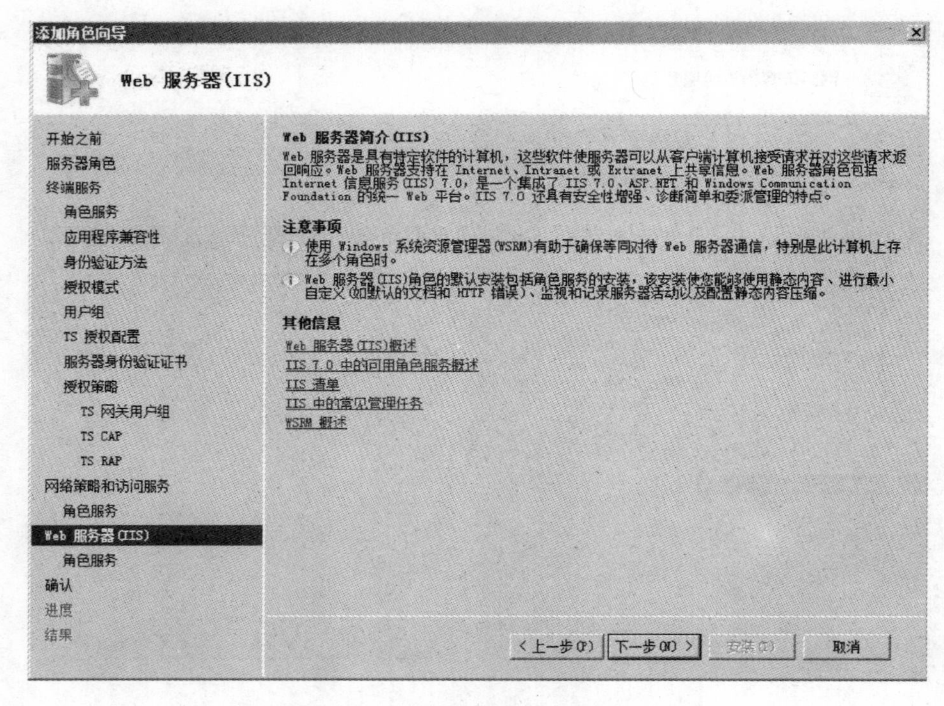


图 10-38 “Web 服务器(IIS)”向导页面

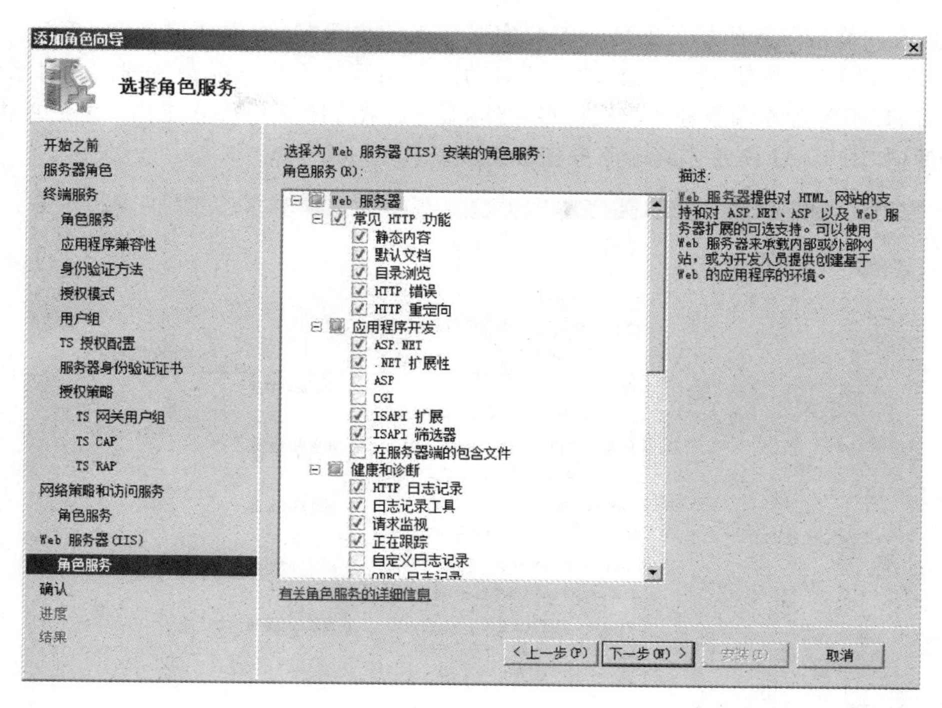


图 10-39　“选择角色服务”向导页面

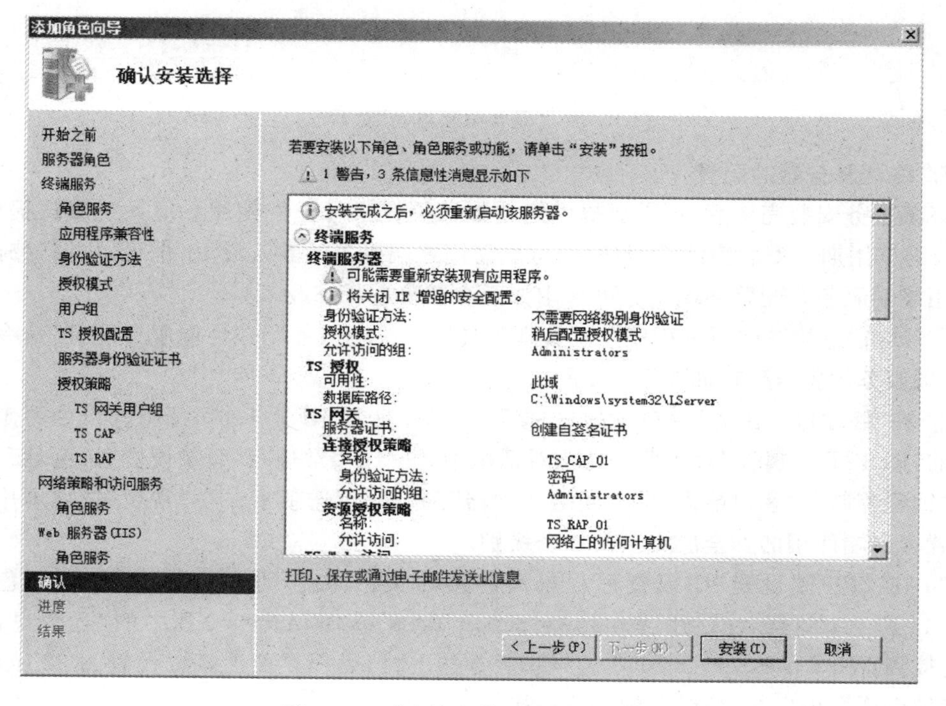


图 10-40　“确认安装选择”向导页面

⑲ 开始终端服务的相关安装。安装完毕后系统提示"是否重新启动"对话框。单击"是"按钮和"关闭"按钮，系统将自动重新启动。启动后进入自动配置过程。此时系统提示如果用户不配置终端服务的授权许可，终端服务将在119天后停止工作。之后单击"关闭"按钮(如图10-41所示)，终端服务安装完成。

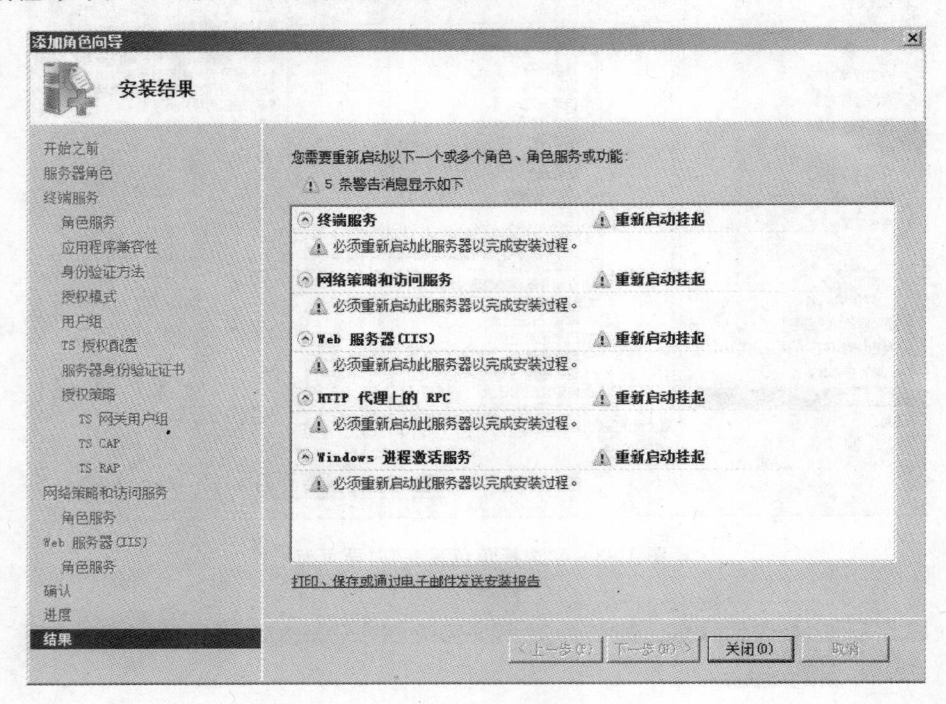


图 10-41 "是否重新启动"对话框

### 5. 终端服务器的配置

终端服务安装完毕后，还需要提供终端服务授权才可正常使用。但系统默认提供了120天的试用期。安装完终端服务后，可以使用终端服务的默认设置，也可以进行修改后再使用终端服务。配置终端服务可采用如下步骤来进行修改。

① 单击"开始"→"所有程序"→"管理工具"→"终端服务"→"终端服务配置"命令，打开"终端服务配置"窗口，如图10-42所示。

② 在"终端服务配置"窗口中的"连接"一栏中，双击"RDP-Tcp"，即可弹出如图10-43所示的"RDP-Tcp属性"对话框。在该对话框中，提供了"常规"、"登录设置"、"会话"、"环境"、"远程控制"、"客户端设置"、"网络适配器"和"安全"选项卡。在"常规"选项卡中，可以设置客户端使用的安全层类型及加密级别。

③ 在"客户端设置"中设置远程桌面连接的颜色深度，可以选择为32位颜色，如图10-44所示。这样，在使用Windows Server 2008或Windows XP中的"远程桌面连接"连接到Windows Server 2008的终端服务器上时，远程桌面连接也设置为32位颜色后，终端会话即可以32位颜色的方式连接。

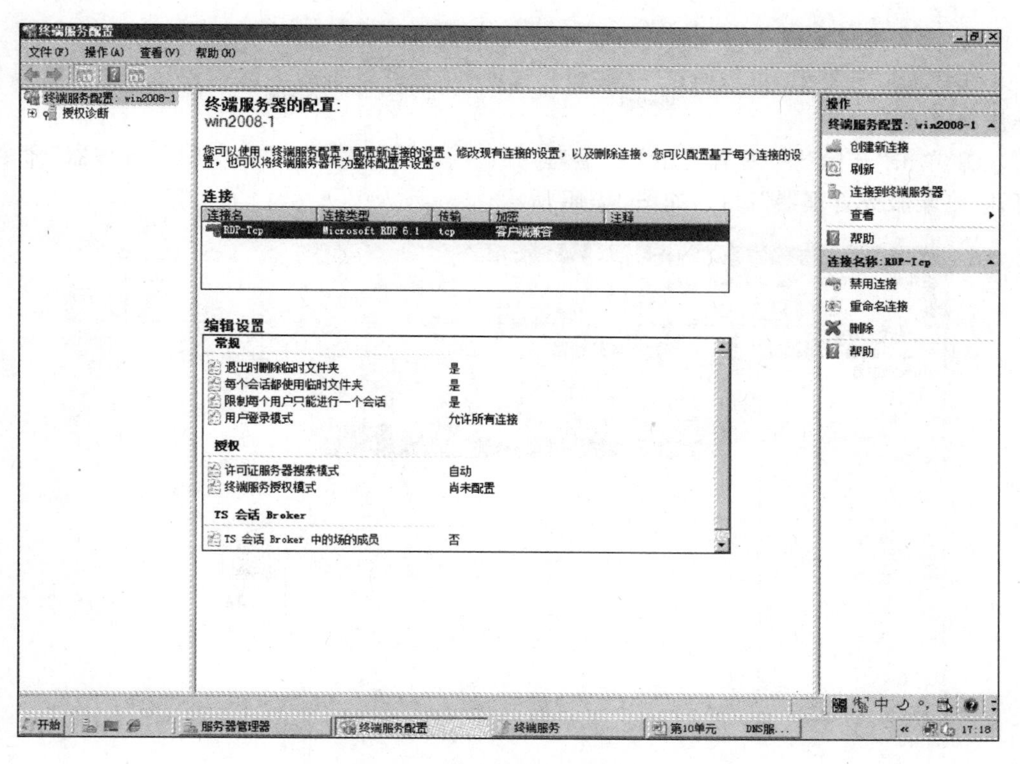


图 10-42 “终端服务配置”窗口

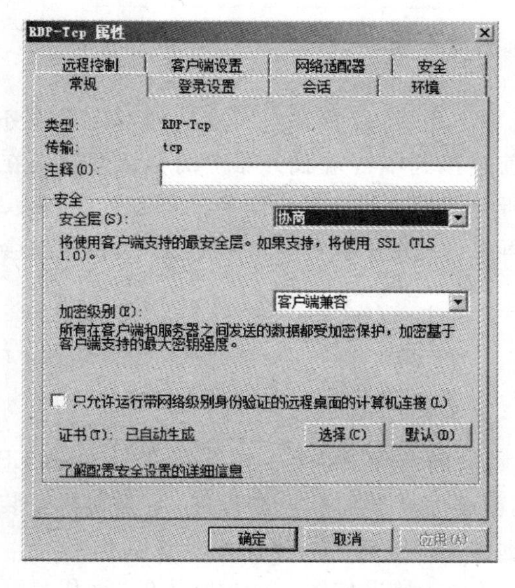


图 10-43 “RDP-Tcp 属性”对话框

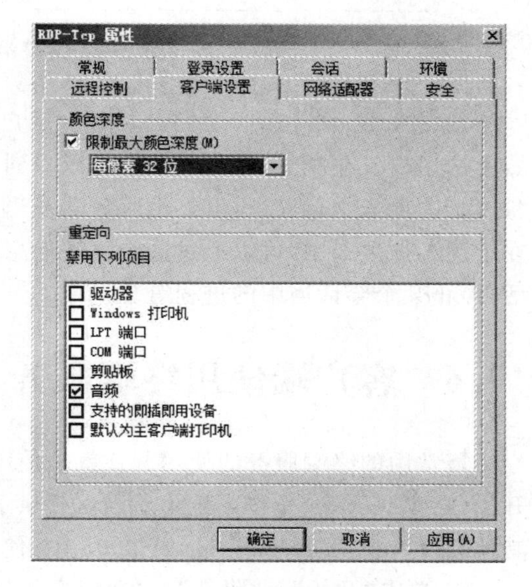


图 10-44 “客户端设置”选项卡

其实,如果 Windows Server 2008 不安装终端服务,终端服务配置也可以使用,此时配置管理的是系统默认提供的远程桌面连接的终端会话。

6. **管理远程会话**

在终端服务器上，可以通过“终端服务管理器”查看终端服务的远程连接会话。具体操作步骤如下。

① 单击“开始”→“所有程序”→“管理工具”→“终端服务”→“终端服务管理器”命令，打开“终端服务管理器”窗口，如图 10-45 所示。

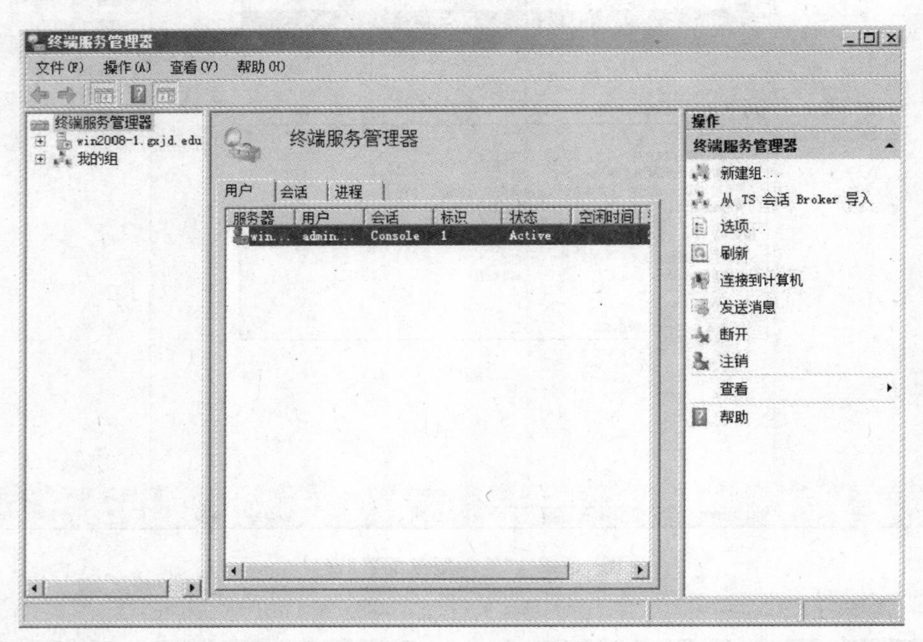


图 10-45 “终端服务管理器”窗口

② 在如图 10-45 所示的窗口中的“用户”选项卡中，可以看到当前连接到本终端服务器上的用户。在“会话”选项卡中，可以看到当前连接到本终端服务器上的会话信息。在“进程”选项卡中，可以查看终端服务器及当前所有远程连接会话中运行的所有进程列表。在上述各选项卡中，可以通过选中每条信息后再执行相应的操作，如中断某个远程连接会话，停止某个会话当中的进程等。

## 10.6 客户端使用终端服务

最常用的终端服务的使用方式就是使用远程桌面访问服务器。因为从 Windows XP 开始，在 Windows 操作系统中就默认提供了远程桌面连接的客户端程序，而无须再安装其他软件。在 Windows Server 2008 中，使用远程桌面连接的具体操作步骤如下。

① 单击“开始”→“附件”→“远程桌面连接”命令，弹出如图 10-46 所示的“远程桌面连接”窗口。

② 在如图 10-46 所示的“计算机”栏中，输入终端服务器的 IP 地址，然后单击“连接”按钮，系统提示输入服务器的访问账户信息。这种输入账户信息的方式也是 Windows

Server 2008 与早期版本远程桌面连接的一个不同之处。另外，在“登录设置”栏中，还可以选择“允许我保存凭证”选项，这样，如果一次登录成功后，下一次再登录时远程桌面就会记住服务器上的账户，用户无须再次输入，大大方便了用户的使用。

③ 在如图 10-47 所示的“显示”选项卡中的“颜色”一栏中，可以选择“最高质量(32 位)”的色彩质量。

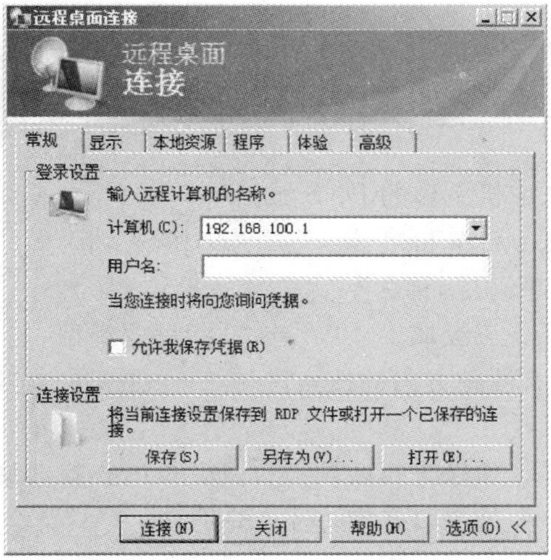

图 10-46 “远程桌面连接”窗口

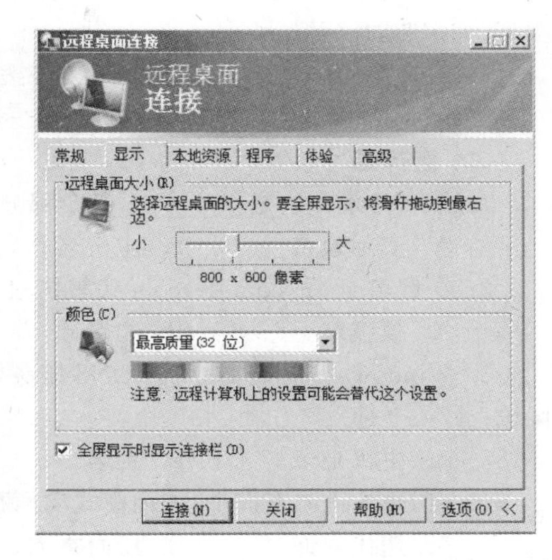


图 10-47 “显示”选项卡

④ 在如图 10-48 所示的“高级”选项卡中，可以选择设置服务器身份验证的方式。单击“从任意位置连接”选项组中的“设置”按钮，弹出如图 10-49 所示的“TS 网关服务器设置”对话框。在该对话框中可以设置终端服务网关服务器。

设置完毕后，单击“远程桌面连接”窗口左下角的“连接”按钮，即可连接到远程终端服务器。

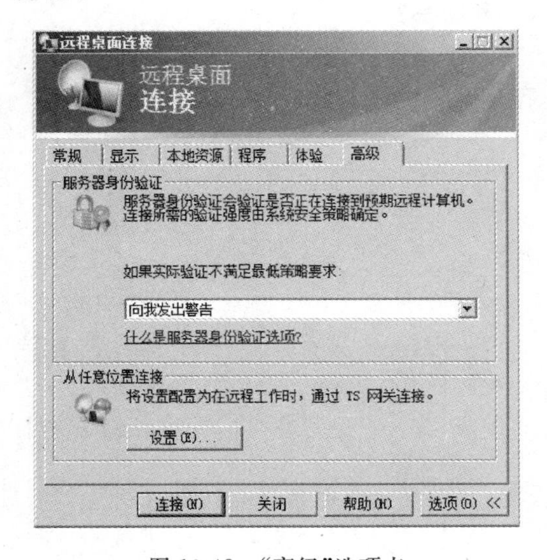


图 10-48 “高级”选项卡

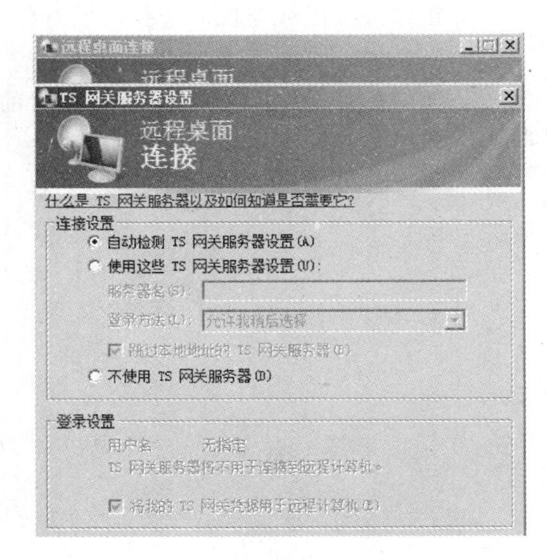


图 10-49 “TS 网关服务器设置”对话框

# 习题

一、填空题

1. DNS 是一种组织成层次结构的分布式数据库，里面包含从 DNS 域名到各种数据类型（如 IP 地址）的________。

2. 通过 DNS，用户可以使用友好的名称查找________和服务在网络上的位置。

3. DNS 名称分为多个部分，各部分之间用________分隔。

二、选择题

1. 域名的最左边是________，其余部分是该主机所属的 DNS 域。

A. 实际地名　　B. 主机名　　C. 计算机名称　　D. 服务端

2. 在域名 sohu. com 中，com 代表树根下的第一层，称为________。

A. 顶级域　　B. 二级域　　C. 三级域　　D. 商业类型

3. Windows Server 2008 的 DNS 服务器内有两种方向的搜索区域，一个是正向查找区域；另一个是________。

A. 主机记录　　B. 别名　　C. 顶级查找区域　　D. 反向查找区域

4. 在 DNS 正向查询中，查询模式有两种，一种是递归查询；另一种是________。

A. 迭代查询　　B. 反向查询　　C. 正向查询　　D. 回归查询

三、问答题

1. 什么是 DNS？DNS 服务器应具有的基本功能是什么？
2. 如何安装 DNS 服务器？配置时分为哪些主要步骤？
3. 如何启用 DNS 控制台？它能完成什么功能？
4. DNS 服务的查询类型有哪两种？分别应用在什么场合？
5. 在基于 Windows 的网络中，名称解析的方法有几种？各有什么特点？
6. 正向查找区域与反向查找区域有什么区别和联系？
7. DNS 服务器的工作原理是什么？
8. 如何配置 DNS 客户机？需要设置的内容有哪些？
9. 简述终端服务器的安装过程。

# 第11章

# Internet 信息服务

**内容提要：**

- Internet 和 Intranet 信息服务；
- Intranet 信息网站基本知识；
- Intranet 信息网站的建立；
- 管理 IIS 系统；
- 多网站实现技术；
- 建立 FTP 站点。

## 11.1 Internet 和 Intranet 信息服务

在计算机网络快速发展的今天，Web 信息浏览服务已成为 Internet、Intranet 和 Extranet 等网络的核心。这些网络都是基于 Internet 技术构建起来的。它的基本思想是：在内部网络上采用 TCP/IP 作为通信协议，利用 Internet 的 Web 模型作为标准平台，同时也可以建立防火墙把内部网和 Internet 连接在一起。因此，人们可通过 Web 发布各种信息和应用程序，并向网络中的众多用户提供 WWW 信息浏览服务。

Internet 是一个涵盖极广的信息库，它存储的信息上至天文，下至地理，无所不包，以商业、科技和娱乐信息为主。除此之外，Internet 还是一个覆盖全球的枢纽中心，通过它，可以了解来自世界各地的信息。它采用 WWW、DNS、FTP 和 Telnet 等技术为网络客户服务。Intranet 是采用了 Internet 技术和标准建立起来的私有企业内部信息网络，它与 Internet 互连才能更好地发挥作用，成为开放的计算机信息网络。

**1. Internet 和 Intranet 的基本概念**

(1) Internet（因特网）

Internet 的中文译名为因特网，通常称为国际互联网。简单地说，Internet 是由多个不同结构的网络，通过统一的协议(TCP/IP 协议)互相连接而成的、世界范围的大型计算机互联网络。

(2) Intranet（内联网）

Intranet 又称为企业内部网，由于它在局域网内部采用了 Internet 技术而得名

"Intranet"。Intranet是采用了Internet技术和标准建立起来的私有企业内部信息网络。

(3) Internet和Intranet的联系

① Intranet是利用Internet技术组建的企业内部网络,Intranet要与Internet互连才能更好地发挥作用,才能成为开放的计算机信息网络。Intranet所使用的主要技术与Internet一致,两者都包含WWW、DNS、FTP和Telnet等。

② Intranet采用统一的基于WWW浏览器(Browser)技术去开发用户端软件。Intranet使用的用户界面与Internet普通用户使用的界面都是相同的。

**2. Intranet的核心技术**

从上述可以看出,Intranet的核心技术是WWW。WWW是一种以图形用户界面和超文本链接方式来组织信息页面的先进技术。它的3个关键组成部分是URL、HTTP和HTML。

**3. 微软的Internet信息服务器**

Internet信息服务器(Internet Information Server,IIS)是微软在服务器操作系统中提供的,用来构建Web服务、FTP服务、SMTP(简单邮件传输协议)服务、NNTP(网络新闻传输协议)服务的一整套常见的网站服务的组合组件。

在Windows Server 2008中,Internet Information Server 7.0(IIS 7.0)已成为其默认的组成部分。Internet IIS 7.0可以帮助Web管理员创建可扩展、灵活的Web应用程序。使用Microsoft Internet信息服务,运行Windows Server 2008的计算机便成为大容量、功能强大的Web服务器,它可以将信息发布给全世界的用户。

Internet信息服务集成在Windows Server 2008操作系统中,并利用了其安全特征和性能优势。它可以在现存硬件上设置功能强大的Web服务器,IIS 7.0还增加了许多新的功能,因此对于在基于Windows Server 2008的计算机上联网,Internet IIS 7.0是很理想的。

在Windows Server 2008中的IIS 7.0集成了IIS、ASP.NET、Windows Communication Foundation和Windows SharePoint Services,构成了一个统一的Web平台。在IIS 7.0中的更新功能主要包括以下几个方面。

① 为管理员和开发人员提供了一个单一的和一致的统一Web平台。IIS 7.0提供了一个新的基于任务的用户接口和一个新的功能强大的命令行工具。使用这些管理工具,用户使用其中的一种工具管理IIS和ASP.NET可以实时地查看当前执行的请求的状态,并分析其相关信息;为站点和应用配置用户和角色的权限。

② 增强了安全性,提高了用户可订制功能的灵活性,从而降低了恶意攻击所造成的危害。即IIS 7.0对各个功能都进行了模块化的设计,可以根据用户的需要安装或卸载某项功能。

③ 简化的系统诊断和故障处理功能使解决问题变得更加轻松。新的分析和故障处理功能使得用户可以查看应用程序池、工作进程、站点、应用域和当前请求实时状态信息。

④ 增强的功能配置,并支持服务器群。IIS 7.0提供了一种新的配置存储方式,包括IIS的配置和ASP.NET配置。这样,IIS 7.0可以完成如下功能。

- 在一个配置文件中设置 IIS 和 ASP. NET。这个配置文件使用固定的格式，并可以被一系列通用的 API 接口访问。
- 以一种严格的和安全的方式将配置添加到分布式的配置文件中。
- 将一个特定站点或应用的配置复制到另一台计算机上。
- 可以为一组业务进行授权的管理。
- 兼容性。IIS 7.0 对现有的应用提供了最大化的兼容性。

**4. Intranet 信息网站的实现方案**

(1) 小型 Intranet 的组建方案

在 Intranet 中，Internet 信息服务能够很好地集成到现有的环境中，并且可以充分利用 Windows Server 2008 的安全性和联网功能，还可以使用现有的用户账号，而不必使用专门的计算机运行 Internet 信息服务。

在小型的网络中，建立 IIS 信息服务系统通常有以下两种方式：

① 在网络系统中添加 IIS 到域控制器中，生成应用程序服务器，即 Internet 信息服务器，其他使用 IIS 信息服务的计算机与服务器联网，这些计算机通常称为客户机。

② 在对等网络中，对 Windows XP 的普通计算机上启用 IIS 服务，形成了对等网络中的应用程序(IIS)服务器，其他使用 IIS 信息服务的计算机就称为客户机。

例如，在较小的工作组中，如图 11-1 所示，可将 Internet 信息服务添加到现存的文件和打印服务器中。工作组的 Web 服务器可将个人 Web 样式的页面、自定义工作组应用程序作为宿主，并作用于工作组的结构化查询语言(SQL)数据库界面，或者使用远程访问服务(RAS)从远程节点提供对工作组资源的拨号访问。

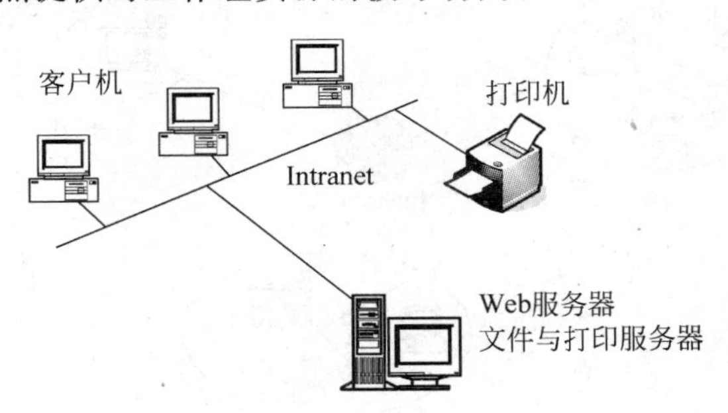


图 11-1　Intranet 方案

在具有多个部门或工作组的大企业中。每个部门可在现有文件服务器上为工作组的特定信息运行 IIS，中央信息服务器可用于公司范围内的信息，例如，员工手册或公司目录。

(2) 大型 Intranet 的组建方案

在大型的企业或有多个部门的单位中，各个部门都可以设置一个或多个应用程序服务器(IIS)，中央 IIS 信息服务器可用于单位范围内信息目录的管理。

例如，IIS 可以作为简单的专门用于 Internet 上的 Web 服务器，如图 11-2 所示。

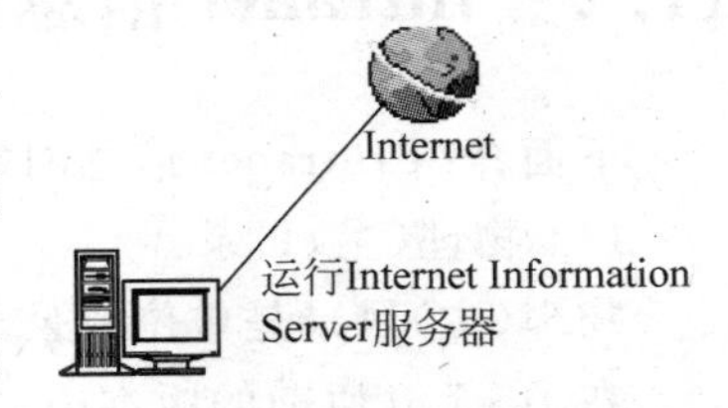


图 11-2　简单 Web 服务器

对于较大的站点，IIS 可提供从公司的内部网络到 Internet 的访问，允许员工浏览服务器或授权使用开发工具，例如，Microsoft FrontPage，以创建用户的服务器的目录。图 11-3 是一个连接企业局域网的 IIS 服务器的组网方案。

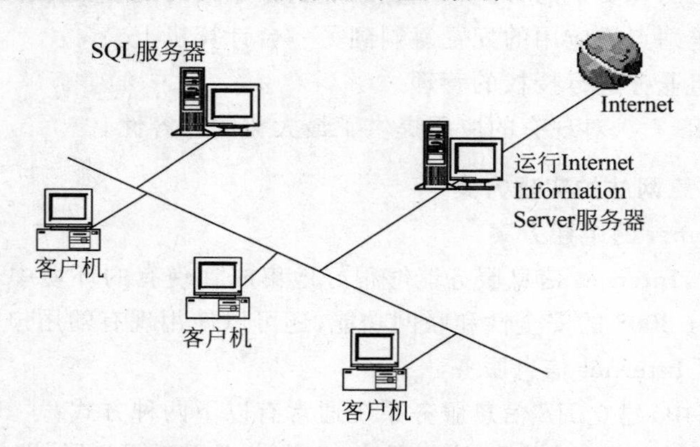


图 11-3 基于局域网的 IIS 服务器

利用 IIS 与所有 Windows Server 2008 服务的集成，也可创建具有多种功能的服务器。例如，如果公司的节点分布于世界各地，则通过 IIS 可以实现各节点之间的通信，甚至可以向 Internet 信息服务(IIS)增加 RAS 以提供到 Intranet 或 Internet 的拨号访问，如图 11-4 所示。

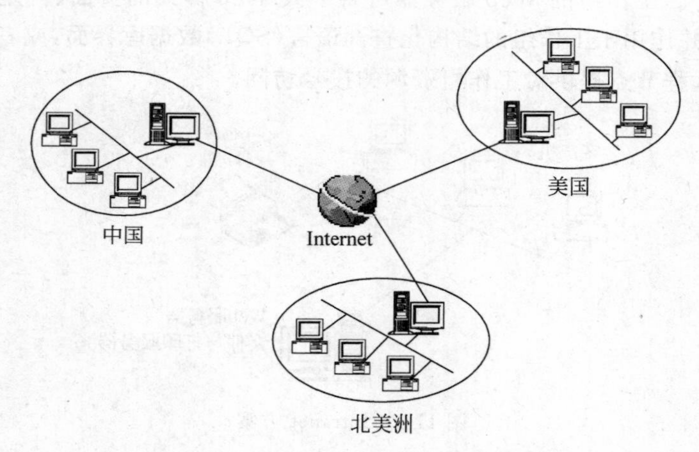


图 11-4 IIS 与 Windows Server 2008 的功能集成

# 11.2 Intranet 信息网站基本知识

下面介绍 Intranet 信息网站的基本概念。

(1) 物理(主)目录

物理(主)目录是单位或公司 Web 或 FTP 发布信息树的顶点，也是站点访问的起点。

在 IIS 7.0 以前的版本中，网页所在的目录称为“主目录”，而在 IIS 7.0 中则被称为“物理路径”，即网页存放的物理目录。

当用户需要通过主目录发布信息时，应当将信息文件发布于主目录，以及其相关联的子目录中，主目录及其子目录中的所有文件将自动对站点访问者开放。当访问者知道被访问文件的确切路径时，即使主页中没有指向这些文件的链接，访问者也能够访问到这些文件。

每个 Web 站点必须拥有一个主目录。对该站点的访问，实际上就是对 Web 站点主目录的访问。而且，由于主目录已经被映射为“域名”，因此访问者能够使用域名的方式进行访问。例如，当某 Web 站点的 Internet 域名为“gxjd. edu”，主目录为“E：\inetpub\wwwroot”时，用户在浏览器中输入“http://gxjd. edu”以后，实际上访问的就是主目录“E：\inetpub\wwwroot\”中的文件。为此，通过设置的主目录，用户就可以快速、便捷、轻松地发布自己的主页。

(2) 虚拟目录

虚拟目录的功能允许用户为服务器的任何一个物理目录创建一个别名。当用户为一台虚拟服务器建立虚拟目录时，必须提供这台虚拟服务器的 IP 地址，以便用户将其程序保存到这个虚拟目录中。然后，通过别名来映射 Web 服务器，从而将真实的目录隐藏起来，这样做可以有效地防止黑客的攻击，提高 Web 服务器的安全性。

(3) 系统默认的主目录和虚拟目录

IIS 中默认的 Web 站点主目录为“X：\inetpub\wwwroot”。默认的 FTP 站点的主目录为“X：\inetpub\ftproot”，其中的“X”为 Windows Server 2008 所在的系统分区的盘符。当用户将自己所要发布的信息文件复制到上述的默认目录时，可以使用默认的 IP、端口号和域名进行访问。

在默认的情况下，系统还会设置一些虚拟目录，用来存放需要在站点上发布的文件。如果站点的构造十分复杂，或者决定在网页中使用脚本或应用程序，则应当为所要发布的内容创建附加目录。

## 11.3 Intranet 信息网站的建立

**1. Intranet 信息网站的建立过程**

Intranet 信息网站的建立与其他项目一样，在建立之前，都应进行很好的规划与设计。在 Windows Server 2008 中，使用 IIS 建立 Intranet 信息网站的主要过程如下。

(1) 建立好物理网络

根据需求分析，确定网络的结构和规模，建立好物理网络。这个步骤需要对各种不同类型的网络的性能进行分析和比较，然后安装与调试网络中的各种设备、网络互连设备及传输介质的铺设与测试。

(2) 确立所要建设的服务子系统

如 DHCP、DNS、WWW 和 FTP 等服务。

(3) 软件系统的安装与调试

安装、调试、开发系统软件和应用软件，应当分为服务器端和客户端两大部分。

① 服务器端。服务器端的安装包括建立域名服务器、WWW 服务器等。

• 建立域名服务器。例如，安装和设置 Windows Server 2008 中的 DNS 服务器。

- 建立 WWW 服务器。例如，安装和设置 Windows Server 2008 中的 IIS，建立 WWW 服务器。
- 建立 FTP 服务器。例如，安装与设置 Windows Server 2008 中的 FTP 服务器。
- 设置远程访问(RAS)服务器和 Internet 的接入方式。例如，安装和配置 Windows Server 2008 中的 RAS 服务器，实现调制解调器(普通电话线)、ISDN NT(ISDN 专线)、ADSL 或 DDN 路由器(DDN 专线)等各种接入方式下对 Internet 的访问。

② 客户端(工作站)。客户端的安装包括配置工作站上 DNS、启用 WWW 浏览器等。

- 配置工作站上 DNS，为企业网的域名服务做好技术准备。例如，配置 TCP/IP 协议部分。
- 启用网络工作站上的 WWW 浏览器。用于访问 WWW 服务器和网络上的各种信息资源。
- 配置好网络的远程工作站。例如，安装和设置 RAS 远程工作站，以实现远程工作站对网络的访问。

**2. 安装 Web 服务器(IIS 7.0)**

这里主要介绍通过使用安装向导安装 IIS 7.0。

在 Windows Server 2008 默认安装后，系统并不安装 IIS。如果需要 IIS，则需要在"服务器管理"中增加服务器的 Web 服务角色。具体操作步骤如下。

① 单击"开始"→"管理工具"→"服务器管理器"命令，打开"服务器管理器"窗口。

② 在"服务器管理器"窗口左侧，选择"角色"选项，之后在窗口右侧单击"添加角色"按钮，即可弹出如图 11-5 所示的"添加角色向导"页面。

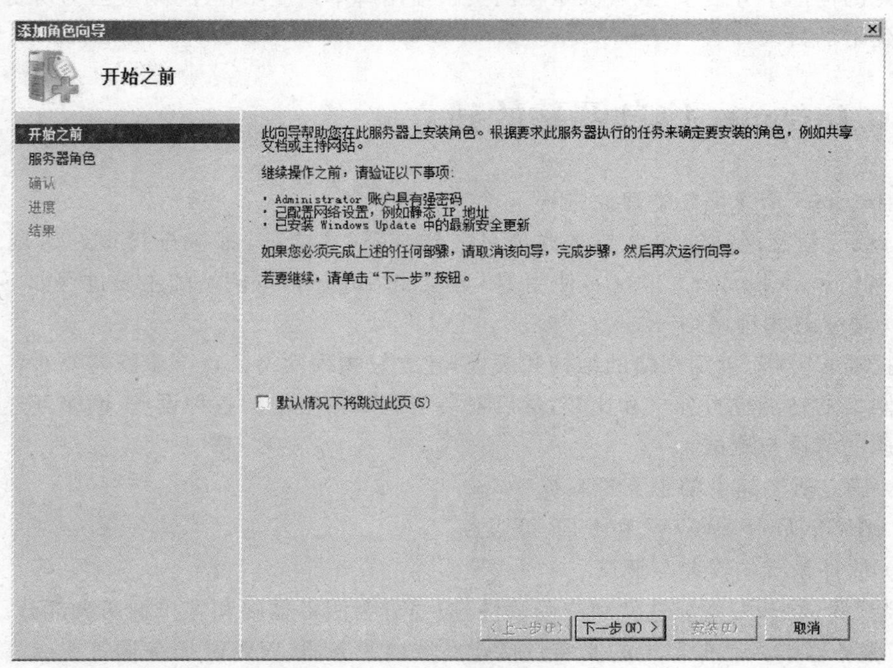


图 11-5 "添加角色向导"页面

③ 在“添加角色向导”页面中单击“下一步”按钮，开始添加，并进入如图 11-6 所示的“选择服务器角色”页面。

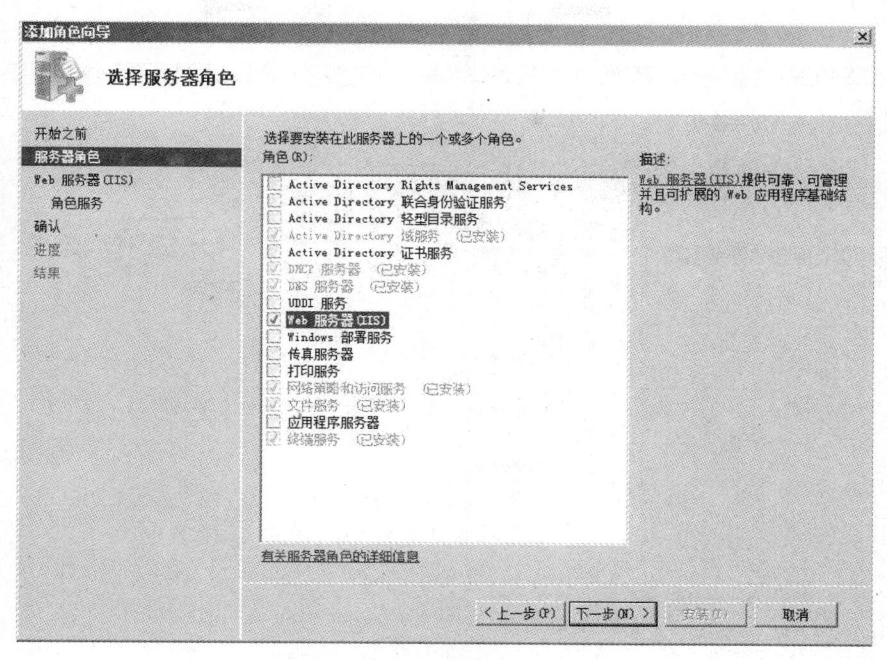


图 11-6 “选择服务器角色”页面

④ 在“选择服务器角色”页面中，单击“下一步”按钮，进入如图 11-7 所示的“Web 服务器简介(IIS)”页面，单击“下一步”按钮。

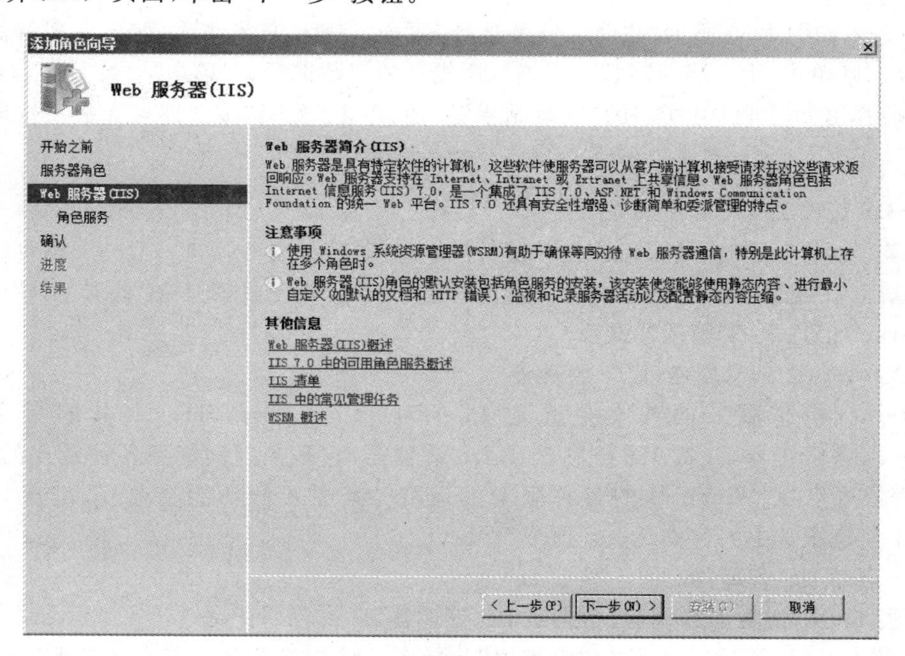


图 11-7 “Web 服务器简介(IIS)”页面

⑤ 进入如图 11-8 所示的“选择角色服务”页面。在该页面中列出了 Web 服务器中所包含的各项具体功能，可以根据需要选择安装其中的部分功能，然后单击“下一步”按钮。

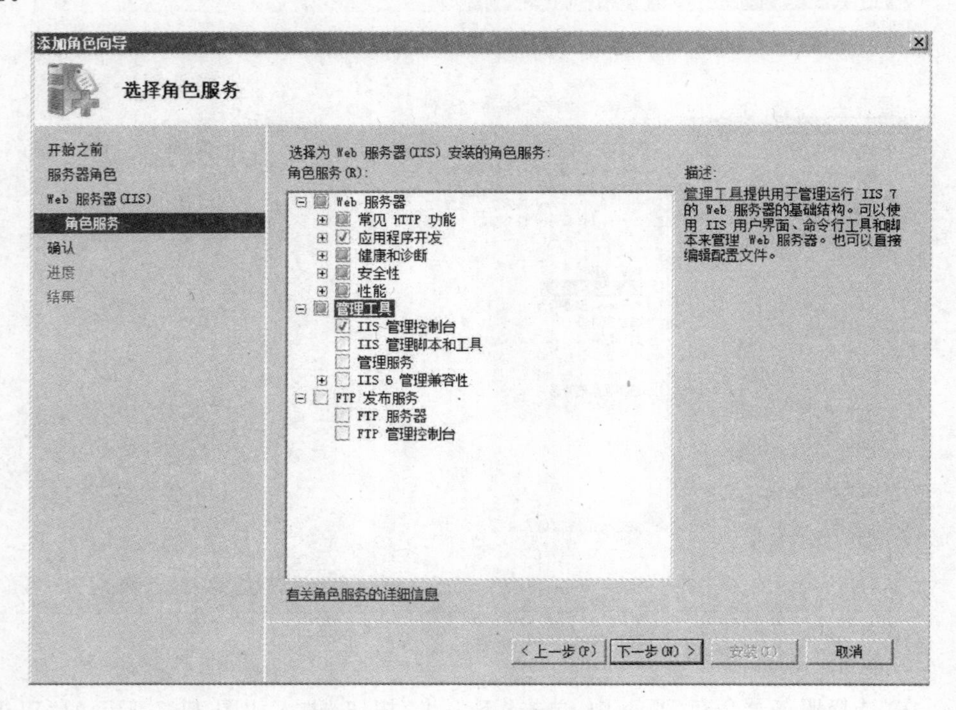


图 11-8 “选择角色服务”页面

⑥ 进入如图 11-9 所示的“确认安装选择”页面。查看安装选项，如果发现有需要更改的选项，则单击“上一步”按钮，如果确认所提示的安装选项，则单击“安装”按钮，开始安装。最后弹出如图 11-10 所示的“安装结果”页面，单击“关闭”按钮即可完成所选服务的安装。

**3. IIS 管理工具与默认网站**

安装了 IIS 以后，就可以登录应用程序服务器，对各种服务器进行管理；也可以从远程工作站上，通过 Internet 对应用服务器进行管理，其管理工具就是在“管理工具”中增加的“Internet 信息服务”管理器选项。

(1) Internet 信息服务(IIS) 管理器

Internet 信息服务的英文全称是 Internet Information Service，其缩写为 IIS。Internet 服务管理器，又称 IIS 控制台或 IIS 管理器，它是控制和管理各种站点的工具。IIS 管理器可以在 Windows 的各种版本上运行。其主要的功能是监视、配置与管理 Internet 信息服务中的各类站点及虚拟目录。

(2) 启动 IIS 管理器

方法 1：从“服务器管理器”中启动 IIS 管理器。

① 依次选择“开始”→“服务器管理器”→“Internet 信息服务 (IIS) 管理器”命令。

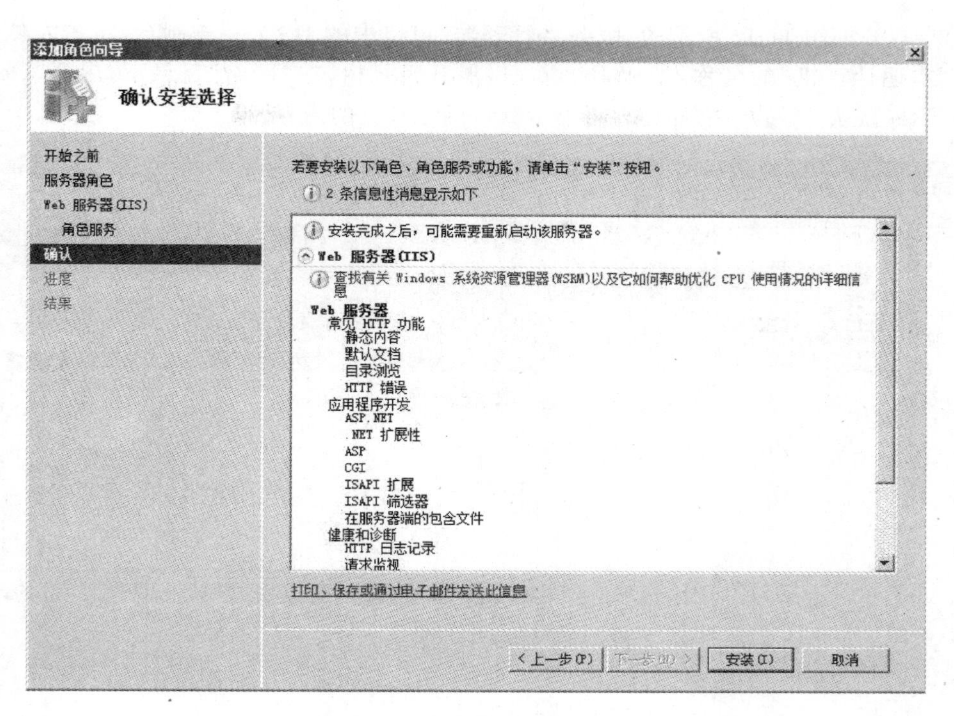


图 11-9 “确认安装选择”页面

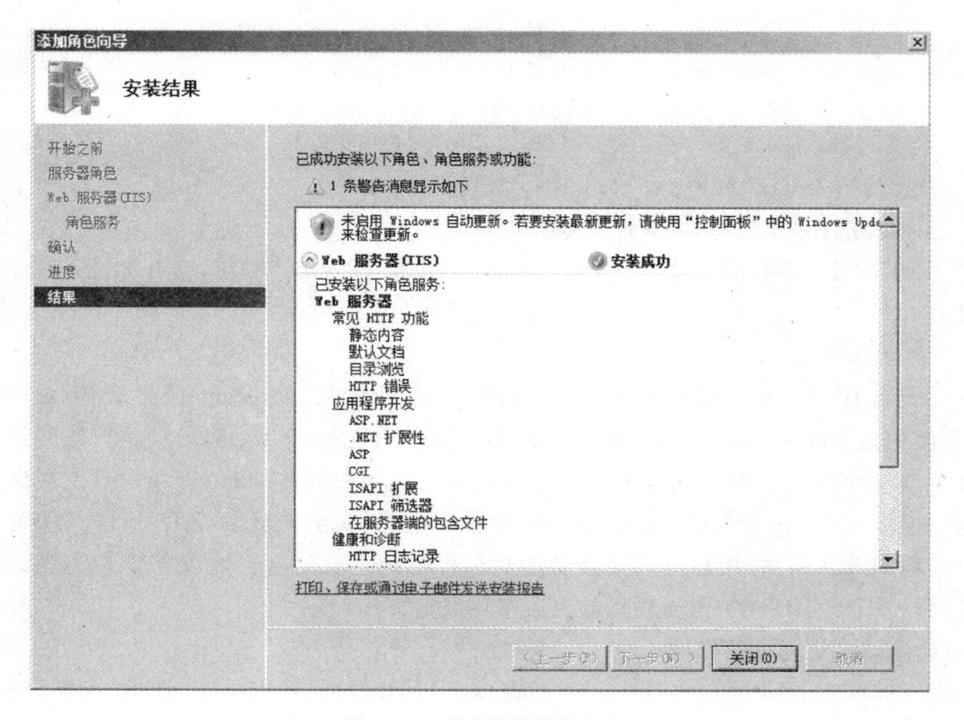


图 11-10 “安装结果”页面

② 打开如图 11-11 所示的“服务器管理器”窗口中的 IIS 7.0 控制台，单击左侧列表栏的“本地计算机”的名称，如 WIN2008-1，展开目录树，在“网站”目录下，展开“Default Web Site(默认 网站)”，右侧窗口将显示默认网站有关的内容。

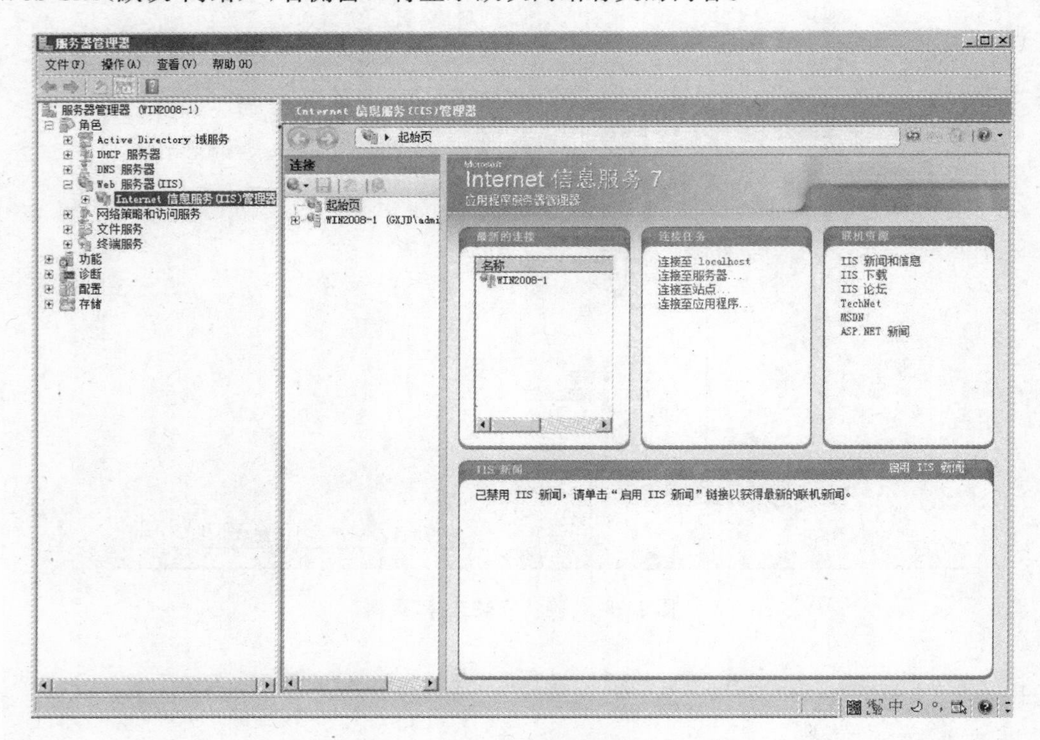


图 11-11 “服务器管理器”窗口中的 IIS 7.0 控制台

方法 2：inetmgr 命令方式启动 IIS 管理器。

① 依次选择“开始”→“运行”命令。

② 弹出“运行”对话框，输入“imtmgr”命令后，单击“确定”按钮，打开如图 11-12 所示的页面。

(3) 默认网站

在安装 IIS 的 Web 服务组件后，在如图 11-12 所示的“Internet 信息服务(IIS)管理器”页面的目录树中，展开网站，就会出现“Default Web Site(默认网站)”。默认网站是一个有关 IIS 的说明站点，是一个不用建立并面向所有用户开放的站点，用户只需在浏览器的地址栏输入“http://Internet 信息服务器的计算机名(主机域名或 IP 地址)”即可访问到它。利用默认网站，用户可以很容易地发布自己的主页信息。建议初学者先尝试使用默认网站发布应用程序，再创建新的自定义网站。

(4) 网站 IP 地址的修改

① 在如图 11-12 所示的“Internet 信息服务(IIS)管理器”页面中，选中“网站”的默认网站，在右侧的“操作”窗格中，单击“绑定”选项。在弹出的“网站绑定”对话框中，单击“编辑”按钮。

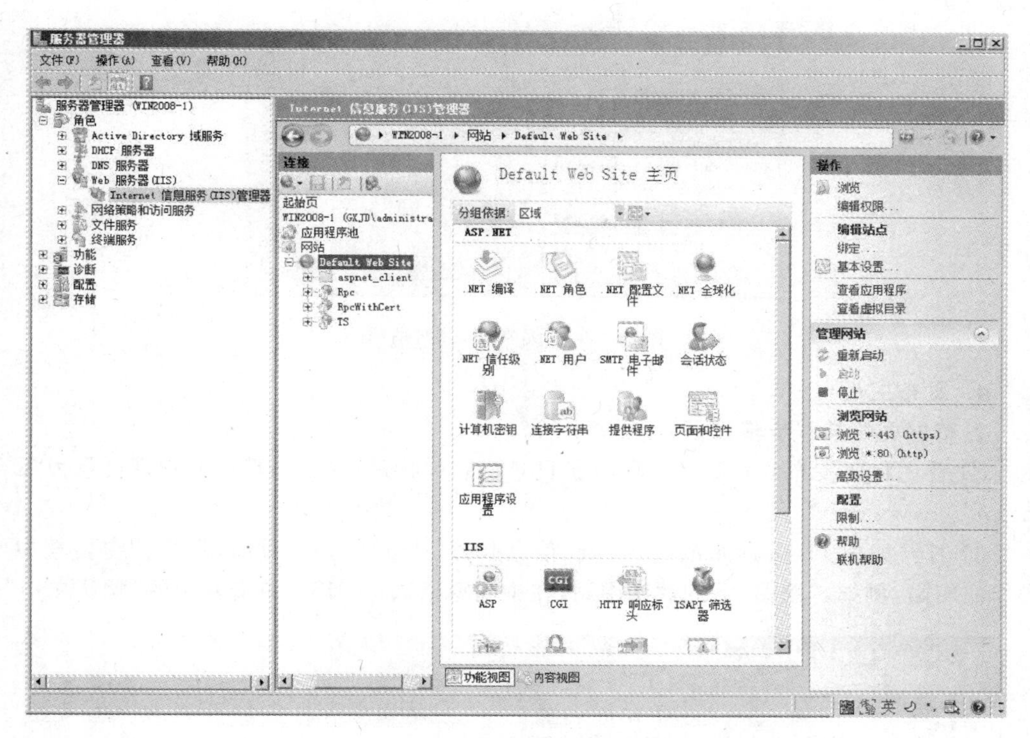


图 11-12　“Internet 信息服务(IIS)管理器”页面

② 进入如图 11-13 所示的“编辑网站绑定”对话框，通常 IP 地址栏显示的是默认值“(全部未分配)”，单击右侧的下拉按钮，选择本机的 IP 地址，如 192.168.100.1，单击“确定”按钮。然后依次关闭所有对话框即可完成默认网站 IP 地址的修改任务。

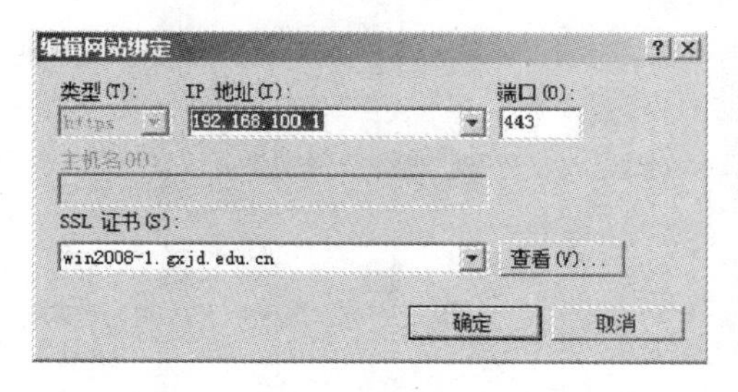


图 11-13　“编辑网站绑定”对话框

(5) 物理(主)目录的设置

设置方法如下：

① 在如图 11-12 所示的“Internet 信息服务(IIS)管理器”页面中，选中“网站”下的默认网站，在右侧的“操作”窗格，单击“基本设置”选项。

② 弹出如图 11-14 所示的“编辑网站”对话框，可以见到默认的物理路径为“%SystemDrive%\inetpub\wwwroot”，如果要更改为其他的物理路径，则应单击 ... 按钮，可以自行指定主页所在的物理目录。最后单击“确定”按钮，完成物理目录的指定。

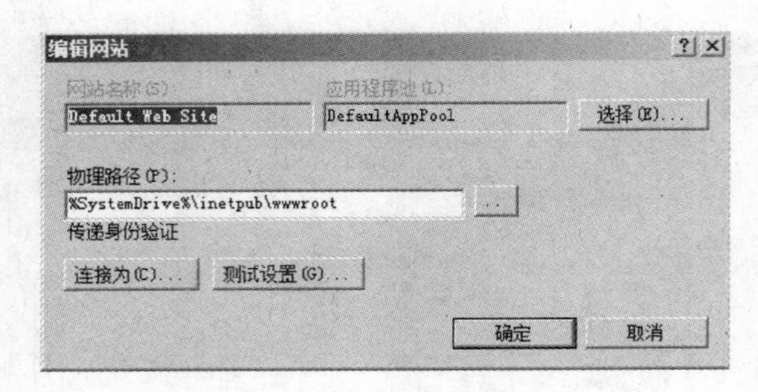


图 11-14 “编辑网站”对话框

**4. 发布主页**

发布主页的基本步骤如下：

① 首先将要发布的主页及其所有子目录复制到物理目录中，默认的物理目录为“C:\inetpub\ wwwroot”。

② 打开如图 11-15 所示的“Internet 信息服务(IIS)管理器”页面，在左侧窗格选中要操作的网站，例如，“网站”下的默认网站，在中间窗格选中“IIS”，单击其中的“默认文档”。

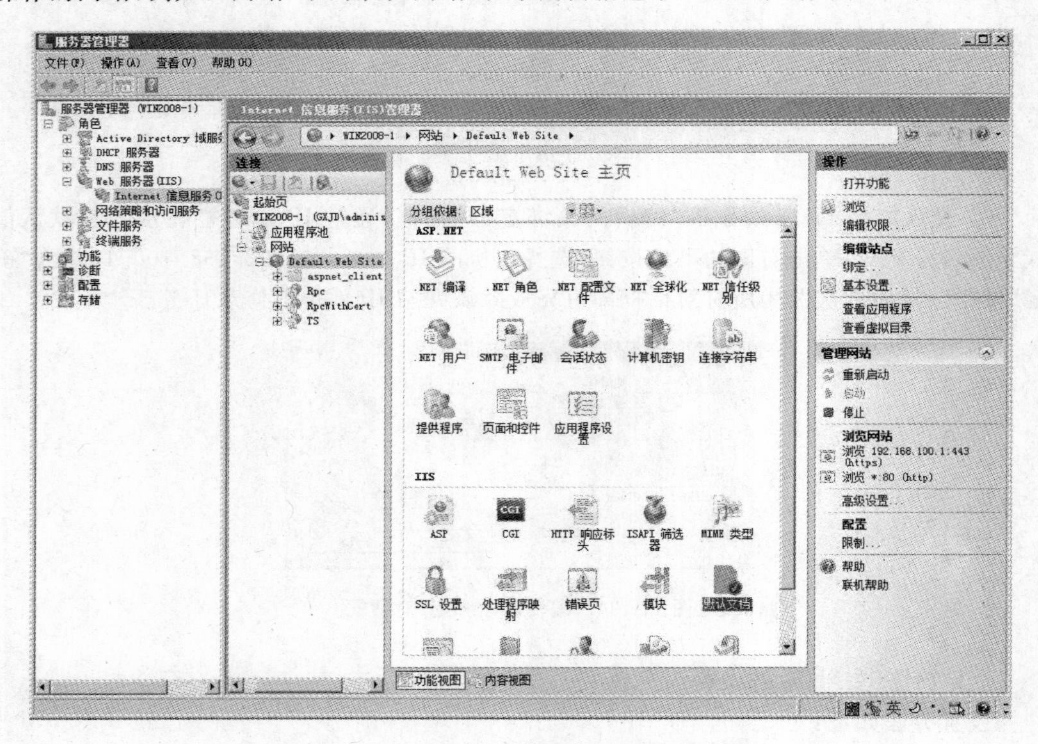


图 11-15 “Internet 信息服务(IIS)管理器”页面

③ 打开图 11-16 所示的“默认文档”设置对话框，修改已存在的主页，例如，右击要操作的 index. html 页面，在弹出的快捷菜单中选择要进行的操作，如“上移”。添加对话框中不存在的主页，单击“操作”窗格中的“添加”选项。

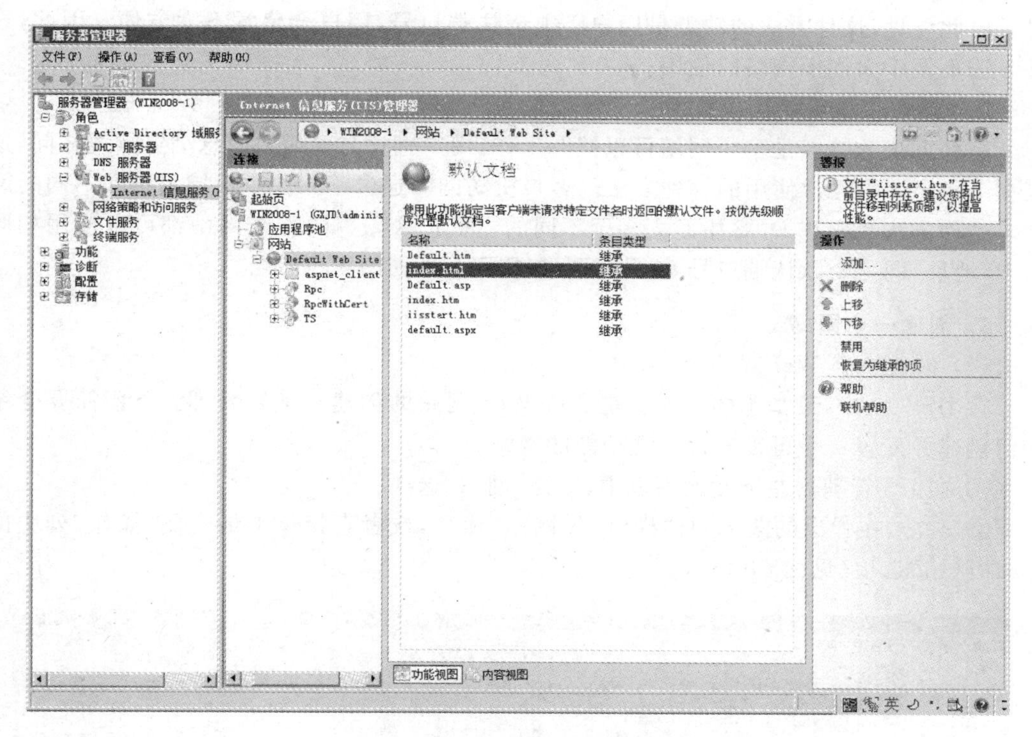


图 11-16　“默认文档”设置对话框

④ 弹出如图 11-17 所示的“添加默认文档”对话框，输入主页的名称，例如，myweb.html，单击“确定”按钮，返回到“默认文档”设置对话框。

图 11-17　“添加默认文档”对话框

⑤ 在如图 11-16 所示的对话框中，新添加的主页应当在顶部，如果不在，则应通过右侧的“上移”或“下移”选项，将其移动到列表的顶部。然后重启“默认网站”，完成默认网站主页的发布任务。

## 11.4　管理 IIS 系统

### 1. Web 站点创建技术

通常大部分用户不想使用默认网站发布信息，因此，应当掌握建立新网站的方法。当创建的网站有多个，而 IP 地址只有一个时，可以采用选择以下 3 种解决方案。

(1) 使用唯一站点构建技术

这种方法的特点是多个站点不能同时工作，任何时刻只允许一个网站运行。它的管理是比较麻烦的。当启动多个 Web 网站中的一个，只能停止其他多个 Web 站点的工作。

(2) 使用不同端口号构建技术

这种方法的特点是多个网站可以同时工作，但客户机访问时，需要加用网站的端口号。由此可见，这种方法的缺点是用户必须记住端口号，用户会感觉不太方便。因此，这种方法不便于大规模网络的使用。

(3) 使用主机头名构建技术

这种方法的特点是多个网站可以同时工作，用户感觉与普通的信息浏览方式相同，这是在 Internet 中经常使用的一种方法。客户机访问时通过不同的主机域名访问不同的网站。这种方法是先在 DNS 中建立多个不同的主机记录，这样，多个网站都可以使用相同的 IP 地址、同一个默认端口号 80。但是，却使用了不同的主机域名。

**2. 创建一个网站**

(1) 创建一个 Web 站点

在 IIS 7.0 中，最基本的功能就是支持 Web 网站的创建和配置管理。下面简要介绍如何创建并配置一个可以支持丰富功能的网站。

① 在 IIS 管理器左下侧的列表中，选择“网站”选项。

② 右击，在弹出的菜单中选择“添加网站”命令，或者直接单击最右侧“操作”列中的“添加网站”选项(见图 11-18)。

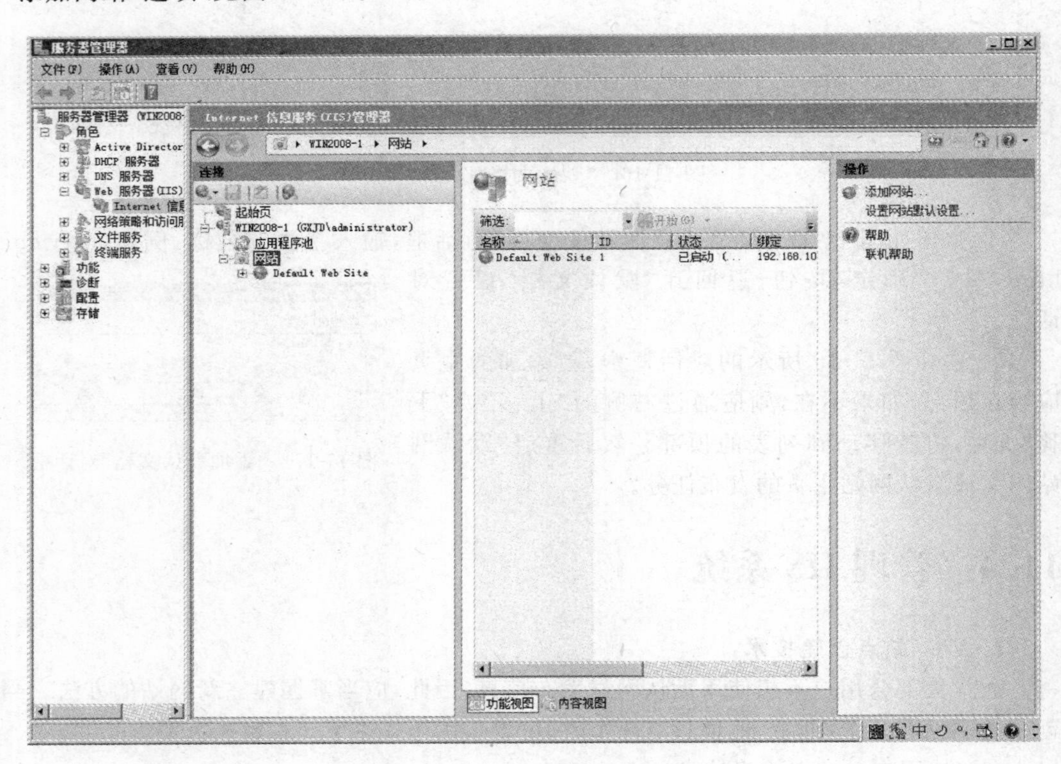


图 11-18 “服务器管理器”页面

③ 弹出如图 11-19 所示的“添加网站”对话框。在该对话框的“网站名称”选项组中输入一个名称，用于 IIS 7.0 来管理站点，如输入“Web1”。系统自动创建一个与网站名称相同的“应用程序池”。

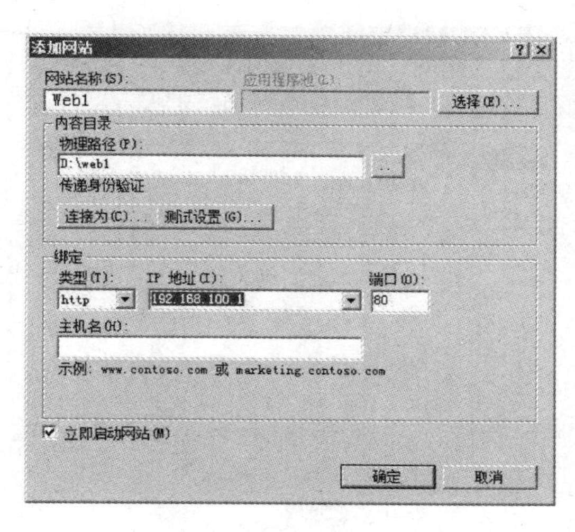


图 11-19　“添加网站”对话框

④ 在如图 11-19 所示的“添加网站”对话框的“内容目录”选项组中，输入或选择用户 Web 站点所在的目录，如“D:\web1”。在路径设置下面，是“传递身份验证”的设置，这是与早期版本 IIS 所不同的。通过设置身份验证的连接，可以增强 Web 站点的安全性。单击“连接为”按钮，弹出“设置身份验证”对话框，在该对话框中既可以选择“应用程序用户”也可以设置用户自定义的“特定用户”信息用于身份验证。设置完毕后可以单击“测试设置”按钮来检测是否可以通过身份验证。

⑤ 在如图 11-19 所示的“添加网站”对话框的“绑定”选项组中，选择网站“HTTP”类型是普通的“HTTP”协议还是使用加密的“HTTPS”协议。在“IP 地址”一栏中，输入服务器上所具有的 IP 地址，如果不输入则默认为“全部未分配”，即使用“localhost”或“127.0.0.1”的本机地址。“端口”一栏中则设置当前网站的端口号，默认 Web 网站的端口号都是 80，这样用户在输入网站域名后不用再输入端口号。如果不希望这样使用，则可以将端口号修改为其他未被系统占用的端口号，如“8080”。在“主机名”一栏中，可以根据用户需要来设置网站的域名地址，在早期版本 IIS 中称为“主机头标”。从这里的设置可以看出，可以通过使用不同的 IP 地址、不同的端口号和不同的“主机名”在同一个 IIS 管理器或同一台服务器上设置多个不同的 Web 网站。

⑥ 在如图 11-19 所示的“添加网站”对话框的最下方，选择“立即启动网站”复选框，之后单击“确定”按钮。这样一个基本的 Web 网站就创建完毕了。

(2) HTTP 功能的设置

在“服务器管理器”页面中，选中一个 Web 网站后，在其右侧可以看到其对应的功能设置图标。在 HTTP 功能设置中，包括“HTTP 响应标头”、“HTTP 重定向”、“MIME 类型”、“错误页”、“默认文档”和“目录浏览器”的设置，如图 11-20 所示。

- HTTP 响应标头：当浏览器访问请求一个 Web 页面时，IIS 给客户端浏览器返回一个 HTTP 响应标头。HTTP 响应标头由“名称”和对应的“值”组成。在 IIS 7.0 中，可以创建用户自定义的 HTTP 响应标头来向客户端传递特定的响应信息。

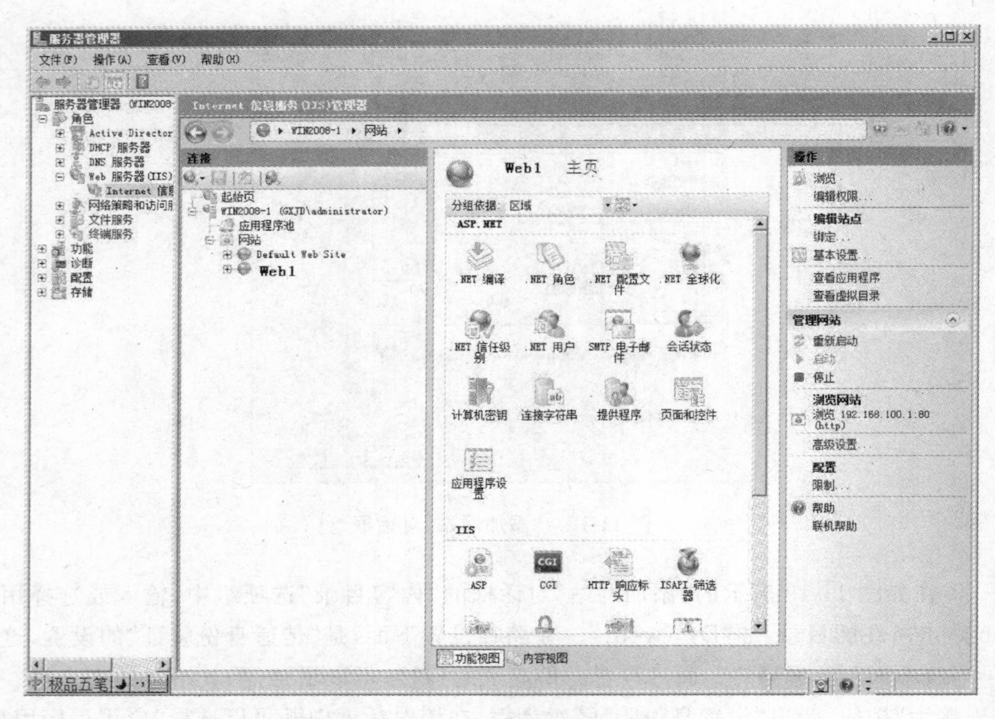


图 11-20 “服务器管理器”页面

- HTTP 重定向：将提交来的请求重定向到其他的文件或 URL。在早期 IIS 版本中，一般是在网站程序代码中实现该功能。
- MIME 类型：可以管理 Web 服务器所使用的静态文件的扩展名与内容类型的关联。可以添加、删除、编辑文件扩展名与 MIME 类型的关联。
- 错误页：设置 HTTP 错误响应页面。错误响应可以是自定义的错误页面，也可以是包含故障排除信息的详细错误消息。在 IIS 7.0 管理器中，可以对错误页进行“添加”、“编辑”、“更改状态代码”、“删除”及“编辑功能设置”等操作。
- 默认文档：配置网站的默认页面，也就是当客户端未指定具体文件名时返回给客户端的默认文件。在这里可以按照优先级来设置默认文档。在 IIS 7.0 管理器中，可以对某一默认文档进行“添加”、“删除”、“上移”、“下移”的操作；可以对默认文档功能进行“禁用”和“恢复为继承的项”的操作。与 IIS 6.0 不同的是，这里的默认文档有一个“条目类型”。IIS 7.0 中继承了父配置的默认文档，其“条目类型”为“继承”，用户自己添加的默认文档其“条目类型”为“本地”。“继承”类型的默认文档从父配置文件中读取，“本地”类型的默认文档则从当前的配置文件中读取。如果对默认文档功能进行“恢复为继承的项”操作，则用户添加的“本地”类型的默认文档均会被系统自动删除掉。

(3) 网站安全性的设置

安全问题是网络应用中越来越重要的一个问题。在 IIS 的每个版本中也越来越重视安全性的管理。IIS 7.0 提供了更多的安全控制功能，这些功能主要包括“.NET 角色”、

“.NET 信任级别”、“.NET 用户”、“IIS 管理器权限”、“IPv4 地址和域限制”、“SSL 设置”、“身份验证”和“授权规则”，如图 11-21 所示。

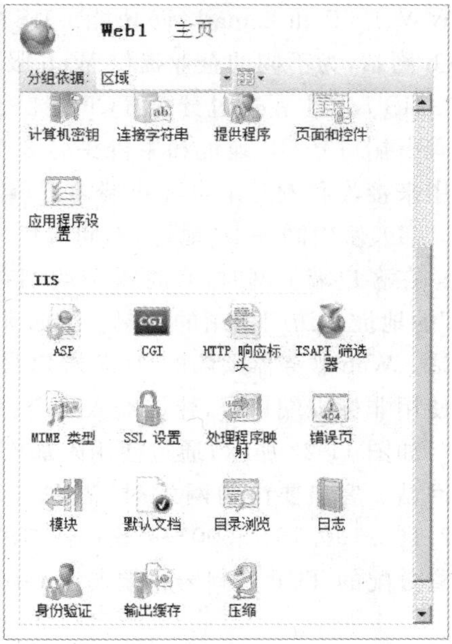

图 11-21 安全性设置

- .NET 角色：可以在该功能设置页面查看和管理用户组列表。用户组提供对用户进行分类并针对整组用户执行与安全有关的操作。配置.NET 角色需要配置使用 AspNetsqlRoleprovider 提供程序，也可以根据具体需求来增加其他提供程序的配置信息。
- .NET 信任级别：可以为托管模块、处理程序和应用程序指定信任级别。
- .NET 用户：可以查看和管理在应用程序中定义的用户标识列表。用户列表可以用来执行身份验证、授权及其他与安全有关的操作。
- IIS 管理器权限：用于管理 IIS 管理器用户、Windows 用户和 Windows 组成员以便可以连接到一个站点或一个应用。可以对每个站点或应用设置授权的功能。该功能只对服务器连接有效。
- IPv4 地址和域限制：可以针对 IPv4 的地址和域名限制来设置 Web 内容的权限访问。可单击“IIS 管理器”页面右侧“操作”栏中的“添加允许条目”、“添加拒绝条目”和“编辑功能设置”等实现对 IPv4 地址和域的限制。
- SSL 设置：可以设置网站或应用程序的 SSL 的相关设置，包括设置是否“要求 SSL”及是否“需要 128 位 SSL”。对于客户端证书，则可以设置为“忽略”、“接受”或“必需”。要设置 SSL，网站必须绑定 https 类型的地址端口对应项，这种设置可以在“网站绑定”中完成。
- 身份验证：设置网站对用户进行身份认证的方法。在此设置中，包括“ASP.NET”、“Forms 身份验证”、“Windows 身份验证”、“基本身份验证”、“匿名身份验证”和“摘要式身份验证”的身份验证方法。默认情况下“匿名身份验证”启用，而其他身份验证方法禁用。可以对每种身份验证方法进行编辑、启用或禁用。
- 授权规则：这里可设定授权用户访问网站和应用程序的规则。可以添加允许规则，也可添加拒绝规则。

## 11.5 多网站实现技术

一般情况下，企业建立 Web 网站，大多数选择经济实用的虚拟主机技术。虚拟主机是使用特殊的软件技术，将一台运行在 Intranet（或 Internet）上的服务器主机划分成若干台“虚拟”的主机，每一台虚拟主机都具有独立的域名，具有完整的 Internet 服务器（如

WWW、FTP和E-mail等)功能。IIS 7.0的虚拟主机技术可以在一台服务器创建多个Web网站,为不同的企业提供Web服务。

IIS 7.0主要通过分配TCP端口、IP地址和主机头名来运行多个网站。每个网站都具有由端口号、IP地址和主机头名3个部分组成的唯一的网站标识,每一个网站标识都是用来接收和响应来自客户端的请求。

(1) 使用同一IP地址、不同端口号来架设多个Web网站

在客户端上网时,有时候会遇到在浏览器地址栏中输入格式为"http://域名:端口号"的地址来访问网站的情况。通过附加端口号,可以在同一服务器上架设不同的Web网站。Web服务器默认的TCP端口号是80,即"http://域名"等同于"http://域名:80"。若使用非标准端口号,建议输入一个大于1023的新端口号。

如图11-22所示,通过使用附加端口号,服务器只需一个静态的IP地址即可维护多个网站。客户要访问网站时,需在静态IP地址(或域名)后面附加端口号,如"http://192.168.100.15:8000"和"http://192.168.100.15:8080"表示两个不同的Web网站。注意分配的TCP端口号不要与Internet标准的TCP端口号冲突。

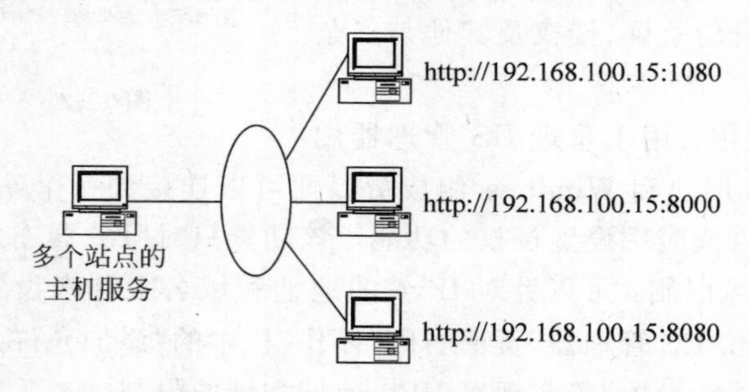


图11-22 附加不同的端口号来架设多个网站

选择不同的端口号,就可以架设不同的网站,其具体的操作步骤如下:

① 依次选择"开始"→"管理工具"→"Internet信息服务(IIS)管理器"命令。

② 打开"Internet信息服务(IIS)服务器"窗口,创建两个网站。然后选中两个网站中的一个,在右侧的"操作"窗格中,单击"绑定"选项,在弹出的"网站绑定"对话框(见图11-23)中,单击"编辑"按钮。

③ 弹出如图11-24所示的"编辑网站绑定"对话框,将一个网站使用的TCP端口号的"80"更改为"8080"。单击"确定"按钮,完成修改网站端口号的任务。

④ 在"Internet信息服务(IIS)服务器"窗口中,设置两个网站的物理目录与主页,并分别进行本机测试和客户机测试。

⑤ 重新启动和刷新两个网站后,应当可以见到使用同一IP地址的两个网站都处于运行状态。

(2) 使用不同的IP地址架设多个Web网站

比较正规的虚拟主机一般使用多IP地址来实现,以确保每个域名对应于独立的IP地址,如图11-25所示。这种方案称为IP虚拟主机技术,也是比较传统的解决方案。如果使用此方法在Internet上维护多个网站,需通过InterNIC注册域名。

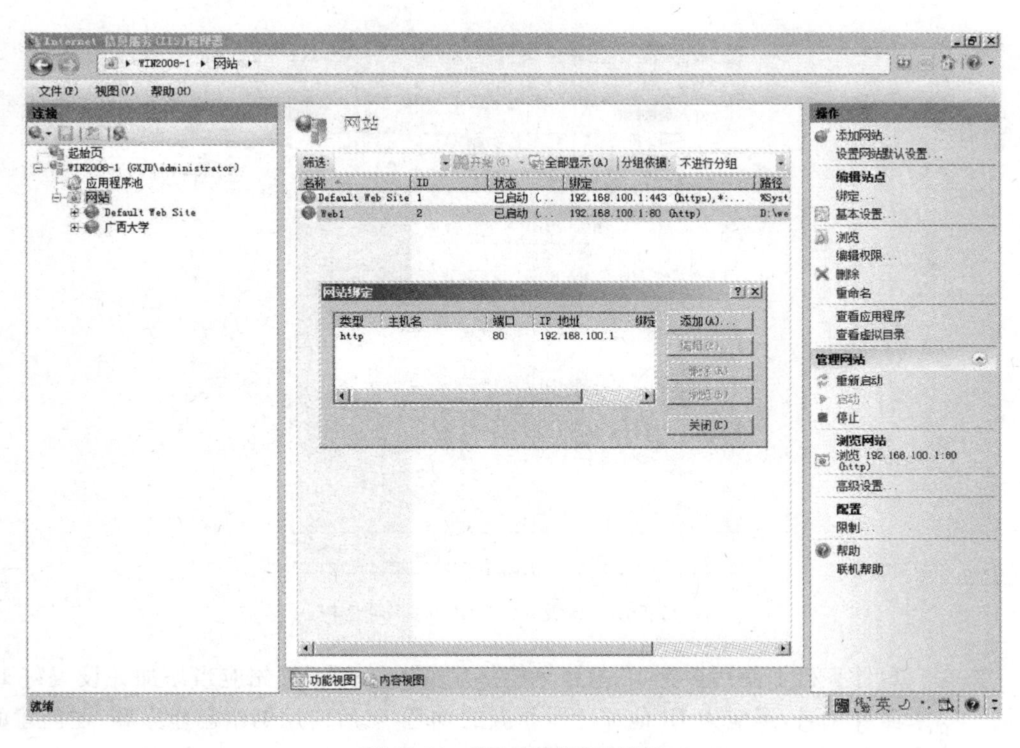

图 11-23　"网站绑定"对话框

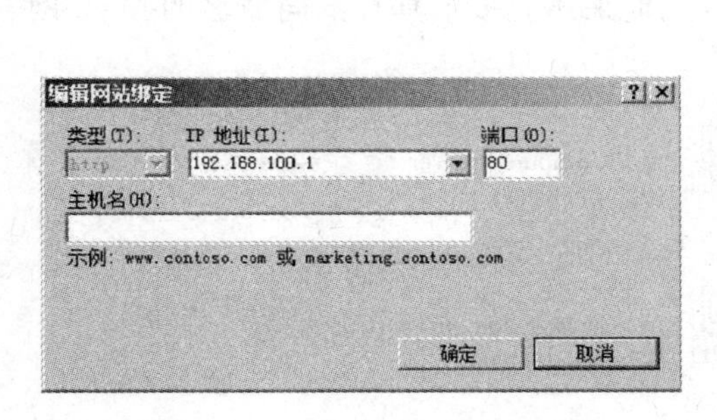


图 11-24　"编辑网站绑定"对话框

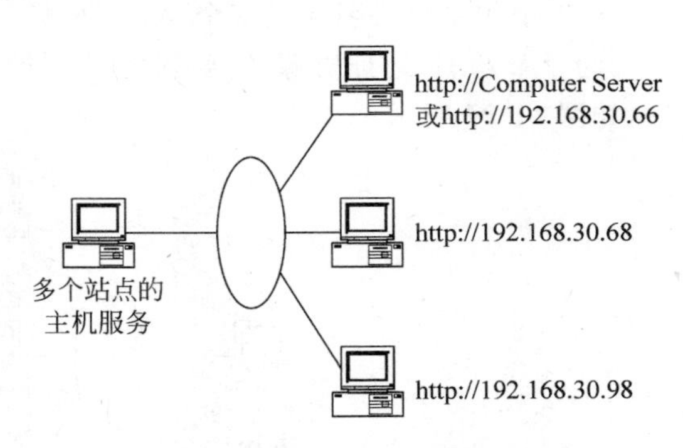


图 11-25　使用不同的 IP 地址来架设多个网站

使用多 IP 地址可为每个 IP 地址附加一块网卡，也可为一块网卡分配多个 IP 地址。Windows 网络操作系统支持一台机器安装多块网卡，安装多块网卡后，"网络连接"对话框(单击操作面板中的"网络连接"可打开该对话框)中将出现多个本地连接，每个本地连接对应一块网卡，在每个本地连接中设置该网卡对应的 IP 地址。不过这种方法并不适合做虚拟主机，主要用于路由器和代理服务器等需要多个网络接口的场合。因此，一般为一块网卡分配多个 IP 地址，以 Windows Server 2008 为例，打开控制面板，依次选择"拨号与网络连接"→"本地连接"→"Internet 协议(TCP/IP)属性"→"高级"命令，打开"高级 TCP/IP 设置"对话框(见图 11-26)，添加所需的 IP 地址，编辑其对应的默认网关。当然，每个 IP 地址可设置多个默认网关。

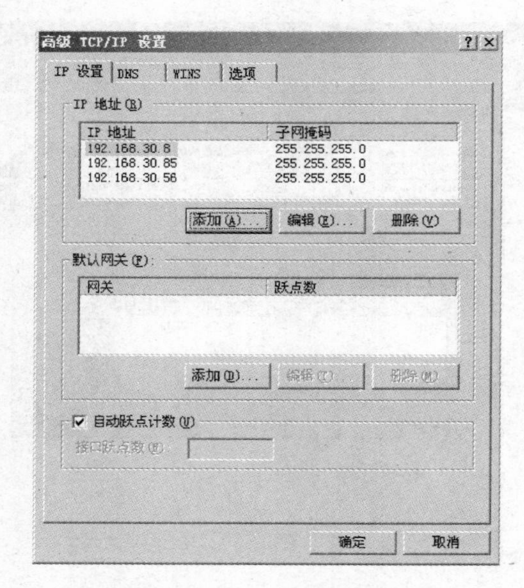


图 11-26 “高级 TCP/IP 设置”对话框

要在一台计算机上使用多个 IP 地址创建多个 Web 网站，首先应当添加并设置好 IP 地址。如果需要域名，还应为 IP 地址注册相应的域名，然后启用网站创建向导，在创建的过程中，选择同一个端口、不同的 IP 地址即可。

(3) 使用主机头名架设多个 Web 网站

为了节约 IP 地址资源，需要利用同一个 IP 地址来建立多个具有不同域名的 Web 网站，如图 11-27 所示。

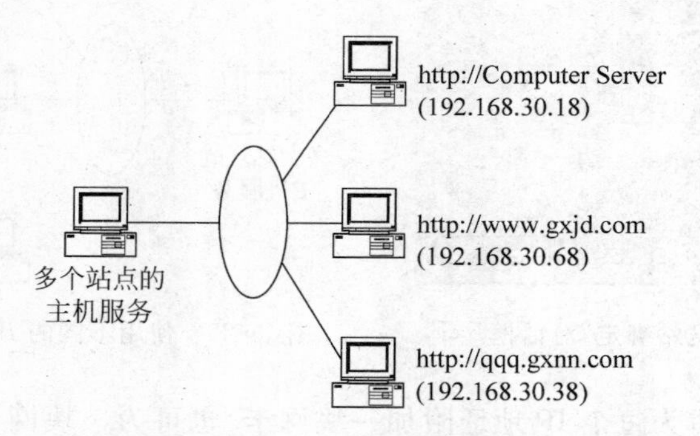


图 11-27 使用主机头架设多个 Web 网站

与利用不同 IP 地址建立虚拟主机相比，这种方案更为经济实用，可以充分利用有限的 IP 地址资源，来为更多的客户提供虚拟主机服务。从客户的角度看，他们只拥有自己的独立域名，而没有独立的 IP 地址，需要与他人共用一个 IP 地址，当然也就不能直接通过 IP 地址访问了。

这种方案是通过使用具有单个静态 IP 地址的主机头名建立多个网站来实现的。首先需要在名称解析系统 DNS 中的正向查找区域添加主机记录和别名，这样就建立了一个用 DNS 主机别名表示的域名。一旦请求到达计算机，IIS 将使用在 HTTP 头中传递的主机头名来确定客户请求的是哪个网站。如果使用此方法在 Internet 上运行和维护多个网站，也需要使用 InterNIC(美国及其他地区 IP 分配机构，即国际互联网络中心)注册域名。

使用主机头名创建 Web 网站有以下几个步骤：

① 从"管理工具"菜单中选择"DNS"命令，打开 DNS 控制台。

② 选择 DNS 服务器，展开目录树，右击"正向查找区域"中要设置的一个区域(如 gxjd. com)，在弹出的快捷菜单中选择"新建主机(A)"命令，打开"新建主机"对话框，如图 11-28 所示。设置主机名与对应的 IP 地址。

③ 打开 IIS 管理器，启动网站创建向导，在"主机头名"中输入主机头名，如图 11-29 所示，从而为不同的主机头名建立不同的网站。

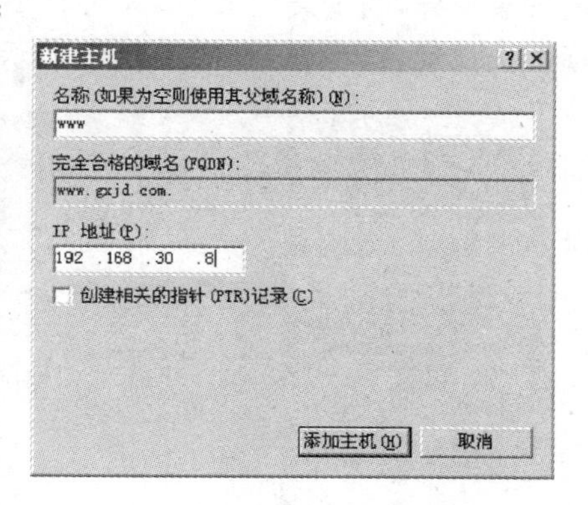


图 11-28 "新建主机"对话框

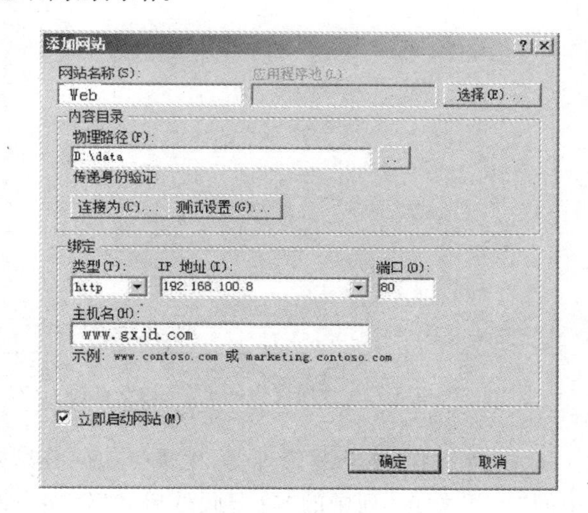


图 11-29 设置主机头名

重复以上步骤，即先分别建两个区域和两个主机，取得两个完全合格的域名，然后建两个网站，最后就可以用这两个域名进行浏览了。

## 11.6 建立 FTP 站点

### 1. 创建 FTP 服务器

FTP(File Transfer Protocol)是文件传输协议，是用于 TCP/IP 网络及 Internet 的最简单的协议之一。FTP 可将文件从网络上的计算机传送到同一网络上的另一台计算机。它的突出优点就是可在不同类型的计算机之间传送文件。无论是 PC、服务器、大型机，还是 Windows 平台、UNIX 平台，只要双方都支持 FTP，支持 TCP/IP 协议，就可以方便地交换文件。

在 IIS 7.0 默认安装的情况下，FTP 的功能是不安装的。因此，如果要使 IIS 7.0 支持 FTP 的功能，则需要在安装过程中添加 FTP 的相关功能。具体安装方法与 DNS 服务的安装一样，当安装完成后，即可在 IIS 7.0 管理器左侧的列表中看到"FTP 站点"的选项。选择后，即可看到如图 11-30 所示的页面。

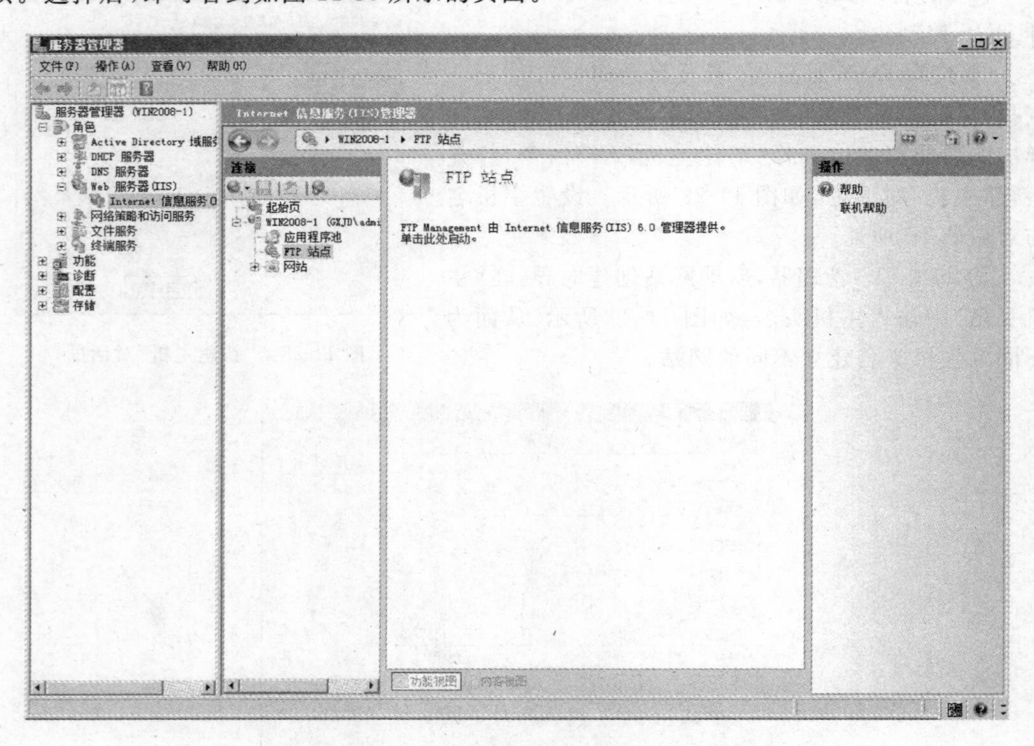


图 11-30　IIS 7.0 管理器中的 FTP 站点页面

在 IIS 7.0 安装中，也提供了 IIS 6.0 的管理器，用于管理部分早期版本 IIS 中的配置功能。单击图 11-30 中间"FTP 站点"列中的"单击此处启动"链接，即可启动事先安装好的 IIS 6.0 的管理器，弹出如图 11-31 所示的对话框。

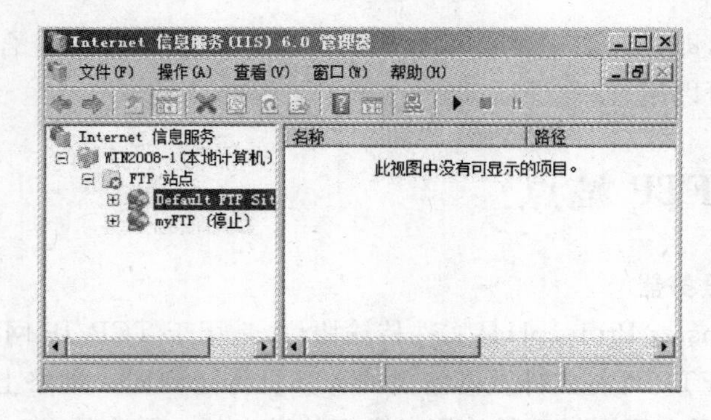


图 11-31　"Internet 信息服务(IIS)6.0 管理器"对话框

创建一个 FTP 站点的具体操作步骤如下：

① 在 IIS 6.0 管理器对话框的左侧，展开“WIN2008-1(本地计算机)”，选择“FTP 站点”文件夹。

② 右击，在弹出的菜单中选择“新建”→“FTP 站点”命令。

③ 弹出“欢迎使用 FTP 站点创建向导”页面，如图 11-32 所示。

④ 单击“下一步”按钮，进入如图 11-33 所示的“FTP 站点描述”页面，在“描述”文本框中输入 FTP 站点的描述，如输入“myFTP”，然后单击“下一步”按钮。

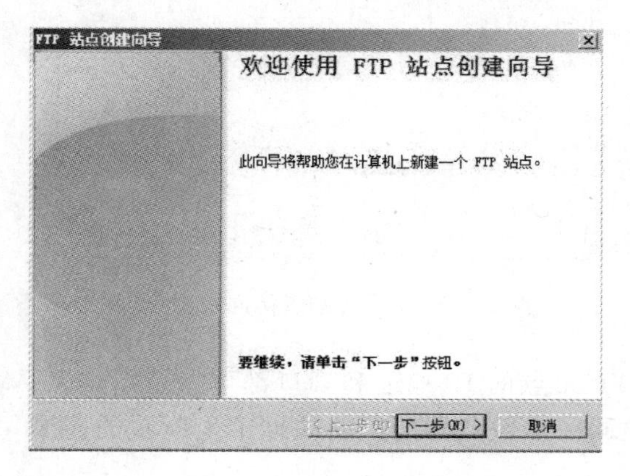


图 11-32　“欢迎使用 FTP 站点创建向导”页面

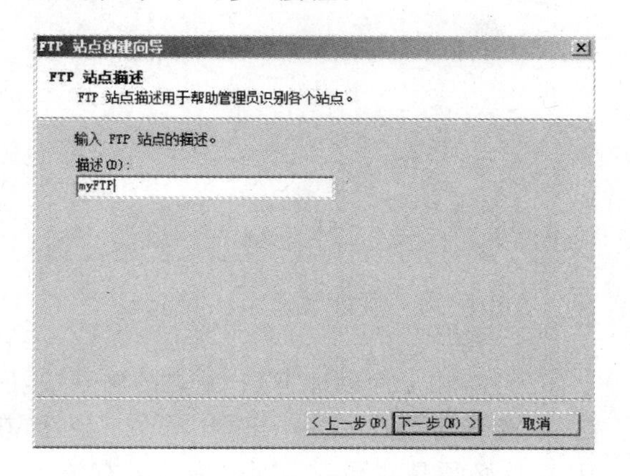


图 11-33　“FTP 站点描述”页面

⑤ 进入如图 11-34 所示的“IP 地址和端口设置”页面。在“输入此 FTP 站点使用的 IP 地址”文本框中输入所在服务器的 IP 地址，或者选择服务器原有的 IP 地址，在“输入此 FTP 站点的 TCP 端口”文本框中输入“21”，之后单击“下一步”按钮。

⑥ 进入如图 11-35 所示的“FTP 用户隔离”页面。根据实际需要选择用户隔离类型。这里按照默认选择“不隔离用户”，之后单击“下一步”按钮。

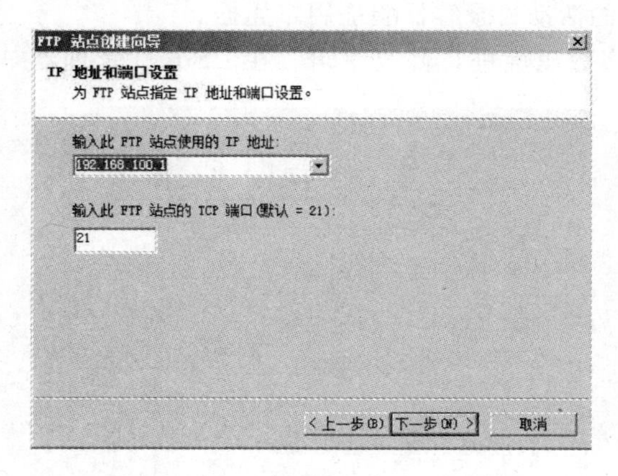


图 11-34　“IP 地址和端口设置”页面

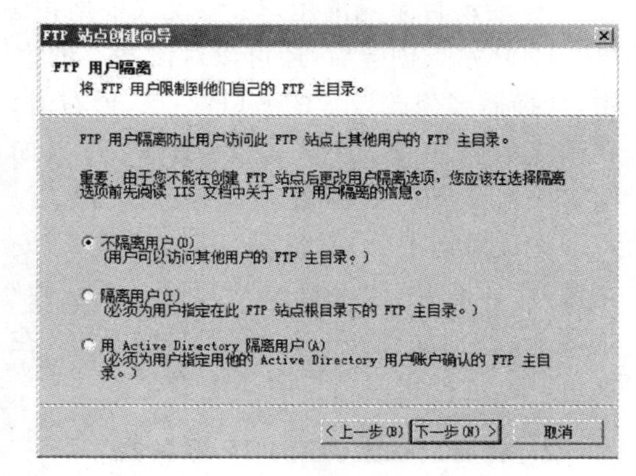


图 11-35　“FTP 用户隔离”页面

⑦ 进入如图 11-36 所示的“FTP 站点主目录”页面。选择一个已经存在的目录用于存储 FTP 的文件，这里选择“D: \myftp”，然后单击“下一步”按钮。

⑧ 进入如图 11-37 所示的“FTP 站点访问权限”页面。在该页面中可以选择“读取”及“写入”的权限。之后单击“下一步”按钮，最后在弹出的完成向导页面上单击“完成”按钮，即可完成 FTP 站点的创建。

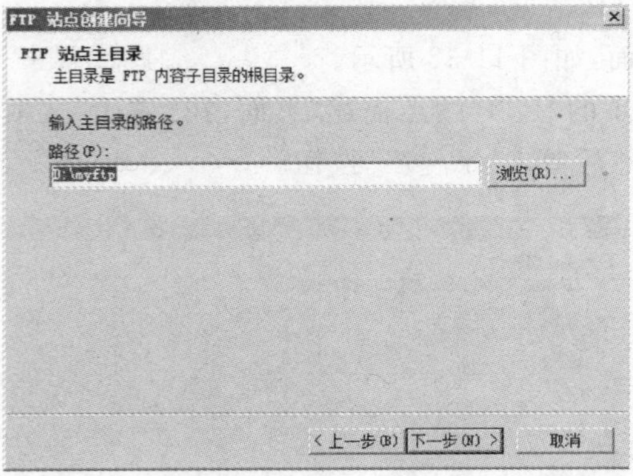

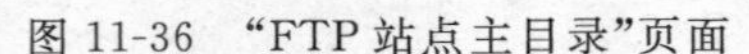

图 11-36 “FTP 站点主目录”页面

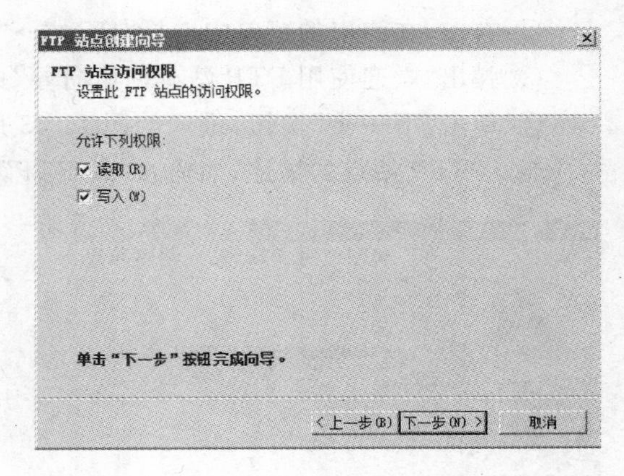


图 11-37 “FTP 站点访问权限”页面

另外，在上面创建 FTP 站点的向导中，FTP 站点的 IP 地址和端口都可以重新定义，这样，相当于创建了多个 FTP 站点。当然，在同一台服务器的同一块网卡上配置的多个 IP 地址必须是在同一个网段中才可有效。

在该版本的 IIS 中具有 FTP 用户隔离的功能。FTP 用户隔离可将用户限制在自己特定的目录中，以防止用户查看或覆盖其他用户的 Web 内容。FTP 用户隔离具有 3 种隔离模式，用来实现不同级别的隔离和身份验证。这 3 种隔离模式分别如下。

- 不隔离用户：该模式不启用 FTP 用户隔离，与早期版本 IIS 的相关功能类似。
- 隔离用户：该模式在用户可以访问与其用户名匹配的目录前，根据本地相应级别的账户对用户进行身份验证。
- 活动目录隔离用户：该模式根据相应的活动目录容器验证用户凭据。

FTP 站点创建后，还可以对该站点的大多数属性进行修改编辑。在 IIS 6.0 管理器中，选择需要修改设置的 FTP 站点，再右击，在弹出的菜单中选择“属性”命令，弹出如图 11-38 所示的“FTP 站点属性”对话框。

在该对话框中，又包含“FTP 站点”、“安全账户”、“消息”、“主目录”和“目录安全性”选项卡，分别如图 11-39～图 11-42 所示，在这里可以进行相应项目的功能设置。

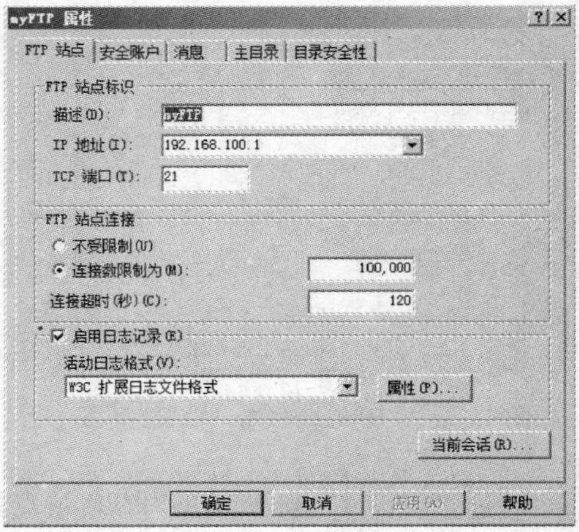

图 11-38 “FTP 站点属性”对话框

**2. 在客户机上访问 FTP 服务器**

在网络中，各种客户机在访问 FTP 服务器的主页之前，都必须先对其安装的 TCP/IP 协议中的 DNS 部分做必要的设置，否则不能使用域名对服务器中的资源进行访问。

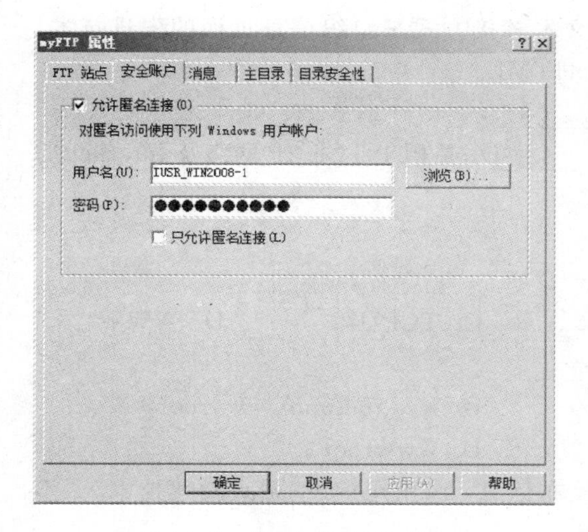


图 11-39 “安全账户”选项卡

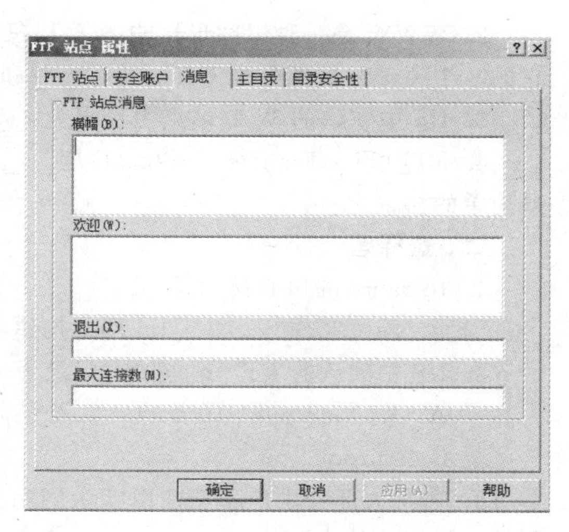


图 11-40 “消息”选项卡

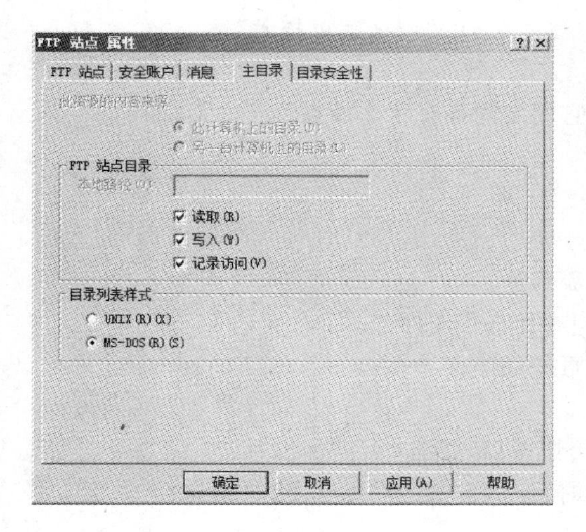


图 11-41 “主目录”选项卡

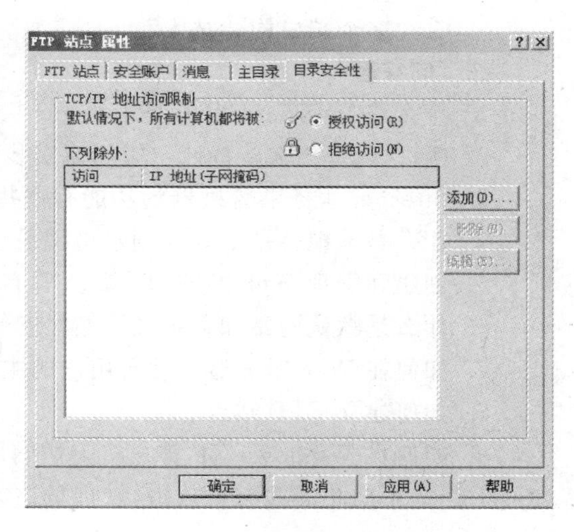


图 11-42 “目录安全性”选项卡

当设置好 DNS 服务器后，客户机在 IE 浏览器中，可以下列方式登录 FTP 服务器：

① 在 Windows 环境下打开 IE 浏览器，在“地址”栏中输入“FTP://IP 地址或域名”，即可实现访问。

② 访问虚拟目录。运行 Web 浏览器，在“地址”栏输入“FTP://IP 地址或域名/虚拟目录名”，即可实现访问。

# 习题

## 一、填空题

1. Intranet 是采用了________技术和标准建立起来的私有企业内部信息网络。

2. WWW 是一种以图形用户界面和超文本链接方式来组织信息页面的先进技术。它的 3 个关键组成部分是 URL、________和 HTML。

3. IIS 中默认的 Web 站点主目录为________。

4. FTP(File Transfer Protocol)是________协议，是用于 TCP/IP 网络及 Internet 的最简单的协议之一。

**二、选择题**

1. Intranet 的核心技术是________。

   A. 网页制作　　B. 网络构建　　C. TCP/IP　　D. WWW

2. IIS 中默认的 FTP 站点的主目录为________。

   A. X：\inetpub\ftproot　　B. X：\inetpub\wwwroot

   C. ftproot　　D. wwwroot

3. 通常大部分用户不想使用默认网站发布信息，而采用“唯一站点构建技术”、“不同端口号构建技术”和________3 种解决方案。

   A. “主机头名构建技术”　　B. “多个 IP 构建技术”

   C. “多个端口构建技术”　　D. “域名解析技术”

**三、问答题**

1. 什么是 Internet？什么是 Intranet？它们之间各有什么特点？

2. IIS 7.0 有什么新特性？应如何安装？

3. Internet 服务器管理器的功能有哪些？

4. 什么是虚拟目录？如何创建虚拟目录？

5. 创建和管理 Web 网站的主要步骤有哪些？

6. 什么是默认网站和自定义网站？它们有什么作用？

7. 如何在 Web 服务器上发布用户的主页或程序？

8. 如何建立 FTP 站点？

9. 如何在 Windows XP 客户机上访问用户 FTP 资源？

10. 为了防止某些恶意攻击，管理员该如何保护自己的网站和 FTP 站点？

# 第12章

# 网络安全管理

**内容提要：**

- 计算机网络安全常识；
- 网络攻击的主要手段及其防范技术；
- Windows Server 2008 安全管理。

## 12.1 计算机网络安全常识

### 1. 网络安全概念

随着计算机网络的迅速发展和网络应用的进一步加强，信息共享与信息安全的矛盾也日益突出。由于计算机网络的安全直接影响到政治、军事、经济以及日常生活等各个领域，因此，掌握网络系统的安全技术已成为人们研究的一个重要的课题。

网络安全是指网络系统的硬件、软件及其系统中的数据受到保护，不受偶然的或者恶意的原因而遭到破坏、更改、泄露，系统连续可靠正常地运行，网络服务不中断。

通常，计算机网络系统的安全威胁主要来自黑客攻击、计算机病毒和拒绝服务攻击3个方面。黑客攻击早在主机终端时代就已出现，随着Internet发展，现代黑客则从以系统为主的攻击转变到以网络为主的攻击。计算机病毒寄生于一般的可执行程序上，种类繁多，极易传播，且影响范围广。它动辄删除、修改文件或数据，导致程序运行错误，甚至破坏系统硬件。拒绝服务攻击是一种破坏性攻击，最早的拒绝服务攻击是"邮件炸弹"。它的表现形式是用户在很短的时间内收到大量无用的电子邮件，从而影响网络系统的正常运行，严重时会使系统关机，网络瘫痪。

### 2. 网络安全法规

为了保证计算机网络安全，除了运用技术和管理手段外，还应不断加强立法和执法力度，这是有效打击和遏制日益增多的计算机网络犯罪，保证计算机网络安全的有力武器。为此很多国家纷纷制定并不断完善计算机安全方面的法律、法规。

(1) 国外主要计算机安全立法

欧美等计算机网络应用较早的发达国家已有较完善的计算机安全方面的立法，而一些发展中国家在这方面的立法还不完善，甚至根本没有这方面的立法。现简单介绍一下国外主要的计算机安全立法：

① 美国的《计算机欺骗与滥用法》、《计算机安全法》、《信息自由法》。

② 英国的《数据保护法》。

③ 加拿大的《个人隐私法》。

④ 经济合作发展组织各成员国联合通过的《过境数据流宣言》。

不少国家除有专门的计算机安全方面的立法，还将计算机网络犯罪与刑法、民法联系起来，修改有关条款，收到了较好的效果。

(2) 我国主要计算机安全立法

1994 年 2 月 18 日，中华人民共和国国务院 147 号令发布了《中华人民共和国计算机信息系统安全保护条例》。该条例是我国第一个规范计算机信息系统安全管理、惩治侵害计算机安全违法犯罪的法规，在我国网络安全立法历史上具有里程碑意义。

1997 年 12 月 11 日，经国务院批准，1997 年 12 月 30 日由公安部发布了《计算机信息网络国际联网安全保护管理办法》，其目的在于加强对计算机网络国际联网的安全保护。

1997 年我国对刑法进行重新修订时，增设了非法侵入计算机信息系统罪和破坏计算机信息系统罪。

2000 年 12 月 28 日，第九届全国人大常委会第十九次会议表决通过《全国人民代表大会常务委员会关于维护互联网安全的决定》。

2000 年 4 月 26 日，公安部发布执行《计算机病毒防治管理办法》，其目的是加强对计算机病毒的预防和治理，保护计算机信息系统安全。

2000 年 1 月 1 日，国家保密局发布执行《计算机信息系统国际联网保密管理规定》，其目的是加强国际联网的保密管理，确保国家秘密的安全。

2000 年 10 月 8 日，中华人民共和国信息产业部第三号令颁布了《互联网电子公告服务管理规定》，其目的是加强对互联网电子公告服务的管理，规范电子公告信息发布行为，维护国家安全和社会稳定，保障公民、法人和其他组织的合法权益。

2004 年 8 月 28 日，由中华人民共和国第十届全国人民代表大会常务委员会第十一次会议通过了《中华人民共和国电子签名法》，自 2005 年 4 月 1 日起施行。

目前，我国已制定了一系列有关计算机信息系统安全的法律和法规，形成了较为完备的计算机信息系统安全的立法体系。对于制止、打击计算机网络犯罪，促进计算机网络的发展应用，发挥了很大的作用。

**3. 影响网络安全的主要因素**

(1) 网络架构和协议本身的安全缺陷

计算机联网的目的是实现资源共享、互连互通，这种目的具有的开放性造成网络本身的不安全。目前，使用最广泛的网络通信协议 TCP/IP 协议是完全公开的，在实现上力求实效，主要考虑网络互连，而没有考虑太多的安全因素。所以，我们目前使用的网络架构和协议在设计之初就缺乏对安全性的总体构想和设计，本身就存在安全缺陷。

(2) 网络软件系统的漏洞

任何一个软件系统(包括操作系统和应用软件)都会因为程序员的一个疏忽、设计中的一个缺陷等而存在漏洞，并且随着软件系统规模的不断增大、功能的增加，其中的漏洞更加不可避免。这些漏洞恰恰是黑客进行攻击的首选目标，也是网络安全问题的主要根源之一。

(3) 网络硬件设备和线路的安全问题

网络硬件设备端口、传输线路和主机都有可能因未屏蔽或屏蔽不严而造成电磁泄露。黑客利用电滋泄漏通过窃听等方式截获机密信息，或通过对信息流向、流量、通信频率等参数进行分析，进而获取有用信息。

(4) 操作人员安全意识不强

计算机及网络操作人员安全意识不强。失误、失职、误操作、管理制度不健全等人为原因造成网络安全隐患。例如，操作人员安全配置不当所形成的安全漏洞，未对用户进行分类和使用权限的严格限制，用户密码选择不慎，用户对自己的账号密码等机密信息保密不严等均会对网络安全构成威胁。

(5) 环境因素

地震、火灾、水灾、风灾等自然灾害或停电等外部环境因素也威胁着网络的安全。

**4. 恶意程序简介**

恶意程序是指可能导致计算机和计算机上的信息损坏的一段代码。常见的恶意程序有病毒、蠕虫和特洛伊木马等。

(1) 病毒 (Virus)

病毒是附着于程序或文件中，能在计算机之间传播的一段计算机代码。它一边传播一边感染计算机。病毒可损坏软件、硬件和文件。

1994 年 2 月 18 日，我国正式颁布实施了《中华人民共和国计算机信息系统安全保护条例》，在《条例》第二十八条中明确指出："计算机病毒，是指编制或者在计算机程序中插入的破坏计算机功能或者毁坏数据，影响计算机使用，并能自我复制的一组计算机指令或者程序代码。"

(2) 蠕虫 (Worm)

与病毒相类似，蠕虫是自动将自己从一台计算机复制到另一台计算机的程序。一旦系统感染了蠕虫，蠕虫即可自行传播。最危险的是，蠕虫可大量复制。通常，蠕虫传播无须用户操作，并可通过网络分发它自己的完整副本(可能有改动)。例如，蠕虫可向电子邮件地址簿中的所有联系人发送自己的副本，那些联系人的计算机也将执行同样的操作，结果造成多米诺效应，蠕虫会消耗内存或网络带宽，从而可能导致计算机崩溃。

蠕虫的传播不必通过"宿主"程序或文件，因此可潜入计算机系统并允许其他人远程控制感染了蠕虫的计算机。最近的蠕虫示例包括 Sasser 蠕虫和 Blaster 蠕虫。

(3) 特洛伊木马

在神话传说中，特洛伊木马表面上是"礼物"，但实际上藏匿了袭击特洛伊城的希腊士兵。现在，特洛伊木马指表面上是有用的软件，实际目的却是危害计算机安全并导致严重破坏的计算机程序。最近的特洛伊木马以电子邮件的形式出现，电子邮件包含的附件声称是 Microsoft 安全更新程序，但实际上是一些试图禁用防病毒软件和防火墙软件的病毒。

特洛伊木马通常有两个可执行程序：一个是客户端，即控制端，另一个是服务端，即被控制端。其中客户端用于攻击者远程植入木马的计算机，服务端即是木马程序，用于进行控制被种植了木马客户端的计算机。

一旦用户禁不起诱惑打开了以为来自合法来源的程序，特洛伊木马便趁机传播。特洛伊木马也可能包含在免费下载软件中。因此，切勿从不信任的来源下载软件，始终从Microsoft Update或Microsoft Office Update下载Microsoft更新程序或修补程序。

**5. 计算机感染蠕虫或病毒的现象**

计算机感染了蠕虫或病毒的表现形式多种多样，以下列出一些常见的征兆：

① 运行速度突然减慢或每隔几分钟崩溃并重启一次。

② 计算机系统出现异常死机或死机频繁。

③ 文件的长度、内容、属性、日期无故改变。

④ 丢失文件、数据。

⑤ 系统引导过程变慢，甚至按下电源开关按钮后出现黑屏。

⑥ 声卡等设备突然出现异常现象。

⑦ 存储系统的存储容量异常减少或有不明常驻程序。

⑧ 系统的RAM空间变小。

⑨ 程序运行出现异常现象或不合理的结果。

⑩ 硬盘的指示灯无缘无故亮了。

⑪ 计算机系统蜂鸣器出现异常声响。

**6. 计算机病毒的特征**

“计算机病毒”不是天然存在的，而是人为故意编制的一种特殊的计算机程序。这种程序具有如下特征：感染性、流行性、繁殖性、变种性、潜伏性、针对性、表现性。

① 感染性。计算机病毒可以从一个程序传染到另一个程序，从一台计算机传染到另一台计算机，从一个计算机网络传染到另一个计算机网络，或在网络内各个系统上传染、蔓延，同时使被感染的程序、计算机、网络成为计算机病毒的生存环境及新的传染源。

② 流行性。一种计算机病毒出现之后，可以影响一类计算机程序、计算机系统和计算机网络，并且这种影响在一定的地域内或者一定的应用领域内是广泛的。

③ 繁殖性。计算机病毒在传染系统之后，可以利用系统环境进行繁殖或称之为自我复制，使得自身数量增多。

④ 变种性。计算机病毒在发展、演化过程中可以产生变种。

⑤ 潜伏性。计算机病毒在感染计算机系统后，在发作条件满足前，病毒可能在系统中没有表现症状，不影响系统的正常使用。

⑥ 针对性。一种计算机病毒并不能感染所有的计算机系统或程序。

⑦ 表现性。计算机病毒感染系统后，被感染的系统在病毒表现及破坏部分被触发时，表现出一定的症状。

## 12.2 网络攻击的主要手段及其防范技术

**1. 网络攻击的主要手段**

Internet 设计初衷是实现远程连接及通信链路冗余，力争在遭受核打击时不致瘫痪，而对网络安全的关注较少。随着 Internet 的快速发展，网络安全方面的缺陷逐渐暴露出来。网络犯罪分子针对网络存在的一些漏洞进行不同程度的攻击，给网络带来了严重的威胁。因此，掌握有效的防范技术以抵御网络入侵显得十分重要。

网络攻击是指任何以干扰、破坏网络系统为目的的非授权行为。法律上对网络攻击的定义有两种观点：第一种观点是指攻击仅仅发生在入侵行为完全完成，并且入侵者已在目标网络内；第二种观点是指可能使一个网络受到破坏的所有行为，即从一个入侵者开始在目标机上工作的那个时刻起，攻击就开始了。

这里所说的入侵者即平常人们所说的黑客（Hacker）或骇客（Cracker）：利用黑客软件，通过网络非法进入他人系统，截获或篡改数据，危害网络安全的计算机入侵者。目前，主要有以下几种黑客常用的网络攻击手段。

（1）恶意代码攻击

从 2003 年各国计算机犯罪和安全调查来看，恶意代码攻击是对网络系统威胁最大的一种网络攻击手段，恶意代码包括计算机病毒、蠕虫病毒、特洛伊木马程序、移动代码和间谍软件等。

计算机病毒是一段附着在其他程序上的可以实现自我繁殖的程序代码，它可以在未经用户许可，甚至在用户不知道的情况下改变计算机的运行方式，破坏已存储的信息，甚至引起计算机系统不能正常工作。

蠕虫病毒除具有传统计算机病毒的传播性、隐蔽性及破坏性等共性外，更主要的是蠕虫病毒是专门攻击网络的网络型病毒，它不需要利用文件来寄存，而是通过网络直接传播，其传播速度和破坏性远比传统计算机病毒要大。

特洛伊木马程序是具有欺骗性的恶意代码，其实质是一个网络客户机/服务器模式的程序。这种程序表面上是执行正常的操作，但实际上隐含着一些破坏性的指令。黑客通过入侵或其他引诱，想办法将特洛伊木马复制到目标计算机中，并设法运行这个程序，从而留下后门。以后，通过运行该特洛伊木马的客户端程序，对远程计算机进行控制。

移动代码指能够从主机传输到客户机上并执行的恶意代码。一般利用 Javascript 类似的技术编写。大多数网站都使用移动代码来增强实用性、功能性和吸引力，但是黑客却让用户的计算机感染病毒，偷窃私人信息或使系统瘫痪。

间谍软件是一种能够在用户不知情的情况下偷偷进行安装，安装后很难找到其踪影，并悄悄把截获的一些机密信息发送给指定者的软件。

（2）电子欺骗攻击

电子欺骗是指黑客伪造源于一个可信任地址的数据包以使目标主机信任的电子攻击手段。它包含 IP 电子欺骗、ARP 电子欺骗和 DNS 电子欺骗 3 种类型。

IP 电子欺骗是黑客攻克防火墙系统最常用的方法，也是许多其他网络攻击的基础。

IP 电子欺骗技术就是通过伪造某台主机的 IP 地址，使得某台主机能够伪装成另外一台主机，而这台主机往往具有某种特权或被其他的主机所信任。

ARP 电子欺骗是一种更改 ARP Cache 的技术。Cache 中含有 IP 地址与物理地址的映射信息，如果黑客更改了 ARP Cache 中的 IP 地址与物理地址的映射关系，送至某一 IP 地址的数据包就能直接被发送到黑客指定物理地址的主机中。

DNS 电子欺骗是一种更改 DNS 服务器中主机名和 IP 地址映射表的技术。当黑客改变了 DNS 服务器上的映射表后，客户机通过主机名请求浏览时，得到的将是这个由黑客输入的 IP 地址，从而被引导到非法的服务器上。

(3) 拒绝服务攻击

拒绝服务攻击(Denial of Service，DOS)是一种很简单而又很有效的网络攻击方式。其主要目的是使网络或服务器无法对合法用户提供正常的服务。DOS 攻击主要有网络带宽攻击和连通性攻击两种方式。带宽攻击是用极大的通信量冲击网络，消耗殆尽所有可用的网络带宽资源，导致合法用户的正常请求无法通过；连通性攻击是用大量的连接请求冲击主机，消耗殆尽该主机的系统资源，使其无法处理合法用户的请求。

分布式拒绝服务(Distributed Denial of Service，DDOS)，它是一种基于 DOS 的特殊形式的拒绝服务攻击，是一种分布、协作的大规模攻击方式，利用一批受控制的主机向一台或多台主机发起进攻，具有极大的破坏性。

(4) 窃取密码攻击

窃取密码攻击是指黑客通过窃听等方式在不安全的传输通道上截取正在传输的密码信息或通过猜测甚至是暴力破解法窃取合法用户的账号和密码。这是一种简单且常见的网络攻击手段。黑客通过这种手段获取账号和密码等机密信息后，即可成功登录系统。

**2. 网络安全的常见防范技术**

(1) 防火墙技术

在网络中，防火墙是一种用来加强网络之间访问控制的特殊网络互连设备，包括硬件和软件。它对两个或多个网络之间传输的数据包和连接方式按照一定的安全策略进行检查，以决定网络之间的通信是否被允许。本质上，它遵从的是一种允许或阻止业务来往的网络通信安全机制，也就是提供可控的过滤通信，只允许授权通信。

我们可以把防火墙想象成门卫，所有进入的和发出的都会被仔细检查。被防火墙保护的网络称为内部网络，另一方则称为外部网络或公用网络。防火墙能有效地控制内部网络与外部网络之间的访问及数据传送，从而达到保护内部网络的信息不受外部非授权用户的访问和过滤不良信息的目的。在没有防火墙时，内部网络上的每个节点都暴露给外部网络的其他计算机，极易受到攻击。因此，对于连接到互联网的内部网络，一定要选用适当的防火墙。

防火墙已成为控制网络系统访问的非常重要的方法，事实上在 Internet 上的很多网站都是由某种形式的防火墙加以保护的，采用防火墙的保护措施可以有效地提高网络的安全性，任何关键性的服务器，都放在防火墙之后。

对于个人用户而言，在个人计算机上安装个人版的软件防火墙，是最省事也是最安全的防范了。例如，天网防火墙个人版就是一个由天网安全实验室制作的给个人计算机使用的网络安全程序。它根据系统管理者设定的安全规则把守网络，帮助个人用户抵挡网络入侵和攻击，防止信息泄露。

(2) 密码技术

密码技术是保护网络信息安全的最主动的防范手段，是一门结合数学、计算机科学、电子与通信等诸多学科于一身的交叉学科。它不仅具有信息加密功能，而且具有数字签名、秘密分存、系统安全等功能。所以使用密码技术不仅可以保证信息的机密性，而且可以保证信息的完整性和正确性，防止信息被篡改、伪造或假冒。

现在的计算机网络，在很多业务上都采用了密码技术。即用一定加密算法对原文进行加密，然后再将加密过的电文在网络上进行传输，对方收到密文后，需通过一定的解密算法对其进行解密，方能看到原文。所以即使被他人截获一般也是一时难以被破译的。

在计算机上实现的数据加密，其加密或解密变换都是由密钥控制实现的。密钥(Keyword)是用户按照一种密码体制随机选取，它通常是一随机字符串，是控制明文和密文变换的唯一参数。

根据密钥类型不同将现代密码技术分为两类：一类是对称加密(秘密钥匙加密)系统；另一类是公开密钥加密(非对称加密)系统。

(3) 反病毒技术

目前出现的计算机病毒已将黑客软件、木马、蠕虫等技术结合在一起，种类繁多，感染方式越来越多，传播速度越来越快，破坏性越来越强，已严重影响计算机网络的正常运行。针对这种局面，反病毒技术在与计算机病毒对抗中不断推陈出新。现在，反病毒技术主要有两种手段：一是用户遵守和加强安全操作控制措施，在思想上要重视病毒可能造成的危害；二是在安全操作的基础上，使用硬件和软件防病毒工具，利用网络的优势，把防病毒纳入到网络安全体系之中。形成一套完整的安全机制，使病毒无法逾越计算机安全保护的屏障，无法广泛传播。实践证明，通过这些防护措施和手段，可以有效地降低计算机系统被病毒感染的几率，保障系统安全稳定运行。

对个人用户来说，反病毒最常用、最见效的办法就是使用防病毒软件。比如国外的趋势、Norton、卡巴斯基等，国内的瑞星、金山毒霸以及江民等杀毒软件。

(4) 访问控制技术

访问控制是指对网络中资源的访问进行控制，只有被授权的用户，才有资格去访问有关的数据或程序，防止对网络中资源的非法访问。

访问控制是网络安全防范和保护的主要策略，是保障系统资源保密性、完整性、可用性和合法使用性的基础，也是维护网络系统安全、保护网络资源的重要手段。

访问控制技术具有多层次多方位的控制方式，包括入网访问控制、网络权限控制、目录级控制、数据属性控制以及服务器安全控制等手段。

(5) 身份验证技术

身份验证是用户向系统出示自己身份证明的过程，也是系统查核用户身份证明的过程。这两个过程是判明和确认通信双方真实身份的两个重要环节，人们常把这两项工作统称为身份验证(或身份鉴别)。

Kerberos 系统是目前应用比较广的身份验证技术。它的安全机制在于首先对发出请求的用户进行身份验证，确认其是否是合法的用户，如是合法的用户，再审核该用户是否有权对他所请求的服务或主机进行访问。

(6) 入侵检测技术

入侵检测技术是为计算机网络系统的安全而设计的一种能够及时发现并报告系统中未授权或异常现象的技术，是一种用于检测计算机网络中违反安全策略行为的技术，是网络安全防护的重要组成部分。

利用入侵检测系统能够识别出任何不希望有的活动，从而达到限制这些活动，以保护系统的安全。入侵检测系统的应用，能使在入侵攻击对系统发生危害前，检测到入侵攻击，并利用报警与防护系统驱逐入侵攻击。在入侵攻击过程中，能减少入侵攻击所造成的损失。在被入侵攻击后，能收集入侵攻击的相关信息，作为防范系统的知识，添加入知识库内，以增强系统的防范能力。

(7) 虚拟专用网(VPN)技术

虚拟专用网(VPN)被定义为通过一个公用网络(通常是互联网)建立一个临时的、加密的、安全的连接，是一条穿过混乱的公用网络的安全、稳定的隧道。它具有与专用网络相同的安全管理功能。它可以帮助远程用户、公司分支机构、商业伙伴同公司内部网建立可信的安全连接，并保证数据的安全传输。

虚拟专用网能提供如下功能：

① 加密数据，以保证通过公网传输的信息即使被他人截获也不会泄露。

② 信息认证和身份认证，保证信息的完整性、合法性，并能鉴别用户的身份。

③ 提供访问控制，不同的用户有不同的访问权限。

VPN 中采用的关键技术主要包括隧道技术、加密技术、用户身份认证技术及访问控制技术。

## 12.3 Windows Server 2008 安全管理

**1. Windows Server 2008 整体安全环境简介**

Windows Server 2008 是迄今为止 Windows Server 系列最可靠的版本，它加强了操作系统安全性并进行了安全创新，可为网络、数据和业务提供最高水平的安全保护，可保护服务器、网络、数据和用户账户安全，以免发生故障或遭到入侵。

Windows Server 2008 通过 6 个元素来达到实施安全的目的，这 6 元素可用图 12-1 表示。

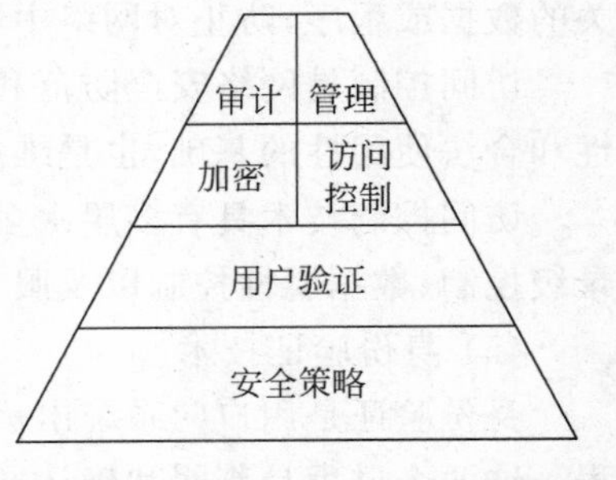

图 12-1 Windows Server 2008 的 6 个安全元素

**2. Windows Server 2008 中的防火墙**

为了保证普通服务器系统安全，通常在服务器系统中安装网络防火墙、专业杀毒软件以及各种反间谍工具等。不过，每次依赖外来力量来保护服务器系统的安全，确实让网络管理员感到种种不便。为了解决网络管理员这样的困惑,Windows Server 2008 系统对自带的防火墙功能进行了强化。巧妙地用好 Windows Server 2008 系统自带的防火墙程序,可以有效保护本地服务器系统的安全。

(1) 进入 Windows 防火墙

在 Windows Server 2008 服务器系统,可以有两种方式进入防火墙的 Windows 配置界面,不过这两种配置界面的内容不一样。

① 基本界面。从系统控制面板进入的防火墙配置界面属于基本界面,这种界面往往适合初级用户使用。系统自带的基本防火墙程序只提供了系统安全的单向防护能力,只能对进入服务器系统的数据信息流进行拦截审查。

在 Windows Server 2008 服务器系统桌面中,依次选择“开始”→“设置”→“控制面板”命令,打开“控制面板”,找到“Windows 防火墙”图标,双击该图标,就能打开 Windows 防火墙的基本配置界面。防火墙基本配置界面如图 12-2 所示。

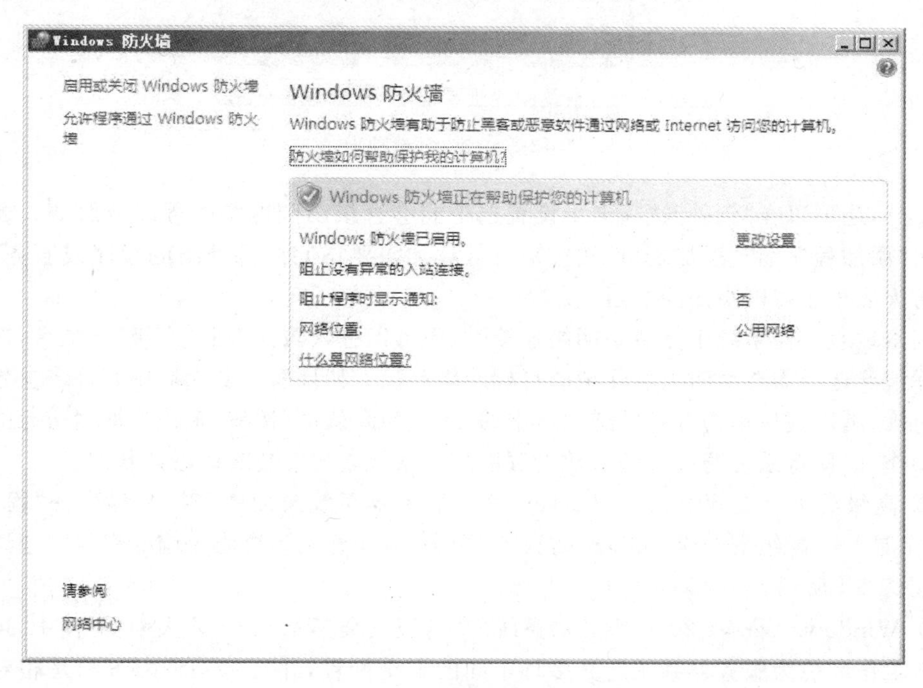


图 12-2　防火墙的基本配置界面

在该配置界面的左侧显示区域选择“启用或关闭 Windows 防火墙”选项,弹出“Windows 防火墙设置”对话框,如图 12-3 所示,选择“启用”单选按钮启用服务器系统自带的防火墙功能,也可以直接选择“关闭”单选按钮停用系统防火墙功能。

通常启用了服务器系统的防火墙功能后,除了在“例外”选项卡中设置的选项之外,在默认状态下,该防火墙程序会同时拦截所有程序去访问外部网络。在这里,“阻止所有传入连接”复选框是一个很有用的选项,特别是当本地服务器系统处于一个不太安全的网络时,该选项能够临时让系统禁止“例外”选项卡中设置的任何程序或服务访问网络。当本地服务器系统处于一个比较安全的工作环境时,再取消选中“阻止所有传入连接”复选框,以便恢复以前的正常设置操作。

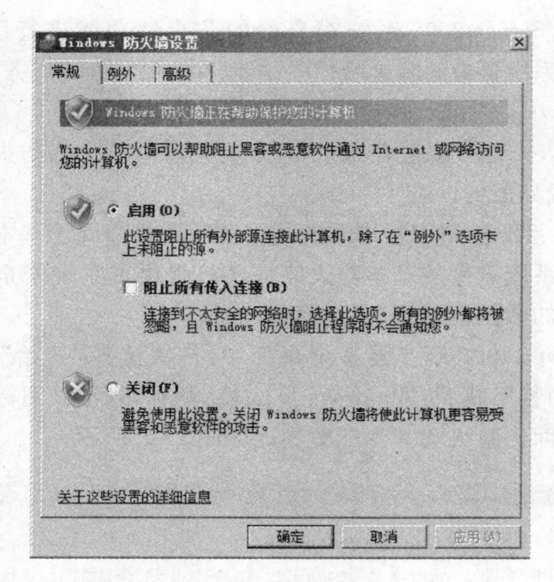


图 12-3 “常规”选项卡

另外，还可以在“例外”选项卡中设置选中能够直接访问网络的程序或服务。通过直接单击“添加程序”和“添加端口”按钮来自行添加需要访问外部网络的程序或服务，解除系统防火墙程序对网络访问的阻止。

当本地服务器系统中有多条网络连接时，还可以进入防火墙的“高级”选项卡，然后根据实际情况选择需要受防火墙保护的目标网络连接。如果发现防火墙中有许多参数没有配置正确，可以直接单击“高级”选项卡中的“还原为默认值”按钮，来快速取消所有的参数修改操作，以便将系统防火墙的参数设置恢复到系统起初安装时的默认状态。

② 高级界面。在 Windows Server 2008 服务器系统桌面中选择“开始”→“程序”→“管理工具”→“高级安全 Windows 防火墙”命令，就能看到系统防火墙的高级安全设置界面，如图 12-4 所示。

在 Windows Server 2008 服务器系统的“高级安全 Windows 防火墙”界面中，可以根据实际工作环境为服务器系统定义多种不同的安全配置，并且每一种配置都是相对独立的。例如，可以定制适合单位局域网工作环境的安全配置，可以在家庭工作环境中定制适合点到点网络的安全配置，也可以在公共场合下定制适合公网环境的安全配置。

(2) 使用防火墙保护服务器安全

根据网络不同的需求，发挥 Windows Server 2008 服务器系统自带防火墙的功能，保护服务器系统的安全。以下举例说明 Windows Server 2008 服务器系统自带防火墙的功能。

**例 1**：在 Windows Server 2008 中预防 ping 命令攻击。

在局域网环境中，常常有一些恶意用户使用 ping 命令向服务器系统连续发送一些大容量的数据包，这就可能导致服务器系统运行死机，此外非法攻击者还能通过 ping 命令的一些参数获得服务器系统的相关运行状态信息，并根据这些信息对服务器系统实施有

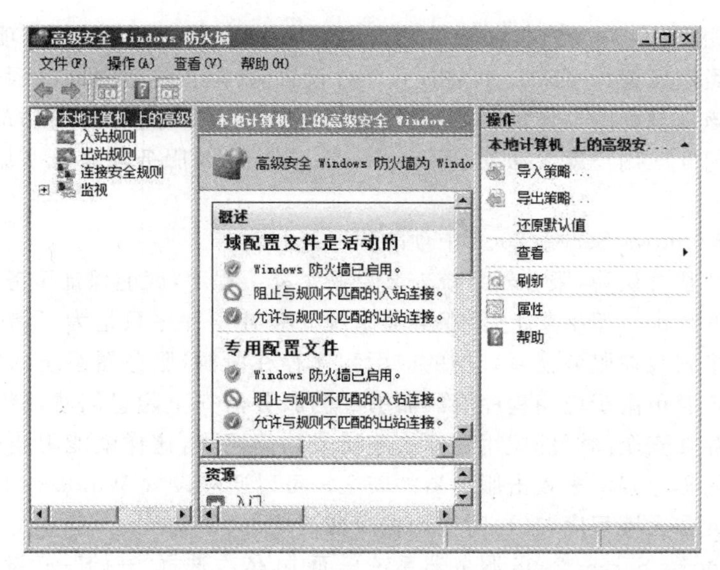


图 12-4　“高级安全 Windows 防火墙”界面

针对性的攻击。为了保护 Windows Server 2008 服务器系统的运行稳定性，避免服务器主机遭受 ping 命令攻击，可采用如下步骤来设置防火墙的安全规则。

① 打开“高级安全 Windows 防火墙”界面。

② 在该界面左侧选择“入站规则”选项，右击该选项，从弹出的快捷菜单中选择“新规则”命令，弹出如图 12-5 所示的“新建入站规则向导”界面，选中该界面中的“自定义”单选按钮。

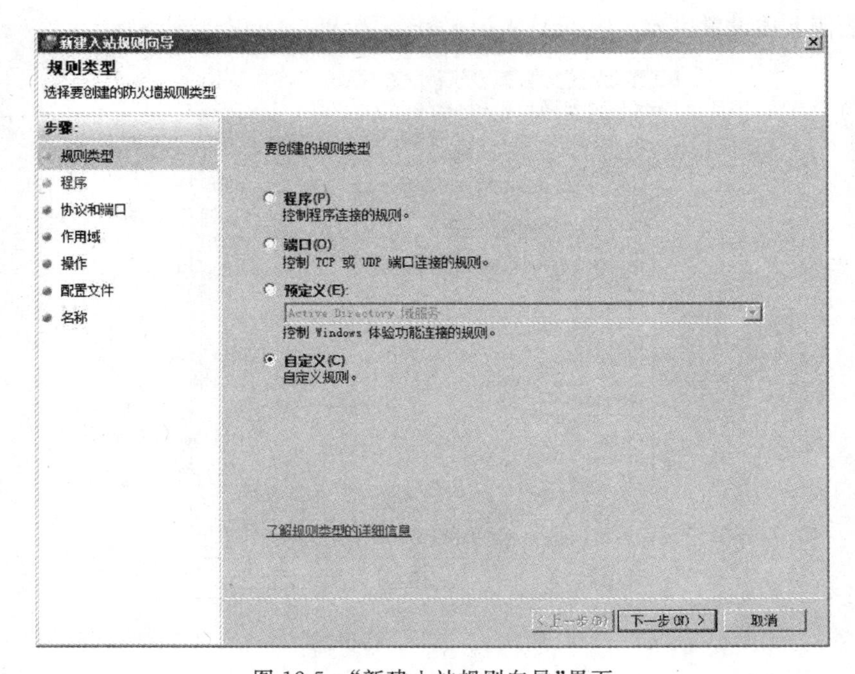


图 12-5　“新建入站规则向导”界面

③ 然后单击“下一步”按钮，在随后出现的界面中选择“所有程序”选项，之后按照提示将网络协议类型设置为ICMPv4，将连接条件设置为“阻止连接”，同时根据实际工作环境设置好应用该新规则的具体场合，最后为新创建的安全规则取一个合适的名称。这样，局域网中的任何非法用户就无法对 Windows Server 2008 服务器系统实施 ping 命令攻击了。

**例 2**：在 Windows Server 2008 中预防程序漏洞攻击。

许多用户往往会认为，服务器系统安装更新了补丁程序，就能保证服务器系统不受网络病毒或木马的攻击。但事实上，给服务器系统安装补丁程序只是为了堵住系统的安全漏洞，因此，如果安装在服务器系统中的应用程序存在漏洞，服务器系统的安全还是不能保证。为了有效避免由于应用程序漏洞而引起的服务器安全隐患问题，就需要使用系统防火墙来拒绝存在安全漏洞的应用程序去连接或访问网络，这样就能阻止网络中的木马或黑客通过应用程序漏洞来攻击服务器的安全。可以通过设置 Windows Server 2008 服务器系统自带的防火墙程序，来预防应用程序漏洞攻击。

① 在 Windows Server 2008 服务器系统桌面中，依次选择“开始”→“设置”→“控制面板”命令，打开“控制面板”，找到“Windows 防火墙”图标，双击该图标，打开 Windows 防火墙的基本配置界面。

② 选择该基本配置界面中的“更改设置”选项，再选择“例外”选项卡，如图 12-6 所示，在这里看到系统可能会使用网络程序列表，选中的应用程序就是被允许通过网络的应用程序，而那些没有选中的应用程序就是不允许通过网络的应用程序。

当发现对应标签设置页面中没有目标漏洞应用程序时，可以单击“添加程序”按钮，在弹出的“文件选择”对话框中，将存在安全漏洞的应用程序添加导入进来，最后单击“确定”按钮，就能使上述设置生效。

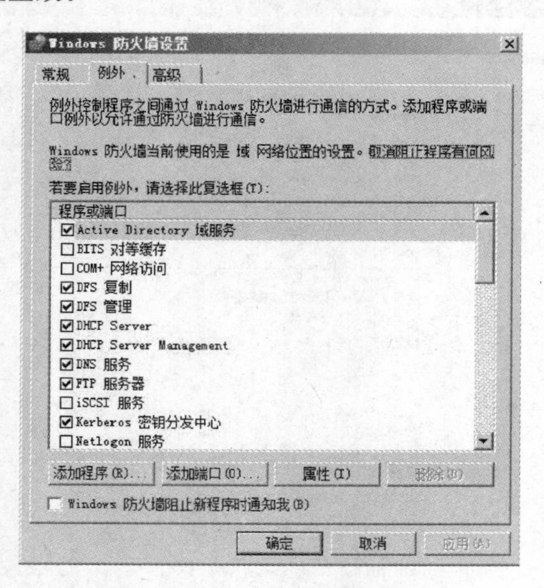


图 12-6 “例外”选项卡

**3. 使用安全配置向导建立安全策略**

安全配置向导（Security Configuration Wizard，SCW）是从 Windows Server 2003 SP1 系统开始新增的一个安全配置功能，Windows Server 2008 中已默认安装。它可以最大限度地缩小服务器的受攻击面。

利用 Windows Server 2008 中安全配置向导所提供的功能，网络管理员能够非常轻松地完成服务器角色的指定，禁用不需要的服务和端口，配置服务器的网络安全，配置审核策略、注册表和 IIS 服务器等工作，对巩固服务器的安全有极大的帮助。同时，由于整个配置过程都是在向导对话框中完成的，无须烦琐的手工设置，网络管理员的工作负担会得到减轻。

(1) 启动安全配置向导

步骤：选择"开始"→"程序"→"管理工具"→"安全配置向导"命令或者选择"开始"→"运行"命令，在弹出的"运行"对话框中执行 scw. exe 命令就可打开安全配置向导的"欢迎使用安全配置向导"页面，如图 12-7 所示。

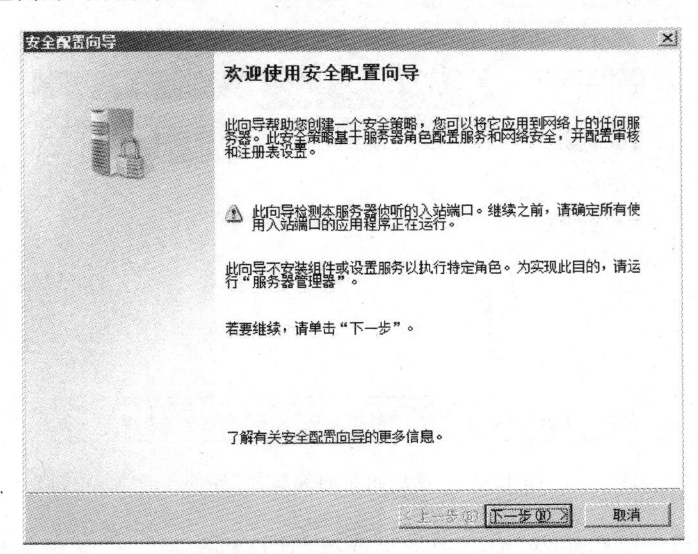


图 12-7　"欢迎使用安全配置向导"页面

(2) 增强 IIS 安全

如果 Windows Server 2008 服务器安装并运行了 IIS 服务，则在 SCW 配置过程中会出现 IIS 安全配置部分的内容。

IIS 服务器是网络中最为广泛应用的一种服务，也是 Windows 系统中最易受攻击的服务。利用安全配置向导可以轻松地增强 IIS 服务器的安全，保证其稳定、安全运行。

在"Internet 信息服务"窗口中，通过配置向导，选择需要启用的 Web 服务扩展、要保持的虚拟目录，以及设置匿名用户对内容文件的写权限。这样 IIS 服务器的安全性就大大增强了。

**4. 制定 Windows Server 2008 组策略**

组策略是系统管理员为计算机和用户定义的，用来控制应用程序、系统设置和管理模板的一种机制。实际上，组策略就是修改注册表中的配置。组策略内包含计算机配置与用户配置两个部分，其中计算机配置是对计算机环境有影响，而用户配置是对用户工作环境有影响，用户可以通过本地计算机策略和域内的组策略来设置组策略。

(1) 制定本地计算机策略

可通过利用 Windows Server 2008 系统强大的组策略功能，对相关选项参数进行有效设置，从而降低 Windows Server 2008 系统遭遇安全攻击的可能性。

**例 3**：当要将 Windows Server 2008 关机时，系统会要求提供关机的理由，通过以下步骤设置，系统就不再要求说明关机的理由了。具体操作步骤如下：

① 选择“开始”→“运行”命令，弹出“运行”界面，输入“gpedit. msc”，单击“确定”按钮之后即可打开“本地组策略编辑器”界面 1，如图 12-8 所示。

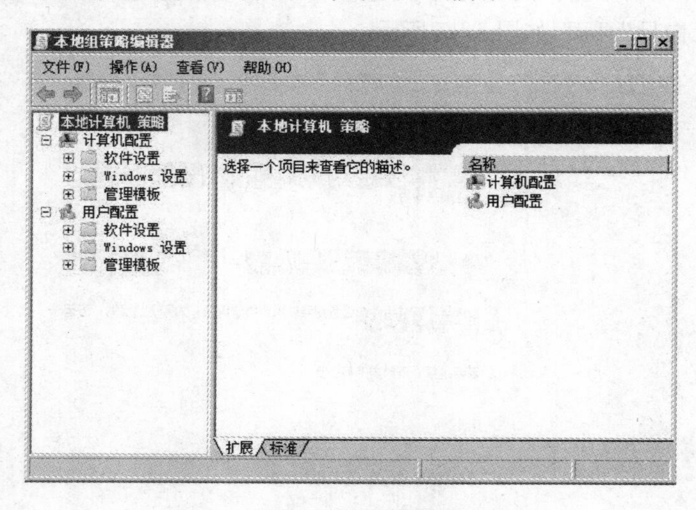


图 12-8 “本地组策略编辑器”界面 1

② 在“本地组策略编辑器”窗口中依次选择“计算机配置”→“管理模板”→“系统”选项，查看右侧区域如图 12-9 所示。

③ 双击“显示关闭事件跟踪程序”选项，在弹出的对话框中选择“已禁用”单选按钮，如图 12-10 所示。

**例 4**：在 Windows Server 2008 中禁止恶意程序的“不请自来”。

在 Windows Server 2008 系统环境中使用 IE 浏览器上网浏览网页内容时，时常会有一些恶意程序不请自来，偷偷下载文件或数据保存到本地计算机硬盘中，这样不但会浪费宝贵的硬盘空间资源，而且也会给本地计算机系统的安全带来不少麻烦。为了让 Windows Server 2008 系统更加安全，往往需要借助专业的软件工具才能禁止应用程序随意下载，很显然这样操作非常麻烦。其实，在 Windows Server 2008 系统环境中，只要简单地设置一下系统组策略参数就能禁止恶意程序自动下载保存到本地计算机硬盘中，下面讲解具体的设置步骤。

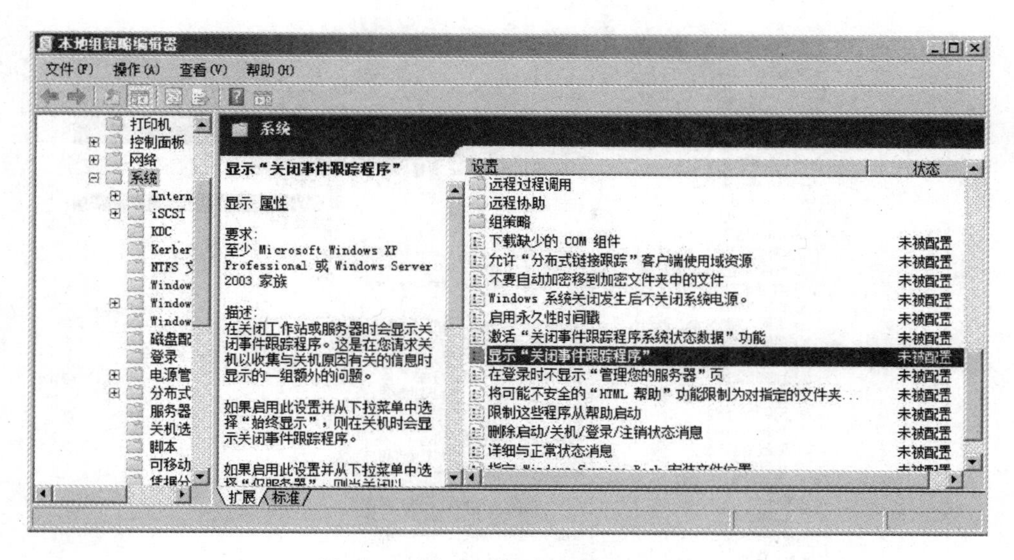


图 12-9　“本地组策略编辑器”窗口 2

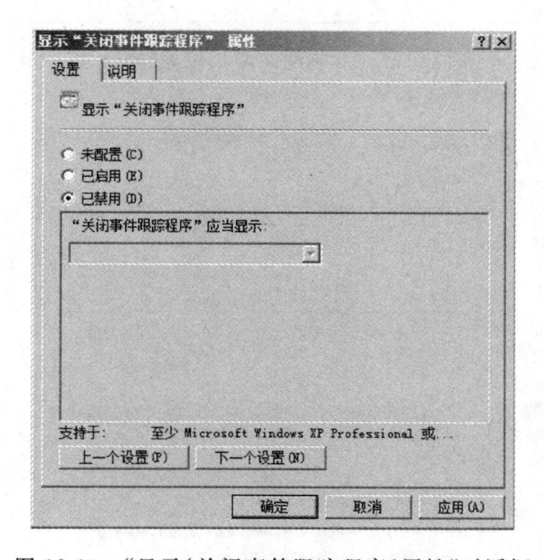


图 12-10　“显示‘关闭事件跟踪程序’属性”对话框

① 以具有系统管理员权限的账号进入 Windows Server 2008 系统环境，在系统桌面中选择“开始”→“运行”命令，在“运行”界面中运行“gpedit. msc”命令，打开本地计算机的“本地组策略编辑器”窗口。

② 在“本地组策略编辑器”窗口中依次选择“计算机配置”→“管理模板”→“Windows 组件”→“Internet Explorer”→“安全功能”→“限制文件下载”选项，查看右侧区域，如图 12-11 所示。

③ 双击右侧区域的“Internet Explorer 进程”选项，弹出图 12-12 所示的“Internet Explorer 进程 属性”对话框。

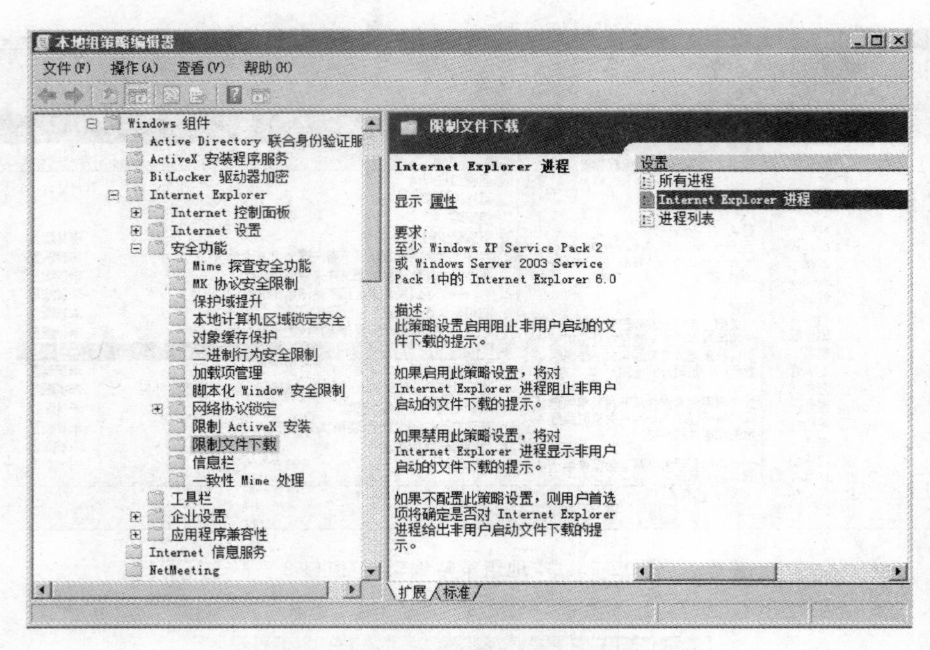


图 12-11 “本地组策略编辑器”窗口 3

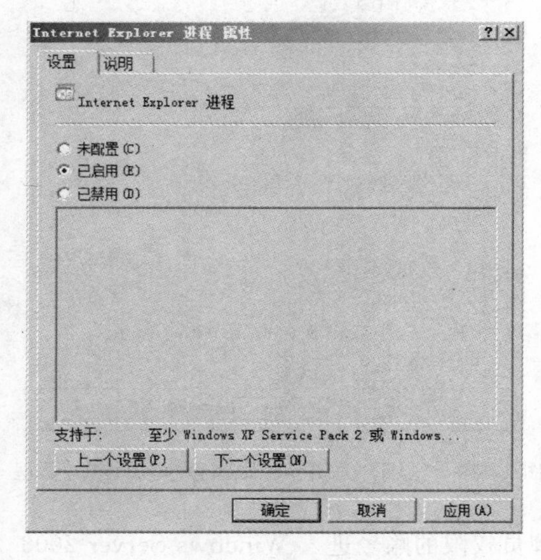


图 12-12 “Internet Explorer 进程 属性”对话框

选择“已启用”单选按钮，单击“确定”按钮，退出对话框，这样就能成功启用限制 Internet Explorer 进程下载文件的策略设置，以后 Windows Server 2008 系统就会自动弹出阻止 Internet Explorer 进程的文件下载提示，单击提示对话框中的“确定”按钮，恶意程序就不会通过 IE 浏览器窗口随意下载保存到本地计算机硬盘中。

(2) 制定本地安全策略

通过本地计算机策略中的“安全设置”选项来确保计算机的安全，这些设置包括密码策略、账户策略与本地策略等。

**例 5**：在 Windows Server 2008 中加强密码安全。

① 选择"控制面板"→"管理工具"→"本地安全策略"命令，打开"本地安全策略"窗口。

② 在"本地安全策略"窗口左侧列表的"安全设置"目录树中，逐层展开"账户策略"→"密码策略"。

③ 查看右侧的相关策略列表，可根据情况进行相应的设置，以使系统密码相对安全，不易破解。比如，破解的一个重要手段就是定期更新密码，可以进行如下设置：右击"密码最长存留期"选项，在弹出的快捷菜单中选择"属性"命令，在弹出的对话框中，自定义一个密码设置后能够使用的时间长短(限定于 1～999 之间)。

此外，通过本地安全设置，还可以进行通过设置"审核对象访问"跟踪用于访问文件或其他对象的用户账户、登录尝试、系统关闭或重新启动以及类似的事件。

**例 6**：在 Windows Server 2008 中对重要文件夹进行安全审核。

通过制定本地计算机策略，对重要文件夹进行安全审核。具体步骤如下：

① 以特权账号进入 Windows Server 2008 系统环境，在系统桌面中选择"开始"→"运行"命令，在"运行"界面中运行"gpedit. msc"命令，打开"本地组策略编辑器"窗口。

② 在"本地组策略编辑器"窗口左侧区域展开"计算机配置"分支，再依次选择该分支下面的"Windows 设置"→"安全设置"→"本地策略"→"审核策略"选项，在对应"审核策略"选项的右侧显示区域中找到"审核对象访问"目标组策略项目，右击该项目，在弹出的快捷菜单中选择"属性"命令，打开"目标组策略项目属性"对话框。

③ 选中该对话框中的"成功"和"失败"复选框，单击"确定"按钮，这样访问重要文件夹或其他对象的登录尝试、用户账号、系统关闭、重启系统以及其他一些事件无论成功与失败，都会被 Windows Server 2008 系统自动记录保存到对应的日志文件中。只要及时查看服务器系统的相关日志文件，就能知道重要文件夹以及其他一些对象是否遭受过非法访问或攻击。一旦发现系统存在安全隐患，只要根据日志文件中的内容及时采取针对性措施进行安全防范即可。

(3) 制定域组策略

组策略是通过 GPO 来设置的。GPO(Group Policy Object)是组策略对象，是一种与域或组织单元相联系的物理策略。每台计算机都有本地的 GPO，可以通过运行"gpedit. msc"命令来定制，也可以通过 AD 定义一个集中的策略，应用在域中指定的对象上。一个 GPO 由两部分组成：组策略容器(GPC)和组策略模板(GPT)。

只要将 GPO 链接到域或组织单元，此 GPO 内的设置值就会被应用到域或组织单元内的所有用户和计算机。系统已经有两个内置的 GPO：

- default domain policy
- default domain controllers policy

**例 7**：在 Windows Server 2008 中禁止组织单元内的用户运行 IE 浏览器。

针对某组织单元（例如，组织单元名称为 shi)内的用户，要禁止他们运行 IE 浏览器，也就是要创建一个链接到组织单元 shi 的 GPO，并通过此 GPO 内的用户配置来禁止用户运行 IE。具体方法如下：

① 在域控制器上使用系统管理员身份登录。

② 选择“开始”→“管理工具”→“组策略管理”命令后，打开“组策略管理”窗口，如图 12-13 所示。

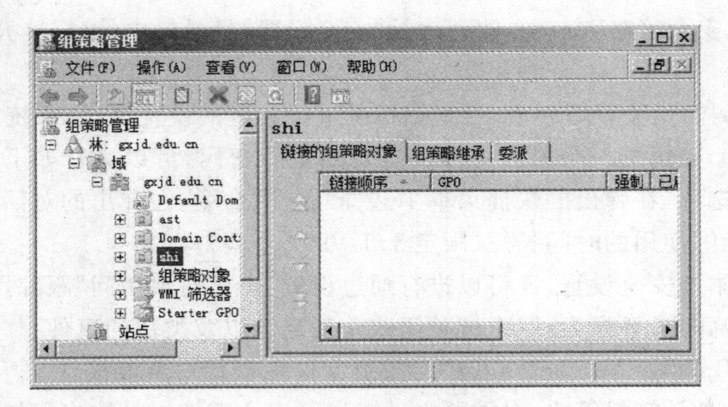


图 12-13 “组策略管理”窗口

③ 右击组织单元“shi”，在弹出的快捷菜单中选择“在这个域中创建 GPO 并在此处链接”命令。

④ 为新建的 GPO 命名，如图 12-14 所示。

⑤ 右击该 GPO，对该 GPO 进行编辑。弹出“组策略管理编辑器”窗口，如图 12-15 所示。

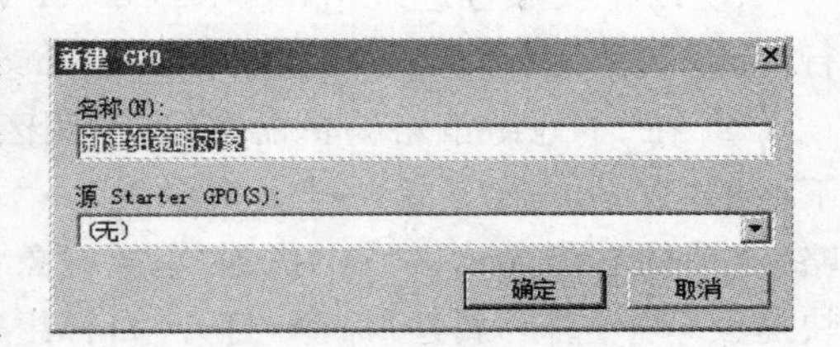


图 12-14 “新建 GPO”对话框

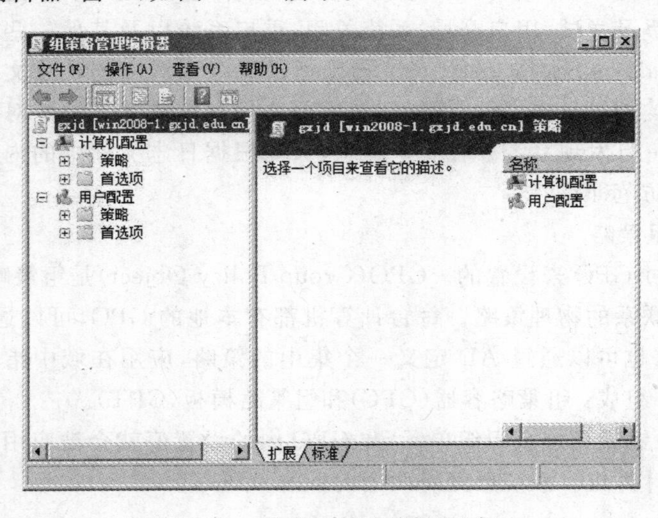


图 12-15 “组策略管理编辑器”窗口

⑥ 选择“用户配置”→“管理模板”→“系统”选项，双击右侧窗口中的“不要运行指定的 Windows 应用程序”，如图 12-16 所示，在弹出的“属性”对话框中将该策略启用。

⑦ 用组织单元内的用户到域中的任何一台计算机上登录，测试一下是否能用 IE。

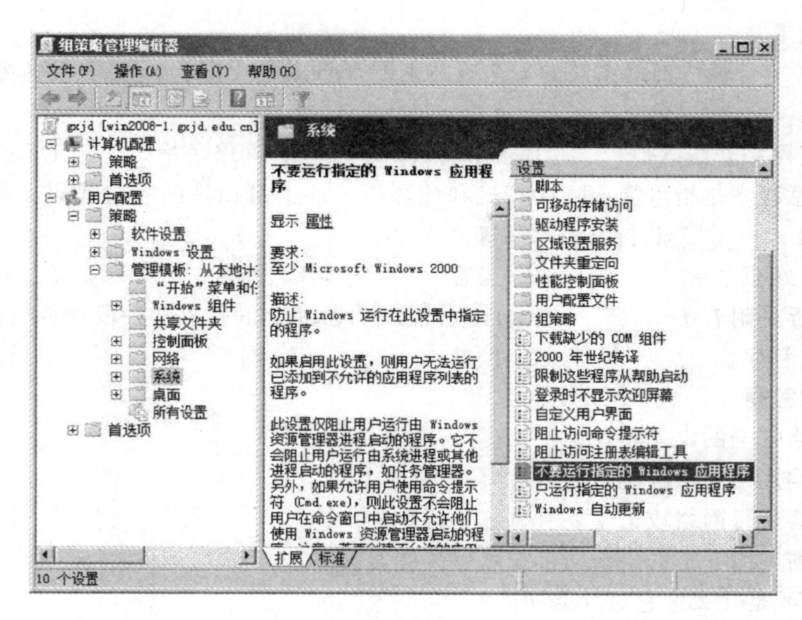


图 12-16 “不要运行指定的 Windows 应用程序”选项

（4）组策略首选项

组策略内的设置分为策略和首选项两部分，其中策略设置已介绍，而首选项和策略设置的主要区别如下：

① 只有域内的组策略才有首选项功能，本地计算机策略并无此功能。

② 首选项非强制性，客户端可自行更改设置值，然而策略设置是强制性设置，客户端应用这些设置后，就无法更改。

③ 策略设置若要在客户端发生作用，客户端计算机的操作系统或应用程序必须支持组策略，然而首选项不需要此要求。

④ 若要筛选策略设置，必须针对整个 GPO 来筛选。

# 习题

## 一、填空题

1. 网络安全是指网络系统的硬件、软件及其系统中的________受到保护，不受偶然的或者恶意的原因而遭到破坏、更改、泄露。

2. 计算机病毒寄生于一般的________程序上，种类繁多，极易传播，且影响范围广。

3. 网络硬件设备________、传输线路和主机都有可能因未屏蔽或屏蔽不严而造成电磁泄漏。

4. “计算机病毒”不是天然存在的，而是人故意编制的一种特殊的计算机程序。这种程序具有如下特征：________、流行性、繁殖性、变种性、潜伏性、针对性、表现性。

二、选择题

1. 通常，计算机网络系统的安全威胁主要来自黑客攻击、________和拒绝服务攻击3个方面。

A. 网络非法入侵　　B. 网络故障　　C. 网络色情　　D. 计算机病毒

2. 恶意程序是指可能导致计算机和计算机上的信息损坏的一段代码。常见的恶意程序有病毒、________和特洛伊木马等。

A. 蠕虫　　B. 黑客　　C. 博客　　D. 非法入侵

3. 病毒是附着于________或文件中，能在计算机之间传播的一段计算机代码。

A. 程序　　B. 网站　　C. 网页　　D. 浏览器

三、问答题

1. 网络安全的定义是什么？
2. 影响网络安全的主要因素有哪些？
3. 黑客进行网络攻击主要有哪些手段？
4. 目前网络安全的主要防范技术有哪些？
5. SCW 是什么？它有什么功能？
6. 组策略包含哪两个部分？如何打开组策略编辑器？
7. 组策略内的策略和首先选项两者的主要区别是什么？

# 参 考 文 献

[1] 石铁峰. 计算机网络实用技术. 北京：中国水利水电出版社，2006
[2] 尚晓航，安继芳. 网络操作系统管理——Windows篇. 北京：中国铁道出版社，2009
[3] 汤代禄，韩建俊. Windows Server 2008使用大全. 北京：电子工业出版社，2009